高等院校电子信息类规划教材

"十三五"江苏省高等学校重点教材
(2019-2-247)

U0161811

# 通信网仿真技术

王文鼐　编著

北京邮电大学出版社
www.buptpress.com

# 内 容 简 介

通信网仿真技术在信息网络等领域内得到极为广泛的应用,它为网络通信的过程重现、算法验证和技术创新提供了一种高效率、低成本的实验手段,也是相关专业教学的有益辅助工具。本书结合开源软件包NS-3,以离散事件系统的仿真原理和功能模块关系为主要叙述线索,将软件应用与仿真实验设计融为一体,讲解仿真建模、典型范例和分析方法。本书的适用对象包括电子与通信相关专业的本科、专科高年级学生和研究生,以及相关领域的工程技术人员。

## 图书在版编目(CIP)数据

通信网仿真技术 / 王文鼐编著. -- 北京:北京邮电大学出版社,2021.8
ISBN 978-7-5635-6484-2

Ⅰ. ①通… Ⅱ. ①王… Ⅲ. ①通信网—高等学校—教材 Ⅳ. ①TN915

中国版本图书馆 CIP 数据核字(2021)第 174392 号

策划编辑:姚 顺 刘纳新  **责任编辑:**王晓丹 左佳灵  **封面设计:**七星博纳

**出版发行:**北京邮电大学出版社
**社 址:**北京市海淀区西土城路 10 号
**邮政编码:**100876
**发 行 部:**电话:010-62282185 传真:010-62283578
**E-mail:**publish@bupt.edu.cn
**经 销:**各地新华书店
**印 刷:**保定市中画美凯印刷有限公司
**开 本:**787 mm×1 092 mm 1/16
**印 张:**19.25
**字 数:**476 千字
**版 次:**2021 年 8 月第 1 版
**印 次:**2021 年 8 月第 1 次印刷

ISBN 978-7-5635-6484-2                                          定价:49.00 元

# 前　言

仿真计算在信息通信领域内得到极为广泛的应用,它为网络通信的过程重现、算法验证和技术创新提供了一种高效、便捷、成本低廉的实验手段。目前,主流的通信仿真工具可分为通信系统仿真和网络系统仿真两类,前者以 Matlab 为代表,后者包括 OpNet、OMNet＋＋和NS-2、NS-3 等。

OpNet 等商业软件包对于深度用户而言,其功能扩展十分局限,灵活性远不及开源的OMNet＋＋和 NS-2、NS-3。NS-3 在开源社区的管理与推动下,吸收了早期 NS-2 开放的优点,得到广大科研人员的极大关注。但 NS-3 的学习周期长、入门难度大,阻碍了专业人员的快速使用,亟须一本较为全面的教材为其讲解。本书从通信网仿真的一般原理出发,结合应用范例讲解仿真实验编程和二次开发的方法。

本书以通信网仿真为主要线索。首先,论述 NS-3 采用的技术方法,包括离散事件系统的基本过程、网络仿真建模和程序设计的步骤;其次,参照通信网协议的功能结构,阐述网络功能模块库的使用方法和实验结果的统计与表示手段;最后,通过对应用的模拟,讲述网络业务流的仿真方法和虚实结合的配置方法。另外,本书还简要说明了事件的高效调度和并行分布式的加速计算方法,以及 NS-3 功能的二次开发方法。

本书主要面向电子与通信相关专业的本科、专科高年级学生和研究生,以及相关领域的工程技术人员。要求读者了解和掌握计算机C/C＋＋语言的基本知识,通过阅读范例程序的说明,自行完成各章的习题与思考题。

由于作者水平有限,本书难免存在不妥之处,敬请读者批评指正。

# 目　　录

# 第1章 引言与 NS-3 概要

## 1.1 NS-3 基础知识

### 1.1.1 仿真器开发历程

**1. 版本演进**

网络仿真器 NS-3(Network Simulator-Version 3)是通信网技术领域内最著名的开源软件平台之一,最早发布于 2006 年。开发该软件的目的是解决其前驱 NS-2 版本在功能扩展及代码迭代过程中出现的诸多问题。

NS-2 的开发始于 1996 年,由南加州大学(USC)信息科学研究所(ISI)科研团队主导,至 2011 年共发布了 40 个左右的小版本。在 NS-2 之前,劳伦斯伯克利国家实验室(LBNL)于 1995 年在 DARPA 的资助下开发了更早的 NS-1 版本[①]。

NS-2 源码在世界范围内得到了相当多的研发人员的参与开发,也得到了广泛应用和扩展,至今仍有很多场合还在使用它。作为一个快速演进的开源软件包,随着时间推移,NS-2 的结构一致性控制成为版本迭代的难题之一。为此,研发人员为 NS-3 设计了新的功能体系结构。

自 2006 年至 2020 年,NS-3 的发布版本从 3.0 依次延伸到了 3.31。NS-3.1 是第一个公开发布版本,其后续版本在不断修补代码错误的同时,结合同期的技术研究热点进行功能扩充,其中以无线网络仿真最具代表性。另外,NS-3.2 引入了 IEEE 802.1D,版本 3.4～3.16 引入了 IPv6 寻址与路由,版本 3.17 还引入了直接代码执行(DCE)等仿真计算功能。

**2. 仿真源码的双语言结构**

NS-3 仿真器的开发与应用,使用了双语言编写,包括 Python 和 C++。前者为脚本式语言,采用解释执行方式,适用于计算功能的灵活组合与编排;后者为系统开发语言,采用编译执行方式,以便为仿真任务获得较好的计算性能。这种双语言的开发手段可以兼顾性能和灵活性的需求,但也带来了结构上的复杂性。图 1.1 描述了双语言设计的 NS-3 的总体模块结构。

---

① 据报道,NS-1 源于更早的仿真软件 REAL( REalistic And Large)仿真器,后者则源于 NEST(Network Simulation Testbed)。

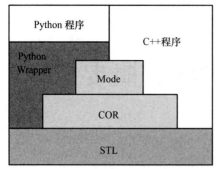

图 1.1 NS-3 双语言设计的模块结构

在图 1.1 中,STL(标准模板库)、CORE(NS-3 核心库)和 Models(仿真模型库)采用 C++ 语言编写和编译,Python Wrapper 的作用是面向 Python 程序对 NS-3 库接口进行了包封。仿真程序,包括图中的 Python 程序和 C++程序,则主要面向特定的网络仿真任务,由 NS-3 用户编写。此外,NS-3 源包还提供了十分丰富的仿真范例,可供用户学习和二次开发参考。

## 1.1.2 开发语言概要

**1. C 语言概要**

NS-3 的主要计算功能由 C++编写完成,因此了解 C++的语言特点是学习和操作该软件的重要前提。

C++是以 C 为基础,扩充了面向对象功能的计算机语言。C 语言的设计,其源头可以追溯到 1967 年的 BCPL(Basic Combined Programming Language)。1970 年,Bell 实验室的 Ken Thompson 设计出简单且接近硬件结构的 B 语言(取自 BCPL 的首字母)和 UNIX 操作系统。1972 年,该实验室的 Dennis Ritchie 在 B 语言的基础上设计了 C 语言(取自 BCPL 的第二字母)。随后,Thompson 和 Ritchie 于 1973 年共同用 C 语言重写了 UNIX。

1978 年,Brian Kernighan 和 Dennis Ritchie 共同编写出版了 *The C Programming Language*,极大地推动了 C 语言的普及。值得一提的是,我国著名的计算机教育专家谭浩强教授,在 1990 年前后编写出版了《C 程序设计》一书,据统计,累计发行超过 1 100 万册,对我国的计算机教育起到了举足轻重的作用。

表 1.1 给出了一个最简功能 C 程序示例,其功能是在命令行界面(CLI)[①]或控制台的标准输出设备(即计算机监视器)上显示内容为"Hello,World!"的一串字符(不包括引号)。

表 1.1 最简功能的 C 语言程序

| 行号 | 代码语句 |
| --- | --- |
| 1 | # include < stdio. h > |
| 2 | |
| 3 | int main(void) |
| 4 | { |
| 5 | printf("Hello, world!"); |
| 6 | return 0; |
| 7 | } |

---

① 与 CLI 对应的另一种界面是 GUI(图形用户界面),后者主要由窗口、控键等及各种功能组件构成。

（1）第 1 行的关键字 include 引用另一个模块的申明文件（头文件），符号"♯"为编译导语，提示编译器在该处引入其后定义的系统文件，文件名为 stdio.h。

（2）第 3 行的关键字 main 为入口函数名，一个软件程序只能有一个以 main 命名的函数。

（3）第 5 行的关键字 printf 为模块 stdio 内定义的函数，作用是向命令行接口（CLI）输出由函数参数定义的字符串。

（4）第 6 行的关键字 return 为函数的退出指令，后随的数值必须与函数 main() 申明的返回类型相匹配。表 1.1 示例中第 2 行的空行，以及第 5 和第 6 行开始的前置空格，虽无实质性的计算功能，却是源代码书写中不可或缺的结构要素。

**2. C++语言概要**

C 语言的一个基本特征是，用一对大括号/花括号来封装函数中的多行语句。1979 年，Bjarne Stroustrup 在 Bell 实验室将 C 语言改良为带类的 C 语言（C with Classes），并于 1983 年正式命名为 C++。

C++完全兼容 C，与表 1.1 功能相仿的程序如表 1.2 所示。

表 1.2　最简功能的 C++语言程序

| 行号 | 代码语句 |
| --- | --- |
| 1 | ♯ include < iostream > |
| 2 | |
| 3 | int main(void) |
| 4 | { |
| 5 | std::cout << "Hello, world!"; |
| 6 | return 0; |
| 7 | } |

与 C 语言相比，C++的一个显著特征是类与对象的使用。在表 1.2 示例的第 5 行，关键字 std::cout 是定义在标准库 iostream 中的控制台输出对象类，操作符"<<"则由该对象类进行了重新定义（亦称重载），功能是将其右侧的值对象输出给左侧的对象（类）。

C++的面向对象机制，首先反映在以下三个方面：

（1）封装：使用关键词 class 将相关变量及函数封装为一个整体。

（2）重用：class 定义时使用符号":"来继承已在父类中预先定义的属性（变量）及方法（函数）。

（3）动态联编：当派生子类与父类存在重名函数时，在程序运行时依据实例类型选择父类或子类定义的函数版本。

**3. Python 语言特点**

如前所述，NS-3 使用 Python 语言来组合和扩展仿真功能。与 C/C++相比，Python 有着一些显明的特征。

Python 的第一特征是源码结构简单，这与其发明过程不无相关。1989 年圣诞节期间，Guido van Rossum 为了打发时间而开发了脚本解释程序，因其是 Monty Python 喜剧团体的爱好者，故取名 Python（字面直译为蟒蛇）。目前，Python 得到极为广泛的应用，这与其开源策略有着极其重要的关系。

表 1.3 给出了与表 1.1 中代码功能对应的程序示例。

表 1.3　最简功能的 Python 语言程序

| 行号 | CLI 显示与代码语句 |
| --- | --- |
| 1 | $ python |
| 2 | >>> print "Hello, world!" |
| 3 | Hello, world! |
| 4 | >>> |

表 1.3 示例中各行语句的说明如下：

（1）第 1 行中的美元符（"$"）为 CLI 提示符，命令 python 启动 Python 脚本解释程序，结果通常会在 CLI 回显版本等提示信息。

（2）第 2 行的 3 个大于符号（">>>"）是 python 特有的 CLI 提示符，其后是程序员输入的 Python 语句。

（3）第 3 行是第 2 行语句的解释执行结果，内容是 CLI 回显的字符串。

（4）第 4 行表示代码执行后再次进入到交互状态。

从以上示例可见，表 1.3 中真正有效的 Python 程序代码只有第 2 行，形式上比 C/C++ 更直接、更简捷。此外，Python 使用了有语义的缩进格式来替代 C/C++ 的大括号，详见 1.2 节。

## 1.1.3　程序设计要点

表 1.1～表 1.3 给出的示例程序功能极为简单。它们都是在 CLI 界面与"世界"打了个招呼。一般认为，只要完成类似功能的程序编写，就算是掌握了计算机语言的一半知识[①]。

表 1.3 的程序有 4 行，表 1.1 和表 1.2 的程序有 7 行，但都反映了程序中语句和代码的逻辑次序。这是程序编写中十分重要的过程，它是在明确了功能需求之后由编写者编制的计算逻辑。不同的编写者（即程序员）可以写出内容迥异的代码，但都要求符合所用语言的基本规则。

以表 1.3 为例，程序员要明确地知道 Python 命令 print 的作用，以及字符串的编写规则。此外，程序员还需要清楚地了解 Python 程序的执行过程，即 python 解释器的安装与调用方法，以及代码运行过程中的系统环境，包括交互提示符等。

程序本身是文本格式文件，编写程序不可避免地需要使用文本编辑工具。不同的编辑工具，其设计目标差异巨大。就 NS-3 而言，开源软件 gedit、vi/vim 都是不错的选择。而集成了编写、编译和调试功能的 eclipse 等软件也是得到普遍使用的高效开发工具。

需要强调的是，虽然程序最终由计算机执行，但在很多情况下，程序特别是程序的源代码是给人读的。在这一点上，程序与自然语言编写的文字作品有相通性，其可读性至关重要。

程序可读性表现在三个方面：其一是文本格式和词素的命名应该符合程序员的一般习惯；其二是文本语句必须符合计算机语言的语法要求；其三是程序应该清楚、准确地反映程

---

① 之所以如此，是因为一旦能执行简单字符串的 CLI 输出，程序编写运行的所有基础环境已被程序员掌握。

序员对所解决问题的设计思路。事实上,程序是程序员思路反复构建的结果,阅读程序源码是程序员的基本能力,也是学习和掌握 NS-3 这类开源软件的前提条件之一。

# 1.2 Python 编程概述

NS-3 使用 Python 综合了网络仿真的运行环境配置、代码编译链接、计算运行和功能扩展等。Python 本身具有流程控制和数值计算能力,因此也可独立编写计算任务。

## 1.2.1 标记符的规范方法

### 1. 规范化方法

在 Python 语言规范文档中,采用了抽象的 BNF 格式表示语言规则。表 1.4 是 Python 模块名 name 的规范化定义。

**表 1.4 Python 采用的 BNF 格式示例**

| 行 号 | 内 容 |
|---|---|
| 1 | name ∷ = lc_letter (lc_letter \| "_") * |
| 2 | lc_letter ∷ = "a"..."z" |

表 1.4 的符号"∷="表示"定义为";"＊"表示任意(或通配符),即 0 或多个的重复;"|"表示"或",即二选一。据表 1.4,Python 当中的 lc_letter(小写字母)明确定义为 26 个英文小写字母中的任意一个,而 name 就是以小写字母开头,后随 0 个或多个小写字母或下划线的字符串。所以,name 的首字符不能是下划线,name 也不包含大写字母和数字。

### 2. 字符串的规范化定义

Python 的字符串不受 name 规定限制,可以包含丰富的字符类型,如表 1.5 所定义。

**表 1.5 Python 字符串规范**

| 行 号 | 内 容 |
|---|---|
| 1 | Stringliteral ∷ = [stringprefix](shortstring \| longstring) |
| 2 | stringprefix ∷ = "r" \| "u" \| "R" \| "U" \| "f" \| "F"<br>\| "fr" \| "Fr" \| "fR" \| "FR" \| "rf" \| "rF"<br>\| "Rf" \| "RF" |
| 3 | Shortstring ∷ = "'" shortstringitem * "'" \| '"'<br>shortstringitem * '"' |
| 4 | Longstring ∷ = " " '" longstringitem * " "'" \| '" " "'<br>longstringitem * '" " "' |
| 5 | shortstringitem ∷ = shortstringchar \| stringescapeseq |
| 6 | longstringitem ∷ = longstringchar \| stringescapeseq |
| 7 | shortstringchar ∷ = < any source character except "\" or<br>newline or the quote> |
| 8 | longstringchar ∷ = < any source character except "\"> |
| 9 | stringescapeseq ∷ = "\" < any source character > |

按语义自小而大的顺序,以下对表 1.5 进行逆序说明[①]。

(1) 第 7~9 行之中,一对尖括号("<"和">")之间的文字用于说明,其中"source character"一般指 UTF-8 字符。所以:

① Stringescapeseq,即转义字串符,是以反斜线开头的单字符。

② Longstringchar,即长字串符,是除反斜线外的单字符(包括新行符和引号)。

③ Shortstringchar,即短字串符,是除反斜线、新行符引号外的单字符。

(2) 第 3~6 行分别定义了短字符串和长字符串二种格式:

① 短字符串之中可以包含多个以反斜线开头的单字符,或者除新行符和引号之外的多个单字符。字符串起始和终结都要用 1 个单引号或 1 个双引号。

② 长字符串之中可以包含新行符和引号,但起始和终结必须用 3 个单引号或 3 个双引号。

(3) 第 2 行定义了可选的字符串前导符,它们必须在字符串之前。"r"和"R"表示原始格式。"f"和"F"表示格式化字符串。

(4) 第 1 行中的一对方括号("["和"]")表示可选项,而短字符串和长字符串均为字符串。

以上 BNF 格式的定义虽然严格,但看上去较为累赘。以下结合示例,采用更接近自然的方式说明 Python 的基本语法。

## 1.2.2 关键字及语义说明

Python 的基本关键字有 32 个,大致分为 8 类,如表 1.6 所示。这些关键字,不能用作 Python 程序的变量名和函数名。

表 1.6 Python 关键字规范

| 分　类 | 关键字 | 主要用途 |
|---|---|---|
| 1 | False, None, True | 常量 |
| 2 | and, or, not, is | 逻辑运算符 |
| 3 | import, as, from | 模块引入指令 |
| 4 | assert, except, try, finally, with, as, raise | 异常控制指令 |
| 5 | break, continue, if, elif, else, for, in, while, return, yield | 流控指令 |
| 6 | class, def, lambda | 类和函数定义 |
| 7 | del, global, nonlocal | 变量控制 |
| 8 | pass | 空语句 |

(1) 分类 1 是 3 个 Python 预定义值,False 为逻辑真,True 为逻辑假,None 为空值,它们和数、字符串一样可以赋给变量[②]。

(2) 分类 2 包含 4 个关键字,主要为逻辑运算符,and、or 和 not 对应于逻辑与、逻辑或和逻辑非运算。较为特殊的 is 运算符用于判定 2 个变量是否为同一对象,亦称同一性运算符。这 4 种运算的结果是逻辑真(True)或假(False)。

---

① 自然语言中概念顺序有两种:东方语言自大而小;西方语言则自小而大。

② 计算机语言中的值和常量是变量可赋予的内容,系统为变量分配内存单元,值本身不占用任何内存单元。

（3）分类 3 所列关键字用于模块引用，其中，as 也用于第 4 类异常控制。

（4）分类 5～7 所列关键字，除了 lambda 外，其语义与其他计算语言的用法相似。而 lambda 的用法较为特殊，因其在 NS-3 中未有使用，在此忽略。

（5）分类 8 的关键字 pass 是 Python 所特有的，它没有实质性的计算作用，用于明确标注为有意为之的空行，以区别于无任何字符的空行，方便查错。

## 1.2.3　模块与包的使用

### 1. 模块与包的实体

程序模块化是一种解决大规模软件设计与开发的有效方法，它将软件的目标任务人为地划分为相对独立的若干部分，每个部分对应于一个有相应明确边界的功能模块。

Python 模块是一个以"py"为后缀的源程序文件，也可以是经编译后以"pyc"为后缀的字节码文件。Python 包是一组有着共同任务或功能模块的组合体。形式上，模块就是文件，包对应于文件目录。

Python 包支持多级嵌套，类似于多级文件目录。

### 2. 标准模块引用示例

Python 使用关键字 import 及其后模块名来引用一个预先定义好的模块。表 1.7 给出了 NS-3 仿真执行工具 waf.py 的部分语句，用以说明 import 的使用方法。

**表 1.7　waf.py 的部分代码**

| 行　号 | 代码语句 |
| --- | --- |
| 1 | import os, sys, inspect |
| 2 | VERSION = "1.8.19" |
| 3 | ... |
| 4 | cwd = os.getcwd() |
| 5 | join = os.path.join |
| 6 | ... |
| 7 | def find_lib(): |
| 8 | ... |
| 9 | wafdir = find_lib() |
| 10 | sys.path.insert(0, wafdir) |
| 11 | if __name__ =='__main__': |
| 12 | from waflib import Scripting |
| 13 | Scripting.waf_entry_point(cwd, VERSION, wafdir) |

表 1.7 代码的说明如下：

（1）第 1 行模块引用关键字 import 之后，使用英文逗号列出了 3 个模块/包名，即 os、sys 和 inspect[①]。

---

① 模块 os 预定义了操作系统的访问函数；sys 预定义了计算机系统的访问函数；inspect 预定义了模块内函数和参数的查询函数，在 find_lib 函数中被调用。

（2）第 2 行定义字符串 VERSION，值为"1.8.19"，此为 waf.py 的版本号。

（3）第 4 行调用模块 os 的函数 getcwd()，得到程序执行时所处文件系统的目录，或当前工作目录。

（4）第 5 行将模块 os.path 的函数名 join 赋给变量 join，以便后续以简写形式调用。

（5）第 7 行定义新函数，名为 find_lib（具体内容在表中略去）。

（6）第 9 行调用第 7 行新定义的函数，并将结果保存在变量 wafdir 中。

（7）第 10 行调用模块 sys.path 的函数 insert，将记录在 wafdir 内的路径插入系统路径列表的开始位置。

（8）第 11 行只在本文件被 Python 直接调用时才判定为真，并执行后续代码。

（9）第 12 行使用关键字 from 和 import，其义从模块名 waflib 引入模块 Scripting。

（10）第 13 行调用模块 Scripting 的函数 waf_entry_point，该模块与 waf.py 在同一文件目录（即同一模块）中。

表 1.7 所列 waf.py 在较新版本 NS-3 中使用了签名编译的 waflib 库，直接附加在该文件尾部，并重新命名为 waf[①]。

**3. NS-3 扩展模块引用示例**

表 1.8 给出了与 NS-3 源码编译有关的程序示例，名为 build.py。简略起见，只给出了部分语句。

表 1.8　build.py 的部分代码

| 行　号 | 代码语句 |
|---|---|
| 1 | from __future__ import print_function |
| 2 | import sys |
| 3 | from optparse import OptionParser |
| 4 | import os |
| 5 | from xml.dom import minidom as dom |
| 6 | import shlex |
| 7 | |
| 8 | import constants |
| 9 | from util import run_command,fatal, CommandError |
| 10 | |
| 11 | |
| 12 | def build_netanim(qmakepath): |
| 13 | ... |

表 1.8 包含了模块引用的 3 种格式，分别为：

- import < module｜package name >
- from < package name > import < module name >
- from < package name > import < module name > as < new name >

---

① waf 的源码位于 https：//gitlab.com/ita1024/waf，包含 waflib 的模块库定义。

（1）第 1 行模块包名为\_\_future\_\_，该模块用于使 Python 2.0 与 Python 3.0 兼容，其中模块 print_function 针对 Python 3.0 版本在 print 功能兼容性处理。

（2）第 1 行、第 3 行、第 5 行和第 9 行使用了第 2 种格式的模块引用。

（3）第 2 行、第 4 行、第 6 行和第 8 行使用了第 1 种格式的模块引用。

（4）第 5 行使用了第 3 种格式的引用语法，它将模块 minidom 暂时命名为 dom，以便在当前程序的后继调用中简化书写。

## 1.2.4　函数定义与调用

Python 函数定义使用关键词 def，后接函数名，以及一对圆括号表示的形参和冒号"："，函数体内采用缩进格式，直至相同缩进位置为止。函数参数定义在圆括号之内，函数返回值由关键词 return 引导的一条语句定义，格式如下所列：

```
def functionname( parameters ):        ＃接口格式
    "函数_文档字符串"                    ＃功能注解
    function_suite                      ＃功能定义
    return [expression]                 ＃可省的返回
```

作为示例说明，表 1.9 给出了文件 build.py 中函数 build_netanim 的定义概要。

（1）第 1 行引用模块 util 的函数 run_command 和类 CommandError（定义见表 1.10）。

（2）第 3 行开始定义函数 build_netamin。

（3）第 4 行之后的函数体采用缩进格式，第 4 行定义一个字符串变量 qmake，其值为 'qmake'。

（4）第 5 行定义变量 qmakeFound，其值为 False。

（5）第 7 行调用函数 run_command，该函数执行过程中可能产生异常，所以第 5 行使用 try/except 语句来捕捉异常，格式上使用了嵌套式缩进，以区分函数定义体的缩进要求。

**表 1.9　build.py 中函数 build_netanim 定义**

| 行　号 | 代码语句 |
|---|---|
| 1 | from util import run_command, fatal, CommandError |
| 2 | |
| 3 | def build_netanim(qmakepath): |
| 4 |     qmake = 'qmake' |
| 5 |     qmakeFound = False |
| 6 |     try: |
| 7 |         run_command([qmake, '-v']) |
| 8 |         print("qmake found") |
| 9 |         qmakeFound = True |
| 10 |     except: |
| 11 |         print("Could not find qmake in the default path") |
| 12 |     ... |
| 13 |     ... |

函数 run_command 的实参为[qmake '-v'],采用了 Python 的列表型数据结构,实质上由 2 个字符串组成。

表 1.10    util. py 的函数定义

| 行　号 | 代码语句 |
|---|---|
| 1 | import subprocess |
| 2 | class CommandError(Exception): |
| 3 |     pass |
| 4 | def run_command( * args, * * kwargs): |
| 5 |     if len(args): |
| 6 |         argv = args[0] |
| 7 |     elif 'args' in kwargs: |
| 8 |         argv = kwargs['args'] |
| 9 |     else: |
| 10 |         argv = None |
| 11 |     if argv is not None: |
| 12 |         print(" => ", ''. join(argv)) |
| 13 |     cmd = subprocess. Popen( * args, * * kwargs) |
| 14 |     retval = cmd.wait() |
| 15 |     if retval: |
| 16 |         raise CommandError("Command % r exited with code % i" \ % (argv, retval)) |

Python 标准数据类型包括数字(Numbers)、字符串(String)、列表(List)、元组(Tuple)和字典(Dictionary)。数字和字符串为标量,列表由一对方括号/中括号定义,元组由一对圆括号/小括号定义,字典由一对花括号/大括号定义。表 1.10 中 util. py 的函数定义如下。

(1) 第 2 行由关键语 class 引导定义了类 CommandError,类名之后的括号表示该类所派生的基类名。

(2) 新对象类的实体为空,所以第 3 行使用了关键词 pass。

(3) 第 4~16 行定义了函数 run_command,对应的形参 args 和 kwargs 使用了单星和双星符号引导,分别表示参数类型为列表和字典。

(4) 第 13 行调用模块 subprocess 创建了类 Popen,该类通过操作系统启动一个进程,进程名及参数由 args 和 kwargs 给出。

(5) 由于进程执行可能需要时间,所以第 14 行调用了类的 wait 函数,等待执行完成的返回结果并赋值给变量 retval。

(6) Linux 操作系统的进程正常执行完成后,通常返回值 0。所以,正如表 1.10 的第 15 行所示,如果 retval 非 0,则对应进程执行有错。关键词 raise 触发异常,对应的异常类为 CommandError,而异常信息使用了格式字符串进行定义。

(7) Python 支持的格式化字符串与 C 语言中 sprintf 函数的语法非常相似,所不同的是前者使用百分号%分割格式化串和元组型的变量。以表 1.10 的第 16 行为例,变量 argv 和 retval 的值以字符串(%r)和整数(%i)替换双引号字符串中的相应字符。

结合表 1.9 和 1.10 的代码可以看到,函数 build_netamin 在编译 amin(仿真动画库)之前,调用系统命令"qmake -v"来测试系统是否安装了 QT 窗口环境的开发工具。如果未安装,则 build.py 会给出提示并中止动画库的编译。

以上对 Python 语言的简要描述,仅为 NS-3 说明方便。初次使用 Python 的读者可参考相关在线知识库[①]。

## 1.2.5 圆周率计算示例

**1. 计算方法**

圆周率是圆周长与直径的比值,它是一个极为基本的数学常数,其值为无理数(3.141 592 653 589 793 …)[②]。圆周率数值的计算方法有很多种,较为直接的是蒙特卡罗实验法。

使用该方法计算圆周率的几何基础是,圆面积是半径平方与圆周率之积,即 $\pi r^2$。所以,如果在不依赖圆周率的前提下得到圆与外切正方形的面积之比,$f = \pi r^2/4r^2 = \pi/4$,便可得圆周率。

蒙特卡罗方法是一种随机模拟方法,最早由法国人 Buffon 于 1777 年构想。具体做法是,在圆与外切正方形平面上方投掷小针。如果投掷过程是随机的,则落于圆内的小针数量与落于正方形内的小针数量之比就是圆与正方形面积之比为 $f$,乘 4 便得到圆周率,即 $\pi = 4f$。

**2. 程序设计**

从数值实验的角度看,蒙特卡罗法计算圆周率就是得到表示平面位置的随机点,统计这些点位于圆及外切正方形之内的次数。随机点的产生一般基于伪随机数生成函数。在 Python 中,模块 random 提供了随机数相关函数。表 1.11 给出程序示例。

**1.11　Python 计算圆周率示例**

| 行　号 | 代码语句 |
|---|---|
| 1 | import random |
| 2 | count = 1000 |
| 3 | incount = 0 |
| 4 | random.seed(10) |
| 5 | for i in range(count): |
| 6 | 　　x = random.random() |
| 7 | 　　y = random.random() |
| 8 | 　　if (x ** 2 + y ** 2) < 1: |
| 9 | 　　　　incount += 1 |
| 10 | print(incount * 4.0 / count) |

① 在线网站 https://www.runoob.com/python/python-tutorial.html 对初次学习 Python 的程序员非常有益。
② 据 http://www.numberworld.org/y-cruncher/报道,2016 年用 105 天将圆周率值计算到第 22.4 万亿位。

表 1.11 第 1 行引入模块 random;第 4 行通过函数 seed(10)设置伪随机生成函数的种子(即第 1 个数);第 6、7 行调用函数 random()得到 2 个随机值,该值在(0,1)之间出现的概率相同,分别用于表示平面点的 $x$ 和 $y$ 值;第 8 行计算该点到坐标原点的距离,如果其值小于 1,则表明对应点位于圆内,所以累加到变量 incount 中;对应地,第 3 行将该变量初始化为 0;而随机实验的次数由第 2 行的变量 count 指定,在第 5~9 行循环计算;第 10 行在循环完成后,计算比值并输出圆周率的实验结果。

表 1.11 第 5 行是 Python 的一种循环语法格式,range 定义范围,in 遍历范围内每个可取值,所有后续缩进代码都是循环体。第 9 行的二次缩进,对应第 8 行的逻辑分支,构成一条语句。

需要注意的是,第 5、8 行行末的冒号是语法规则内容之一,不可省略。

**3. 计算性能分析**

表 1.11 示例程序的执行结果是 3.104,此与圆周率实际值相差甚远。如果在第 4 行将种子置为 13,则得到结果 3.172,仍然有较大偏差,但与 3.104 平均之后得到 3.138,偏差有减小趋势。更为有效的方法是加大第 2 行的循环总数,表 1.12 列出计算结果。

表 1.12  蒙特卡罗法计算圆周率的结果

| 循环总数 | 计算时长 | 结果 |
|---|---|---|
| $10^3$ | 0.046 s | 3.104 |
| $10^4$ | 0.040 s | 3.158 |
| $10^5$ | 0.116 s | 3.143 88 |
| $10^6$ | 0.550 s | 3.143 584 |
| $10^7$ | 4.677 s | 3.142 448 8 |
| $10^8$ | 189.672 s | 3.141 740 68 |

表 1.12 没有列出更大循环数的结果,这是因为总数达到 $10^9$ 后,所用计算机内存(4 GB)已不够分配,从而计算终止。

由表 1.12 的统计结果可见,蒙特卡罗数值仿真并不太适合大规模、高精度的计算。这是几乎所有模拟仿真(包括 NS-3)实验共同存在的问题。尽管如此,相比于复杂的理论工具,仿真方法具有技术难度小、直观性强的特点,应用优势明显。尤其是在现实中,在很多实际问题并无适用的理论来提供支撑之时,仿真成为唯一选择。

# 1.3  UDP Ping-pong 仿真范例

在实际应用中,通常要使用基于 ICMP 协议的 Ping-pong 测试工具来观测目标主机的可达性,或者网络的连通性。Windows 和 Linux 操作系统都提供了一个名为 ping 的应用程序,它可以从一端主机发出分组到指定的目标地址,对端主机返回应答分组,从而测算网络传输的来回时间。

以下展示 NS-3 的第一个仿真范例,它是基于 UDP 协议的 Ping-pong,其功能是模拟网络一端发出分组,另一端返回应答的过程。为方便叙述,设 NS-3 仿真器(3.26 版)安装在 Linux 操作系统的用户目录下(用"～"代表)[1]。

范例程序为～/ns-allinone-2.36/ns-2.36/examples/tutorial/first.py,该程序包含 6 个任务,包括模块引用、跟踪回显、拓扑配置、协议栈配置、应用配置和计算启动,分述如下。

## 1.3.1　模块引用

Ping-pong 仿真范例建造了一个简单的网络拓扑,包含一条点到点链路,链路两端的主机装配互联网协议和收发分组的应用程序。在 Python 中,引入 NS-3 基本模块,使用 import 指令:

```
import ns.applications
import ns.core
import ns.internet
import ns.network
import ns.point_to_point
```

其中:ns 为 NS-3 模块包名;applications 是该包内与应用程序对应的模块;core 是仿真核心模块;internet 是互联网协议模块;network 是网络结构模块;point_to_point 是点到点链路模块。

NS-3 具体模块的引入,需要根据仿真功能的要求增加或移除,但作为核心功能的 ns.core 通常不能省略。

## 1.3.2　跟踪回显

除非发生错误,NS-3 仿真程序的执行通常没有任何提示结果。跟踪回显的目的是,在执行过程中,将重要的进度信息或关键状态信息显示在 CLI 上。为此,ns.core 模块提供了针对指定组件的函数,形如:

```
ns.core.LogComponentEnable("UdpEchoClientApplication",\
                        ns.core.LOG_LEVEL_INFO)
ns.core.LogComponentEnable("UdpEchoServerApplication",\
                        ns.core.LOG_LEVEL_INFO)
```

其中,函数 LogComponentEnable()的作用是开启指定对象类的日志显示。

以上函数调用的对象类(第一参数),以字符串形式命名,已预先定义在 ns.applications 模块中。而函数调用的日志分级(第二参数),为预定义的常量,表示普通信息。可选的日志

---

[1]　NS-3 的下载安装说明详见附录。

分级及简要说明如表 1.13 所示。

表 1.13　NS-3 日志信息分级表

| 相对变量名 | 功能说明 |
|---|---|
| LOG_LEVEL_ERROR | 出错信息 |
| LOG_LEVEL_WARN | 警示信息及出错信息 |
| LOG_LEVEL_DEBUG | 调试信息及警示信息、出错信息 |
| LOG_LEVEL_INFO | 一般信息及调试、警示和出错信息 |
| LOG_LEVEL_FUNCTION | 函数调用信息和以上所有 |
| LOG_LEVEL_LOGIC | 函数内控制流信息和以上所有 |
| LOG_LEVEL_ALL | 以上所有 |

对应的预定义函数 ns.core.LogComponmentDisable()可以关闭指定的回显信息。

## 1.3.3　拓扑配置

网络拓扑的配置在仿真中就是创建网络节点和节点间的通信链路。NS-3 使用节点容器对象类 NodeContainer 创建和存储节点,典型用法为:

```
nodes = ns.network.NodeContainer()
nodes.Create(2)
```

其中,模预定义的函数 ns.network.NodeContainer()返回 NS-3 内部容器的对象实例,该对象成员函数 Create()的参数为需要创建的节点数目。

节点间通信链路可以是无线或有线、广播或专用的。最简单的点到点链路的创建过程需要先配置链路传输参数,形式为:

```
pointToPoint = ns.point_to_point.PointToPointHelper()
pointToPoint.SetDeviceAttribute("DataRate",\
                ns.core.StringValue("5Mbps"))
pointToPoint.SetChannelAttribute("Delay",\
                ns.core.StringValue("2ms"))
devices = pointToPoint.Install(nodes)
```

其中,函数 PointToPointHelper()返回 PointToPointHelper 的对象实例,该对象用于创建点到点链路的网络接口和传输信道。

PointToPointHelper 是方便仿真程序编写的助手对象类,将经常使用的函数和流程进行再抽象。比如,成员函数 SetDeviceAttribue()用以修改数据速率,成员函数 SetChannelAttribute()用以修改传播延时。需要注意的是,速率和时间等参数,在 NS-3 中使用字符串来表示。速率的表示格式如表 1.14 所示,时间的表示格式如表 1.15 所示。

| 表 1.14　数据速率符号 | |
|---|---|
| 速率符号 | 说　明 |
| k/K | ×1 000 |
| Ki | ×1 024 |
| M | ×1 000×K |
| Mi | ×1 024×Ki |
| G | ×1 000×M |
| Gi | ×1 024×Mi |
| bps | =bit/s |
| B | =8 bit |
| /s | 每秒 |

| 表 1.15　时间单位符号 | |
|---|---|
| 时　间 | 说　明 |
| s | 秒 |
| ms | $=10^{-3}$ s,毫秒 |
| us | $=10^{-6}$ s,微秒 |
| ns | $=10^{-9}$ s,纳秒 |
| ps | $=10^{-12}$ s,皮秒 |
| fs | $=10^{-15}$ s,飞秒 |
| min | =60 s,分钟 |
| h | =60 min,小时 |
| d | =24 h,天 |
| y | =365 d,年 |

函数 PointToPointHelper.Install()为参数指定节点集中的每对节点创建点到点链路,结果为所有网络接口器件的容器。

## 1.3.4　协议栈配置

仿真协议栈的配置,是指仿真节点内装入互联网协议仿真模块,包括 IP 地址设置等。NS-3 预定义的助手对象类 InternetStackHelper 和 Ipv4AddressHelper,分别用于协议和 IPv4 地址的参数设置,典型用法为:

```
stack = ns.internet.InternetStackHelper()
stack.Install(nodes)
address = ns.internet.Ipv4AddressHelper()
address.SetBase(ns.network.Ipv4Address("10.1.1.0"), \
          ns.network.Ipv4Mask("255.255.255.0"))
interfaces = address.Assign(devices)
```

其中:InternetStackHelper 的成员函数 Install()为节点容器中所有节点创建协议栈相关对象;Ipv4Address 的成员函数 Assign()为接口器件集合中的所有器件按顺序分配指定子网的地址,并返回对应的网络接口集合。

## 1.3.5　应用配置

NS-3 预定义了 2 个 UDP 之上的应用仿真对象类,分别为 UdpEchoServer 和 UdpEchoClient,它们的用法如下:

```
echoServer = ns.applications.UdpEchoServerHelper(9)
serverApps = echoServer.Install(nodes.Get(1))
serverApps.Start(ns.core.Seconds(1.0))
serverApps.Stop(ns.core.Seconds(10.0))
```

```
echoClient = ns.applications\
                .UdpEchoClientHelper(interfaces.GetAddress(1), 9)
echoClient.SetAttribute("MaxPackets",ns.core.UintegerValue(1))
echoClient.SetAttribute("Interval",\
                    ns.core.TimeValue(\
                        ns.core.Seconds(1.0)))
echoClient.SetAttribute("PacketSize",\
                    ns.core.UintegerValue(1024))
clientApps = echoClient.Install(nodes.Get(0))
clientApps.Start(ns.core.Seconds(2.0))
clientApps.Stop(ns.core.Seconds(10.0))
```

其中:对象类 UdpEchoServerHelper 和 UdpEchoClientHelper 用于辅助应用的创建,构造函数指定服务端的 UDP 端及 IPv4 地址;成员函数 Install()为节点装配对象实例;成员函数 Start()和 Stop()指定应用的启用和终止时间。

对象类 UdpEchoClient 的功能是发送分组,其属性参数"MaxPackets"指明所要发送分组的总数,"Interval"指明前后 2 个分组的时间间隔,"PacketSize"指明发送分组的字节长度。而示例代码的对象类 ns.core.Seconds 和 ns.coreUintegerValue 严格限制了对应参数值的类型。

## 1.3.6  计算启动

以上 5 小节分解说明的仿真脚本程序只是对仿真网络的软硬件仿真模块进行了定义和配置。仿真计算功能的执行由全局对象类 Simulator 来启动和终止,典型用法如下:

```
ns.core.Simulator.Run()
ns.core.Simulator.Destroy()
```

需要注意的是,此处执行和终止,仍然是脚本计划,计算机并未真正开始计算。只有在 CLI 执行以下命令之后,计算才开始:

```
$ cd ~/ns-allinone-2.36/ns-2.36
$ ./waf --pyrun ./examples/tutorial/first.py
```

其中:第一条 CLI 命令切换当前目录到 waf 程序所在目录;第二条 CLI 命令的第 1 个参数表示以 Python 脚本形式执行第 2 个参数指明的源程序,名为 first.py。

## 1.3.7  仿真计算结果

如果首次执行仿真程序,或者执行前 NS-3 源代码发生了改动,waf 命令将触发较长时间的 NS-3 的系统编译过程,在 CLI 中可见相当多的进度提示信息。编译的具体时长视计算机处理器速度而定,通常为数分钟至数小时不等。

以下罗列部分为 CLI 回显信息,不包括编译过程的提示。

```
At time 2s client sent 1024 bytes to 10.1.1.2 port 9
At time 2.00369s server received 1024 bytes from 10.1.1.1 port 49153
At time 2.00369s server sent 1024 bytes to 10.1.1.1 port 49153
At time 2.00737s client received 1024 bytes from 10.1.1.2 port 9
```

回显信息中：在仿真时间 2 s 时客户机发送了 1 024 B 的分组，此为 Ping，其中目标地址为 10.1.1.2，目标端口为 9；在 2.003 69 s 服务器接收到该分组，此为 Pong；2.007 37 s 时客户机接收到 Pong 分组。

在拓扑配置时，客户机与服务器之间的 P2P 直连链路设置为 5 Mbit/s 带宽和 2 ms 传播延时。因此，Ping 和 Pong 分组的发送时长均为 $1\,024 \times 8\,bit/(5\,Mbit/s) = 0.001\,638\,4$ s，累加传播延时后的单向总延时应为 $0.003\,638\,4$ s，与上述结果不完全吻合。这与 P2P 链路的数据链路层开销有关，本书后继章节将给予进一步说明。

## 1.3.8 对象类图

在 Ping-pong 仿真范例中，直接用了 15 个对象类，归属 5 个类包（即模块），如图 1.2 所示。

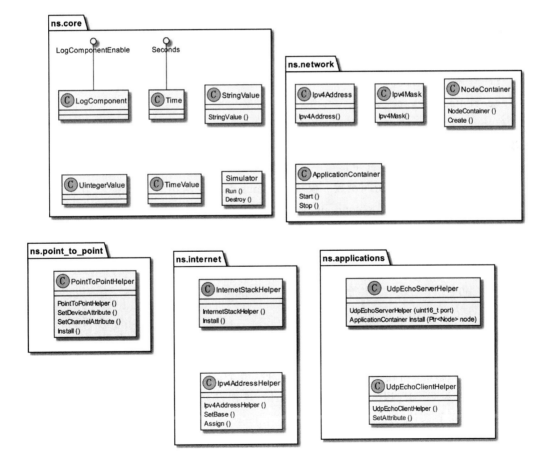

图 1.2 文件 first.py 所涉 NS-3 模块及对象类图

类包 ns.core 提供 2 个全局函数、3 个字符串与特定类型值的转换类和 1 个全局对象,其中,全局函数 LogComponentEnable()和 Seconds()隐含访问了相应对象类。

类包 ns.network 提供 2 个对象类容器和 2 个 IP 地址转换类,类包 ns.point_to_point 提供 1 个对象类,类包 ns.internet 和 ns.applications 各提供了 2 个对象类。

不同对象类所提供的访问函数,其功能及参数的内涵是 NS-3 用户在编写仿真程序之前必须掌握清楚的。这是一项较为烦琐而又不可避免的差事。所幸的是,NS-3 的对象命名大多采用网络工程师熟悉的术语,这在很大程度上减轻了理解难度。

# 1.4　LAN 仿真范例

## 1.4.1　以太网仿真源码说明

NS-3 源码包内的~/ns-allinone-2.36/ns-2.36/examples/tutorial/second.py 提供了一个以太网仿真的范例,有效代码的第 19~25 行如下:

```
import ns.core
import ns.network
import ns.csma
import ns.internet
import ns.point_to_point
import ns.applications
import sys
```

以上引入的 7 个模块,其中最后一个名为"sys",是 python 的内嵌模块,该模块提供操作系统与程序运行环境的访问函数。模块 ns.csma 与以太网相关,其余 5 个在上一节的第 1 个范例已作出说明。范例 second.py 的第 27~33 行为注释说明内容如下:

```
# // Default Network Topology
# //
# //       10.1.1.0
# // n0 ———————————— n1   n2   n3      n4
# //     point-to-point  |    |    |       |
# //                     ===============
# //                        LAN 10.1.2.0
```

以上注释说明了所建网络的拓扑结构,包括两个部分:其一为点到点链路连接了节点 n0 和 n1,其二为 CSMA 以太网接入了 n1~n4。点到点部分子网地址为 10.1.1.0,以太网部分地址为 10.1.2.0。

范例 second.py 的第 35~40 行代码设置了 2 个命令行(CLI)参数,内容为:

```
cmd = ns.core.CommandLine()
cmd.nCsma = 3
cmd.verbose = "True"
cmd.AddValue("nCsma", "Number of \"extra\"\\
              CSMA nodes/devices")
cmd.AddValue("verbose", "Tell echo applications to\\
              log if true")
cmd.Parse(sys.argv)
```

对象类 ns.core.Command,提供函数 AddValue()来定义参数和说明,提供函数 Parse()来从字符串解释参数的具体值。在 CLI 中,参数与值之间用等号"="构成键值对,参数之间用空格分割。此例中:参数 nCsma 缺省为 3,对应以太网内的节点数;参数 verbose 缺省为 True,对应范例执行时回显的所有信息。

以上函数 cmd.Parse()的实参来自 python 模块 sys 内的变量 argv,对应于用户在 CLI 键入的字符串。

范例 second.py 的第 42~48 行代码使用以上 CLI 参数设置计算功能:

```
nCsma = int(cmd.nCsma)
verbose = cmd.verbose

if verbose == "True":
ns.core.LogComponentEnable(\\
      "UdpEchoClientApplication", ns.core.LOG_LEVEL_INFO)
ns.core.LogComponentEnable(\\
      "UdpEchoServerApplication", ns.core.LOG_LEVEL_INFO)
nCsma = 1 if int(nCsma) == 0 else int(nCsma)
```

其中:全局整数变量 nCsma 保存了 CLI 的配置,并且当其为 0 时强制改为 1;而 verbose 为 True 时,启用对象类 UdpEchoClientApplication 和 UdpEchoServerApplication 的日志,目标是在 CLI 上回显提示信息。

范例 second.py 的第 50~55 行代码执行节点创建:

```
p2pNodes = ns.network.NodeContainer()
p2pNodes.Create(2)
csmaNodes = ns.network.NodeContainer()
csmaNodes.Add(p2pNodes.Get(1))
csmaNodes.Create(nCsma)
```

其中,点到点链路有 2 个节点,以太网有 4 个节点(包含了点到点中的 1 个)。

范例 second.py 的第 57~61 行代码执行点到点链路的创建,此处因与本节第 1 个范例相似而省略。范例 second.py 的第 61~67 行代码执行局域网的创建:

```
csma = ns.csma.CsmaHelper()
csma.SetChannelAttribute("DataRate",
ns.core.StringValue("100Mbps"))
csma.SetChannelAttribute("Delay",
ns.core.TimeValue(ns.core.NanoSeconds(6560)))
csmaDevices = csma.Install(csmaNodes)
```

其中,对象类 ns.csma.CsmaHelper 的作用与本节第 1 个范例中的 PointToPointHelper 相似,封装了常用的仿真模块操作功能。比如,该对象的函数 SetChannelAttribute() 可以配置网络的传输宽带或数据速率,以及总线形拓扑的信号最大传播延时,而函数 Install() 可以将以太网接口装配到由实参指定的一组节点。

范例 second.py 的第 69~93 行代码执行仿真网络的协议栈、IPv4 地址和 2 个应用实体的配置,主要功能与本节第 1 个范例(first.py)相似。范例 second.py 的第 95 行针对跨子网的分组转发配置全局静态路由:

```
ns.internet.Ipv4GlobalRoutingHelper \
        .PopulateRoutingTables()
```

范例 second.py 的第 97~98 行代码配置了分组跟踪与捕获功能:

```
pointToPoint.EnablePcapAll("second")
csma.EnablePcap ("second", csmaDevices.Get (1), True)
```

其中,对象实例 pointToPoint 和 csma 均提供了函数 EnablePcap(),第 1 实参为分组捕获的记录文件,可选的第 2 实参为指定节点,可选的第 3 实参表示开启(True)或关闭(False)。此例执行后生成文件"second.pcap",详情说明见下一小节。

范例 second.py 的第 100~101 行代码用于启动仿真和清除配置,功能与第 1 个范例相似。

## 1.4.2　分组跟踪与捕获

通信网的分组跟踪与捕获是一种极为常用的分析手段,它是网络运行和业务质量监测及诊断的基本功能。tcpdump 和 wireshark 是被广泛运用的软件分析工具,它们均基于 pcap(packet capture 的缩写)规范来存储分组信息。为此,NS-3 在仿真计算过程中提供了对分组事件的 pcap 记录功能,以使仿真看上去更接近真实。

对象类 PointToPointHelper 和 CsmaHelper 所提供的函数 EnablePcap(),其作用是创建及配置分组记录的存储文件和跟踪对象。

## 1.4.3　无线局域网仿真

NS-3 源码包内的 ～/ns-allinone-2.36/ns-2.36/examples/tutorial/third.py 仿真了无线局域网与以太网的互联。在拓扑上,相较于以太网仿真范例,新增了 3 个无线节点。文件 third.py 的第 29~38 行,以文本图形式说明了网络结构,内容如下:

```
# // Default Network Topology
# //
# //    Wifi 10.1.3.0
# //                AP
# //    *   *   *   *
# //    |   |   |   |    10.1.1.0
# //   n5  n6  n7  n0 ──────────────── n1  n2  n3  n4
# //                point-to-point  |   |   |   |
# //                                =============
# //                                LAN 10.1.2.0
```

其中,节点 n0 通过点到点链路连接到以太网,并作为无线局域网的 AP 连接了 n5、n6、n7 三个无线站点。点到点链路的 IPv4 网段为 10.1.1.0/24,以太网为 10.1.2.0/24,Wifi 为 10.1.3.0/24。

无线站点的创建与普通节点无异,third.py 的第 81～82 行为:

```
wifiStaNodes = ns.network.NodeContainer()
wifiStaNodes.Create(nWifi)
```

其中,变量 nWifi 为配置的无线站点数,缺省值为 3。

无线站点与普通节点的不同之处,主要体现在无线信道及接口。文件 third.py 第 85～87 行是典型的无线信道配置:

```
channel = ns.wifi.YansWifiChannelHelper.Default()
phy = ns.wifi.YansWifiPhyHelper.Default()
phy.SetChannel(channel.Create())
```

其中,对象类 YansWifiChannelHelper 中的 Yans 是词组"yet another network simulator"的缩写,表示非主流的设计方案,但由于结构更为合理,应用得到更多关注,已成为 NS-3 的实际主流结构,只是名称未改。文件 third.py 的第 88～89 行是无线站点管理对象类的配置:

```
wifi = ns.wifi.WifiHelper()
wifi.SetRemoteStationManager("ns3::AarfWifiManager")
```

其中,函数 WifiHelper::SetRemoteStationManager() 的作用是为无线接口配置一种传输速率控制算法,该算法依据信噪比等级设置速率。以上代码语句中,所引用的对象类"AarfWifiManager"实现了名为自适应自动降速(AARF,Adaptive Auto Rate Fallback)的控制算法。

文件 third.py 的第 92～96 行是无线站点的 MAC 接口配置:

```
mac = ns.wifi.WifiMacHelper()
ssid = ns.wifi.Ssid ("ns-3-ssid")
mac.SetType ("ns3::StaWifiMac", "Ssid", \\
            ns.wifi.SsidValue(ssid),\\
            "ActiveProbing",ns.core.BooleanValue(False))
staDevices = wifi.Install(phy, mac, wifiStaNodes)
```

其中:对象类 Ssid 维持无线局域网的服务集标识(Service Set IDendifiter),作用类似于小区标识;对象类 StaWifiMac 实现了无线站点的 MAC 仿真功能;函数 WifiHelper::Install() 将配置好的物理层和 MAC 分配到由第 3 参数指明的一组无线站点。

无线 AP 配置在 third.py 的第 98、99 行:

```
mac.SetType("ns3::ApWifiMac","Ssid", ns.wifi.SsidValue (ssid))
apDevices = wifi.Install(phy, mac, wifiApNode)
```

其中,对象类 ApWifiMac 实现接入点 MAC 仿真功能,而 wifiApNode 即为前述节点 n0。

图 1.3 描述了以上所涉及对象类的相互关系。

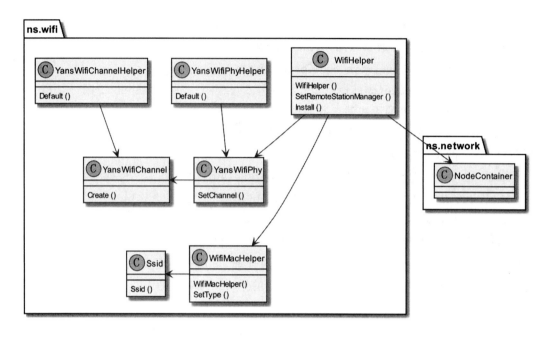

图 1.3　文件 third.py 所涉无线对象类图

文件 third.py 的第 101～110 行配置了无线局域网站点的位置和运动参数,主要涉及对象类 MobilityHelper、PositionAllocator 和 MobilityModel 的使用:

```
mobility = ns.mobility.MobilityHelper()
mobility.SetPositionAllocator ("ns3::GridPositionAllocator", \
        "MinX",ns.core.DoubleValue(0.0), \
        "MinY",ns.core.DoubleValue (0.0),\
        "DeltaX",ns.core.DoubleValue(5.0), \
        "DeltaY",ns.core.DoubleValue(10.0), \
        "GridWidth",ns.core.UintegerValue(3), \
        "LayoutType",ns.core.StringValue("RowFirst"))
mobility.SetMobilityModel ("ns3::RandomWalk2dMobilityModel",\
                "Bounds", \
                ns.mobility.RectangleValue( \
                ns.mobility.Rectangle (-50, 50, -50, 50)));
mobility.Install(wifiStaNodes);
mobility.SetMobilityModel(\
                "ns3::ConstantPositionMobilityModel");
mobility.Install(wifiApNode);
```

其中:由 PositionAllocator 派生的对象类 GridPositionAllocator 实现网格状位置分配算法;由 MobilityModel 派生的对象类 RandomWalk2dMobilityModel 实现二维随机行走算法;而派生类 ConstantPositionMobilityModel 分配给固定不动节点,本例中为 AP 站。

文件 third. py 的第 143 行为三个网段互联配置静态全局路由,该文件其他代码语句与 1. 4. 1 节所述 second. py 的功能和用法相似,此处从略。

与 second. py 一样,third. py 运行后产生名为 third-{0|1}-{1|0}. pcap 的文件,内容包含以太网站点和 AP 站点的所有分组捕获记录。以 AP 站点(即 n0)为例,调用 tcpdump 查看无线接口(序号为 1)记录,命令及部分结果如下所列:

```
$ tcpdump -nn -tt -r third-0-1.pacp
reading from file third-0-1.pcap, link-type IEEE802_11 (802.11)
0.000025 Beacon (ns-3-ssid) [6.0 * 9.0 12.0 * 18.0 24.0 * 36.0 48.0 54.0 Mbit] IBSS
0.000308 Assoc Request (ns-3-ssid) [6.0 9.0 12.0 18.0 24.0 36.0 48.0 54.0 Mbit]
0.000324 Acknowledgment RA:00:00:00:00:00:08
...
```

从以上记录可见,0.000 025 sAP 发出 Beacon 通告,0.000 308 s 收到 Assoc 接入请求,0.000 324 s 向 MAC 地址为～:08 的无线站发送确认。

# 第 2 章　离散事件系统及仿真方法

## 2.1　系统仿真类型

### 2.1.1　物理系统与仿真的关系

**1. 物理系统**

仿真的对象或目标,即物理系统,一般指真实世界。从仿真再现的角度出发,物理系统由相互关联的功能部件、按一定规律或既定规则有机结合,是具有相对清晰边界的实体。

系统仿真技术与计算机技术的发展相伴而行。第一台电子计算机 ENIAC 诞生之后不久,麻省理工学院(MIT)的 Jay Wright Forrester 受此启发,为其负责的通用飞行器仿真研究项目设计并生产了名为旋风(Whirlwind)的专用计算机①,目的是解决在使用模拟计算机时所存在的灵活性问题。迄今为止,先进计算机仍然与军事领域内的系统仿真有着密不可分的联系。

飞行器仿真系统与实际的物理飞行器相比,有着本质差异,但就飞行训练而言,几乎能以假乱真。换言之,仿真就是将一个"假"系统制作得与真的一样。

用"假"的系统来仿真一个真实的物理对象,需要首先了解目标系统的物理结构、工作方式和时变特征,再结合应用领域有针对性地提炼和抽象得到仿真功能。比如,针对飞行器制造和飞行训练这两种不同目标的应用,仿真功能存在相当大的差别。显然,飞行器制造更多关心空气动力学问题,飞行训练则以人机之间的互相作用为中心任务。仿真的多样性功能需求和差异化问题,同样存在于通信应用领域。

**2. 物理通信设施**

一般而言,现代通信的首要功能是实现直连设备之间信息信号的远距离传输,所涉及的问题常用信道模型来描述,功能部件和逻辑单元包括信源、信宿、发信机、收信机、信道与噪声源,由此构成通信系统。相比而言,通信网络基于通信信道所提供的传输功能,主要关心信息的分块封装、节点间传输路径的选择、端到端的传输控制和全局资源的优化分配。

通信系统的中心对象是信道与编码调制,通信网的中心对象则是多接口路由器或交换机。通信信道是通信线路的逻辑抽象,是声光电信号的传输媒质。通信系统和通信网所关心的信道特性具有相当大的差异性。总体上,通信网使用信道统计学特性来刻画信道。

---

① 参见项目 Project Whirlwind 的在线展示,http://museum.mit.edu/150/21。

物理通信设备分为两类,包括终端设备和网络中间设备,它们都有和线路相关的通信功能或装置,以及网络层面的交换或路由功能。终端设备还要面向应用装配一系列软硬件部件,为通信用户提供信息转换,比如语音通信的话筒和扬声器。通信网络,尤其是骨干通信网,更多地关注网络中间设备,即路由器和交换机。

图 2.1 描述了一种常见路由器的物理外观与对应的板卡模块结构和功能逻辑结构。

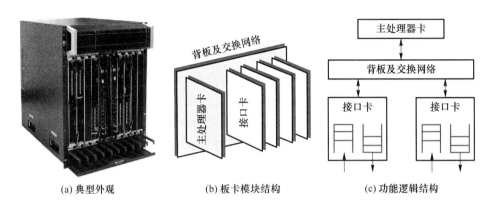

(a) 典型外观    (b) 板卡模块结构    (c) 功能逻辑结构

图 2.1 路由器结构

图 2.1(b)和(c)中,接口卡(也称线路卡)在功能上可以进一步划分出输入接口处理(IPP)和输出接口处理(OPP),主处理器卡通过背板控制 IPP 的路由器,IPP 在接收到通信分组后查找路由表确定 OPP,而 IPP 向 OPP 的分组转发由交换网络完成。

实际应用中,在交换网络或 OPP 繁忙时,进入 IPP 的分组需在输入队列排队等待。多个分组经交换网络转发到同一个 OPP 时,若物理线路不能即刻发送,这些分组需在输出队列排队等待。出于对性能或 QoS 的考虑,IPP 通常需要对输入分组进行分片和流量整形等操作,OPP 则需要执行分片重装和输出队列调度等处理。

路由器的具体设计与制造,主要考虑所支持的通信协议、接口容量、吞吐性能和安全稳定性,在软硬件选配上存在巨大的差异,其复杂度最终表现在成本与价格上。但就分组级仿真而言,所有路由器及交换机具备相同的物理结构和功能。

**3. 仿真系统**

仿真系统是物理系统的模型化重现。仿真系统本身也可以是物理的,只不过此物理系统通常是目标物理系统经过人为分析和抽象后制造的简化实体,比如,用作玩具的模型飞机。基于电子计算机的仿真系统,因其没有物理可见的实体,也称为虚拟仿真系统。虚拟仿真需要借助于计算机软件来重现目标系统的行为特性,相比于物理仿真有极为突出的灵活性。由物理实体与虚拟实体混合构成的仿真系统,也称为半实物仿真系统。本书主要讨论虚拟仿真,或计算机仿真。

通过计算机软件来重现物理系统的动态过程和行为特性,不仅成本低廉,还有很好的时效性和安全性。现代社会广泛依赖的天气预报系统,实质上是基于计算能力极强的大气环境仿真系统。随着计算能力和通信网能力的不断提高,虚拟仿真和物理系统趋近综合化,形成诸如信息物理系统(CPS,Cyber Physical System)和数字孪生(Digital Twin)等各类虚实结合的新系统。

使用计算机软件来仿真物理系统,首要任务是对目标系统抽象建模,其次要考虑计算机所能提供的计算处理能力。图 2.2 描述了物理系统建立仿真系统的一般过程。

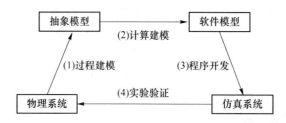

图 2.2　仿真系统构建的一般过程

从图 2.2 可见,在抽象模型到仿真系统之间还存在一个软件模型,它是在考虑了计算机系统的特点之后,针对仿真需求而建立的计算模型,比如 NS-3 开源软件就是一个软件模型的实现平台。NS-3 用户的主要工作就是图 2.2 的第(3)步,即在软件模型的基础上完成仿真程序开发。图 2.2 所述的第(4)步过程,主要针对仿真系统的可信度或逼真度检验,具体参见第 3 章。

排队机是对网络节点设备的数学抽象,它忽略了图 2.1 接口板卡的物理收发处理和背板或交换网络的连接处理,主要关心排队缓存的动态行为,形成如图 2.3 所示的系统结构。

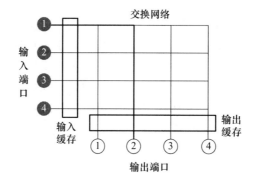

图 2.3　网络中间节点的缓存排队结构

图 2.3 中,存在 1 组输入缓存和 1 组输出缓存。当 1 号输入端占用交换结构去往 2 号输出端的通道时,后续到达 1 号输入端的数据单元必然要进入输入缓存。而为提高交换结构的利用效率,在输出端通常装配输出缓存,以避免内部通道占用时同向数据单元的阻止效应。因此,数据单元的缓存时长成为网络设备设计的重要依据。

## 2.1.2　系统仿真方法

### 1. Monte-Carlo 法

Monte-Carlo(蒙特卡罗)是位于法国东南方向的地中海城市,归属摩纳哥公国,以赌博业闻名于世。历史上,数学家费马与帕斯卡在研讨某摩纳哥贵族提出的有关赌注分配问题时,建立了概率论的基础。1777 年,数学家 Buffon 提出一种随机性投针实验求圆周率的方法。20 世纪 40 年代,冯·诺伊曼首先使用 Monte-Carlo 来命名了这种随机模拟方法。Monte-Carlo 法使用随机数(或伪随机数)来解决计算问题,著名的随机投针求解圆周率的方法见第 1.2.5 小节所述。

以图 2.3 所描述的排队缓存为例,相继进入缓存的数据单元,其时间间隔记为 $x$,前一数据单元占用传输信道的时长记为 $y$。$y \leqslant x$ 时,缓存时间长 $d=0$;$y > x$ 时,缓存时长 $d \geqslant y-x$。求解排队缓存的性能,就是将 $x$ 和 $y$ 视为随机变量,采用随机数生成算法开展数值模拟,进而观测和统计缓存时长。

具体计算时,需要考虑多个数据单元的累计或统计效应。表 2.1 给出了一个仿真示例程序,其中 $y$ 和 $x$ 均设为值域(0,1)的一致分布伪随机变量,即 $U(0,1)$。以 $U(0,1)$ 为基础进行适当变化,该例程可进行其他类型排队系统的仿真。

表 2.1　Python 计算缓存等待时长的示例

| 行　号 | 代码语句 |
| --- | --- |
| 1 | import random as rnd |
| 2 | count = 1000 |
| 3 | x,y,d,tot = 0,0,0,0 |
| 4 | rnd.seed (10) |
| 5 | for i in range(count) : |
| 6 | 　　x = rnd.random() |
| 7 | 　　d + = y-x |
| 8 | 　　if (d<0) : |
| 9 | 　　　　d = 0 |
| 10 | 　　tot + = d |
| 11 | 　　y = rnd.random() |
| 12 | print (tot / count) |

**2. 代理模型及仿真**

在信息技术领域中,代理(Agent)泛指一类实体,它有相对稳定的功能边界和独立的执行能力,既能按基本规则响应外界的功能请求,也能适应环境主动调整的运行规则。

在系统模型方面,代理仿真(ABS,Agent Based Simulation)更进一步地对物理目标实施局部抽象。以网络交换与路由的排队缓存为例,如果传输通道、缓存单元和业务流各自有一定的环境自适应性,表 2.1 所示的仿真计算就不能准确地反映物理目标的系统特性。例如,一些网络设备使用了共享的虚拟缓存技术,不同的输入/输出端口根据缓存占用的历史统计或者可预测的变化趋势,动态调整缓存上限或调度的优先级。在模型层面引入顾客代理,将动态变化的分组流入过程封装在一个相对稳定的实体之中,以简化全局系统的仿真分析。同理,复杂的排队缓存可进一步分解出服务代理和调度代理。

在分布式计算环境中,ABS 还有明确的计算优势。这是因为,概念上分布的多代理系统具有与生俱来的多线程特点和移动性。当然,代理的建模缺少成熟完备的方法可循。

**3. 虚拟机仿真**

以 GNS(https://www.gns3.com/)为代表的仿真软件,运用虚拟化技术在物理宿主机中装配原生的网络设备操作系统和应用,比如 Cisco 的 IOS,结合虚拟化平台的网络接口虚拟化,以纯软件的形式提供与真实网络完全相同的用户使用环境。

GNS 的初期目标是,面向 Cisco 路由器和交换机的操作指令学习,为工程师提供一个仿真实验环境。随着虚拟 PC 等功能的不断追加,其网络仿真的功能日趋完善。

目前,得益于 Juniper 对其 JOS 的开放,GNS 具备了仿真不同生产厂家网络设备的能力。但是,GNS 受限于成型的网络操作系统所提供的固有的网络通信功能,不能支撑新技术和探索性技术的仿真实验。随着软件定义网络(SDN)的发展,虚拟机仿真有着可期的应用潜力。

## 2.1.3 离散时间系统

**1. 时间连续系统**

一般认为,通信的物理信号是典型的时间连续系统,其数学形式可表示为:

$$y(t) = h(t) * x(t) + s(t)$$

其中:$x$ 表示原始信号;$h$ 表示传输信道的响应;$y$ 表示传输的输出信号;$s$ 为信道噪声。它们均为时间的连续函数,符号"$*$"表示卷积。

针对电学信号的远程传输,原始信号 $x(t)$ 通过采用周期性的正/余弦函数来表示,即

$$x(t) = A\sin(\omega t + \varphi)$$

其中:$A$ 为信号振幅;$\omega$ 为角频率;$\varphi$ 为初始相位。

在分析信号传输性能时,常用的仿真或模拟方法是使用微积方程的数值计算法。

**2. 时间离散化**

现代数据通信和分组通信系统中,广泛采用了数字化技术,它将时间连续的信号抽样编码为时间分立的逻辑信号。最具代表性的时间离散化处理技术,是针对语音通信的脉冲编码调制(PCM),如图 2.4 所示。

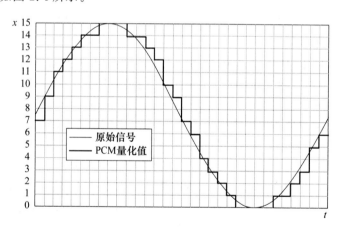

图 2.4　正弦波信号 PCM 的时间离散化处理

图 2.4 中,模拟的正弦波信号,在一个周期内被分为 32 等分,对应幅度量化编码为 0～15 范围内的整数。一个信号周期内的 $x(t)$ 对应的离散时间变量为

$$x[n] = \{7, 9, 11, 12, 13, 14, 14, 15, 15, 15, 14, 14, 13, 12, 10, 9, 7, \cdots\}$$

其中,$n$ 的取值范围为 0～15。

**3. 离散时间系统的模拟计算**

在数学上，一个离散时间系统可以定义为一种变换或者算子，它把值为 $x[n]$ 的输入序列映射成值为 $y[n]$ 的输出序列，可以记作：

$$y[n] = T\{x[n]\}$$

用图表示的离散时间系统，如图 2.5 所示。

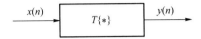

图 2.5　离散时间系统的图形示例

对于无记忆系统，$y[n]$ 只取决于对应的 $x[n]$，如 $y[n]=0.5 \cdot x[n]$，或者 $y[n]=(x[n])^2$ 等。对于性线离散系统，如果 $x[n]=\Sigma_k a_k x_k[n]$，则有 $y[n]=\Sigma_k a_k y_k[n]$。对于时不变离散系统，如果 $x_1[n]=x[n-n_0]$，则有 $y_1[n]=y[n-n_0]$。

总体上，在离散时间系统中，对于明确的变换 $T$，对应的模拟计算较为直接。

## 2.1.4　离散事件系统

**1. 离散事件系统特点**

离散事件系统（DES，Discrete Event Systems）也称作离散事件动态系统（Discrete Event Dynamic Systems），同样关心分立的系统状态随时间的变化问题。但与离散时间系统不同的是，DES 状态是事件驱动的，在前后相继事件之间的时间内，DES 的状态是不变的。换言之，没有事件发生时，DES 的状态是不变的。

DES 事件具有时间特性，如果相继事件的时间间隔是固定不变的，则 DES 与离散时间系统是相似的。更一般的情况是，DES 事件是非周期性的，相继事件可以同时发生，也可以相差数倍或更大，甚至是随机的。DES 包含 6 个基本要素：

（1）实体，指系统所关心的目标，具有可变的状态；

（2）事件，是引起系统状态发生变化的驱动因素，具有时间属性；

（3）活动，表示两个可以区分的事件之间的过程，反映系统状态的转移；

（4）处理进程，由若干个有序事件及有序活动组成，描述事件的逻辑关系及时序关系；

（5）仿真时钟，记录事件发生时间的推进过程；

（6）计数器，针对随机性事件驱动下的状态统计。

由于 DES 的状态空间缺乏易操作的数学结构，所以难以用传统的基于微分或差分方程的方法来刻画其性质。目前所研究的最基本的问题仍是系统的建模，公认的理论框架包含以下 3 种模型。

（1）逻辑模型：只涉及物理状态和事件之间的关系，属于确定性模型，主要包括形式语言/有限自动机和 Petri 网，用于定性分析。

（2）时间模型：不仅涉及事件和状态之间的关系，还要在物理的时间级上刻画与分析演化过程，比如 NS-3 等仿真软件。

（3）统计性能模型：起源于对随机服务系统的研究，主要方法是排队论和排队网络，理论分析的基础是过程的马尔可夫性。

在时间模型中,事件定时起基本作用,目标系统的状态 $x$ 具有如下形式:

$$x(k+1)=Ax(k)$$

其中: $x$ 为 $n$ 阶向量; $A=\{a_{ij}\}$ 为 $n\times n$ 的变换矩阵。形式上,DES 的数值仿真可以运用线性代数的一般方法。

**2. 基于时间的 DES 仿真法**

目标对象按 DES 建模后,其仿真计算程序通常由 3 个层次组成。

(1)仿真执行,也称为仿真控制程序或仿真器(Simulator),它控制模块程序的执行、计算次序和具体功能的模块化分割及协作;

(2)模型程序,完成仿真模型的具体算法,供仿真器调用;

(3)例程工具,提供公用的程序功能,诸如随机数生成和数据统计,以及模型程序的基础功能。

仿真器的一般控制方法包括固定时间增量法和事件驱动法,如表 2.2 和表 2.3 的伪代码所示。

表 2.2　时间增量的 DES 控制

| | |
|---|---|
| while ts < te | //仿真时间 ts 未结果 |
|   ts += t0; | //to 为预定义的时间单位 |
|   if ne > 0 | //ne 为期间内的事件数 |
|     simulate (ne); | //执行事件 |

表 2.3　事件驱动的 DES 控制

| | |
|---|---|
| while ne > 0 and ts < te | |
|   event = get (ne); | //取事件列表 ne 是最早发生的 |
|   ts = time (event); | //推进仿真时钟 |
|   simulate (event); | //执行事件 |

相比而言,时间增量控制中同一步长执行的事件,其时间准确性得不到保障,而无事件的循环计算存在 CPU 低效占用的问题。因此,绝大多数 DES 实现软件采用了事件驱动的控制方法。

**3. DES 模型的局限性**

DES 模型中心是事件,其所建立的目标系统抽象为一系列有先后次序的事件序列。

DES 的时序性要求,除非同时发生,时间上前后发生的事件,必须当先前事件执行完成后,才能执行后继事件,这称作因果关系。例如,设有两个子系统各自按内部逻辑计算,其中第一个子系统产生了影响了第二个子系统的事件,则要求在该事件发生时,第二个子系统的时序(或局部时钟)不能大于第一个子系统,如果违背了这个因果关系,那么第二个子系统的所有超前计算必须回退。

因果关系极大地制约了并行和分布计算在 DES 中的应用。

## 2.1.5 连续流近似

经典物理中,将流体和固体视为连续性介质,认为其所占空间可以近似地看作连续分布的"质点"。质点所具有的宏观物理量(速度、温度等)满足一切应该遵循的物理定律,如热力学定律以及扩散及热传导等输运性质。

通信网传输的分组,在时间上是离散的。但在大时间尺度的近似条件下,参照流体力学的处理手段,分组业务流当用为连续流。

设单位时间内经过一条传输链路的分组数为 $n$,其值随时间增长,速率为 $n/R$。需要注意的是,$n$ 为整数。端到端通信实施拥塞控制后,当不断增长的分组量因网络容量限制而出现分组不能传输的溢出或丢失时,发送端一侧减半发送。

因此,综合后的分组发送数量满足以下关系:

$$\Delta n \, / \, \Delta t = (n/R) - (n/2) \, P$$

其中:$P$ 为分组丢失概率,它通常是 $n$ 和 $t$ 的函数。

连续流近似,就是假设 $n$ 为连续性实数,上述差分方程(组)转发为数学易解的微分方程(组)。如果再假设 $P=0$,即无限容量的网络传输能力,则可得:

$$n = n_0 \exp(1/R)$$

即分组数具有指数增长特性。

# 2.2 排队机系统模型

## 2.2.1 排队机的表示和特性

### 1. 图形表示

排队机系统是对通信网缓存现象的数学抽象模型,由丹麦人 Erlang A K 在处理电话网性能问题时构建,如图 2.6 所示。

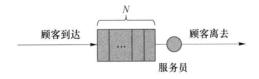

图 2.6 排队机的图形表示

图 2.6 是排队机的图形化描述,它由服务员和顾客缓存区构成,顾客到达和离去通常为随机过程。当服务员处于空闲状态时,如有顾客到达则立即为其服务,如遇服务员忙于服务前顾客,则新到顾客按序进入缓存区等待。服务完成,顾客离去后,如缓存区有等待顾客则服务员开始服务该顾客,否则进行空闲状态。缓存区容量有限,即 $N$ 不为无穷大,进入缓存的新顾客如遇缓存满的情况,则被拒。

排队机模型的顾客是通称,在不同应用领域对应于不同的实体。在通信网中,顾客可以是单个分组,也可以是信道资源的请求。

**2. Kendall 表示**

1953 年,数学家 Kendall D G 提出了一套排队机的符号表示法,结构如下:

$$A/B/C/D/E/F \quad \text{或} \quad A/S/s/c/p/D$$

其中:$A$ 表示顾客到达过程;$B/S$ 表示服务过程;$C/s$ 表示服务员数目;$D/c$ 表示系统容量;$E/p$ 表示潜在顾客总数;$F/D$ 表示缓存的调度规则。

在简单排队系统中,假设系统容量为无穷,潜在顾客总数为无穷,调度规则为先到先服务(FIFO),则可以省略后 3 个符号。比如,典型的 M/M/1 排队机表示顾客到达和离去均为 Markov 过程、服务员数为 1。M/M/1 这种排队机在数学上有完整的解析结果,一般不需要仿真计算。但对于大量的实际排队机,数学处理无能为力,仿真计算是必不可少的。

**3. M/M/1 排队统计特性**

假设平均顾客到达速率为 $\lambda$,平均顾客离去速率为 $\mu$,数学上可严格证明,只当 $\mu > \lambda$ 时,M/M/1 排队机才有稳定状态,顾客的平均排队时长为 $T = 1/(\mu - \lambda)$,系统的平均滞留顾客数为 $N = \lambda/T$,顾客的平均等待时长为 $W = T - 1/\mu$。

以上统计特性有可信的理论基础,因此,排队机仿真软件的计算结果应与此相吻合。这是 DES 仿真可信度的最低判据。

# 2.2.2 排队事件示例

**1. 事件与状态的时序**

排队机有清晰一致的数学描述,因此特别适合用作 DES 仿真程序的分析和设计起点。图 2.7 给出了一个排队事件及过程的变迁示例。

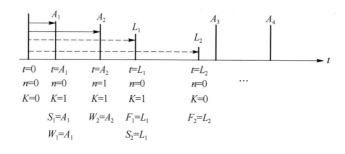

图 2.7 排队机的事件、活动与状态的示例

图 2.7 中,$A$ 表示顾客到达事件,$L$ 表示顾客离去事件,$S$ 表示顾客开始接受服务的时间,$W$ 表示顾客开始等待的时间,$F$ 表示顾客完成服务的时间,$n$ 表示排队机中等待服务的顾客数目,$K$ 表示服务员的服务状态,$n$ 和 $K$ 也称为系统状态。

$t = 0$ 时,排队机进入初始状态,有 $n = 0$,$K = 0$。当第 1 个顾客到达时,即 $A_1$ 事件发生时,系统时间 $t = A_1$;服务员进入忙状态,所以 $K = 1$,$n = 0$;另外,易见 $S_1 = W_1 = A_1$。

$t = A_2$ 时,第 1 个顾客尚未离开,所以 $n = 1$,第 2 个顾客进行等待,$W_2 = A_2$。

$t = L_1$ 时,顾客 1 离开,第 2 个顾客开始接受服务,所以等待的顾客数 $n = 0$,且 $S_2 = L_1$。

$t=L_2$ 时,第 2 个顾客离开,服务员进入空闲状态,所以 $K=0$,且 $F_2=L_2$。

后续事件的处理逻辑与上述逻辑一致。简言之,系统状态 $(n, K)$ 随事件的不断发生而变化。这一变化,可用表格形式进一步简化。

**2. 事件进度表**

表 2.4 以二维表的格式罗列了以上计算步骤,其中 $t$ 表示的仿真时钟值按自小至大的顺序排列。

表 2.4　DES 列表计算示例

| $t$ | 事件 $e$ | $K$ | $n$ |
|---|---|---|---|
| 0 | 计算开始 | 0 | 0 |
| $A_1$ | 顾客 1 到达 | 1 | 0 |
| $A_2$ | 顾客 2 到达 | 1 | 1 |
| $L_1$ | 顾客 1 离去 | 1 | 0 |
| $L_2$ | 顾客 2 离去 | 0 | 0 |
| … | … | … | … |

表 2.4 所列事件已预先定义,每一行 $K$ 和 $n$ 状态值计算的逻辑是相同的。但在实际应用中,后继事件的产生通常依赖其前驱事件。比如事件 $L_1$ 依赖事件 $A_1$,$L_2$ 依赖 $A_2$。因此,表 2.4 暗含了一个事件排序的处理过程。

图 2.8 描述了事件处理和产生的相互关系。

图 2.8　事件处理与产生的示例

事件 $A_1$ 和 $A_2$ 是预定事件,事件 $L_1$ 是事件 $A_1$ 处理后产生的新事件。图 2.8 中有时间关系 $L_1 > A_2$,所以仿真进度的后一事件为 $A_2$。显然,如果 $L_1 < A_2$,则图 2.8 和事件进度表均需做出相应改变。这种事件间的耦合关系,通常需要更加灵活的计算程序来完成。

# 2.2.3　仿真计算程序设计

**1. 程序流程**

依据 2.2.2 小节的需求和示例分析,可以设计出程序框架性流程,如图 2.9 所示。

在图 2.9 描述的程序流程中,灰色框表示的模块对应于事件处理,总体步骤分为 4 个部分:

(1)初始化,时钟和系统状态清 0;

(2)事件获取,如无事件循环等待;

(3)时钟推进,记录事件发生的时间;

(4)事件派发,处理事件并返回事件获取。

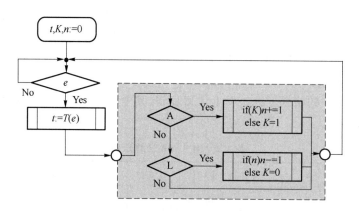

图 2.9　排队机仿真的程序流程

而事件处理,就是依据事件类型分别采用不同的逻辑来更新系统状态。对于顾客到达事件,系统状态值增加;对于顾客离去事件,系统状态值减小。

在形式上,图 2.9 缺少退出处理,显然不能构成正确的算法。一种改进方案是,添加终止事件类型,并在事件处理模块中增加相应的逻辑分支。

**2. Python 程序框架**

表 2.5 给出了用 Python 编写的排队机仿真的框架,其中函数 event_processor()和prepare_events()的定义仅给出了形式,具体细节可参考以上说明进一步详细扩展。

表 2.5　Python 仿真排队机的框架代码

| 行　号 | 代码语句 |
|---|---|
| 1 | events = {} |
| 2 | T,n,K = 0,0,0 |
| 3 | def event_processor(event): |
| 4 | 　　return event.time |
| 5 | def prepare_events(): |
| 6 | 　　print "prepare events" |
| 7 | def run(): |
| 8 | 　　for ev in events: |
| 9 | 　　　T + = event_processor(ev) |
| 10 | |
| 11 | prepare_events() |
| 12 | run() |

表 2.5 的第 11 行准备所有仿真事件,第 12 行启动仿真计算,第 7～9 行为仿真计算的具体循环过程,当所有事件处理完成,计算终止。

表 2.5 的示例要求所有事件是预先确定的,同样不能解决图 2.8 所说明的事件处理产生新事件的依赖问题,这需要采用事件驱动的程序设计框架。

# 2.3　事件驱动的计算流程

## 2.3.1　主体结构

**1. 主流程**

从图 2.8 可以看出,事件按时序排列,事件处理所产生的新事件可能破坏已有顺序,需要及时更新。对于顺序事件,仿真计算就是调出最先发生的事件,然后按事件类型和内容派发到事件处理单元分别处理。

使用面向对象程序设计方法,将以上事件调度功能归类到 Simulator,则事件驱动的逻辑需求为:

（1）当前事件跳转至后一事件时,Simulator 的仿真时间前推;

（2）在每个仿真时间,Simulator 调度仿真事件;

（3）事件的调度过程按时间顺序执行;

（4）仿真执行函数 Simulator::Run()使用单线程执行一系列事件;

（5）Simulator 的终止条件是,达到预定时间,或者所有事件全部执行完成。

**2. 事件存储与排序**

DES 要求所有事件按时间排序处理,因此可定义对象 Scheduler 来集中管理,提供事件插入、提取和删除的功能。针对大规模仿真,事件类型和数量较多,要求 Scheduler 尽快完成事件调度和操作。

链表是一种逻辑简单、易于实现的事件缓存结构,位于链表头的事件总是最先发生,因此事件提取操作的复杂度为 $O(1)$。但对于新事件的插入操作,链表结构的计算复杂度为 $O(n/2)$,其中 $n$ 为缓存的事件总数。

分段链表是一种引用了索引的二维链表,也称为日历链表,它以事件时间为依据将长链表分割为固定数量的子链表,以结构复杂度的增加换取操作复杂度的降低。日历链表如图 2.10 所示。

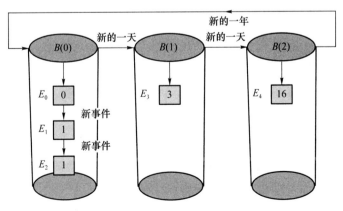

图 2.10　日历链表的结构示意

图 2.10 表示的日历假设 1 年由 3 天构成,每天长 2 秒,1 年长 12 秒。超过 1 年,时间按 1 年取余,选择天,所以单元 $B(0)$ 存储时间为 $[0,1]$、$[6,7]$、$[12,13]$ 秒的事件,$B(1)$ 存储 $[2,3]$、$[8,9]$、$[14,15]$ 秒的事件,$B(2)$ 存储 $[4,5]$、$[10,11]$、$[16,17]$ 秒的事件,如此循环。一年的天数,一天的时长,均为可调节参数。

事件 $E_0 \sim E_4$ 的时间为 $(0,1,1,3,16)$ 时,因此,$B(0)$ 存储了 $E_0$、$E_1$ 和 $E_2$,$B(1)$ 存储了 $E_3$,$B(2)$ 存储了 $E_4$。对于新的等待插入事件,以其发生时间按年取余,可以直接得到天,得到 $B(n)$。插入操作的链表长度得以降低,对应的计算复杂度得到减少。

**3. 事件处理及回调函数**

不同类型的事件,其处理逻辑不尽相同。事件生成通常要确知处理对象及函数。因此,以 C/C++ 函数指针形式将其记录在事件属性中,可便于仿真器或调度器直接调用。

图 2.9 描述的事件类型仅有 2 类,分别针对顾客/分组到达和离出事件。在通信网中,还有大量的协议定时器,它们用于触发超时处理功能,对应于种类繁杂的事件类型。为此,需要结合面向对象编程的继承派生功能,抽象定义相对固定的回调函数。

此外,对于通信网终端的应用程序,存在一类定时器,用于驱动分组的持续性生成。再者,仿真程序本身的计算控制也需要定义相应的控制事件。比如,在排队机仿真讨论中提及的终止事件。这些事件,同样可以重载基类的事件处理回调函数。如此,事件派发具有了统一的处理流程,且程序功能扩展的灵活性得到提高。

## 2.3.2 通信网仿真的事件类型

**1. 分组的一般传输过程**

图 2.11 描述了简化的分组传输过程,包括业务数据产生、协议处理、线路发送和接收等。

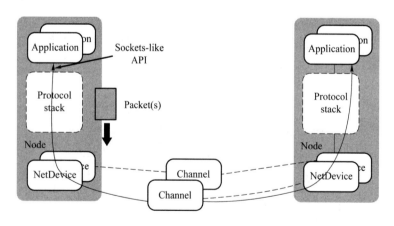

图 2.11 通信网的分组产生和处理事件

网络(终端)节点(Node)内的应用(Application)是分组产生的源和宿。应用期望向对端发送的数据构成分组的净荷,附加通信协议开销后生成可以在网络中传输的分组。数据到分组的形成过程,由应用调用 API 转交网络协议栈(Protocol Stack)执行。网络协议栈在应用数据之外添加协议开销,在实际网络中存在处理时间,但在通信网络仿真中通常忽略它们对端到端通信的影响。所以,节点内的数据到分组封装的过程不需要产生新事件。同样,分组经协议栈到网络设备(NetDevice)的过程也不产生新事件。但是,分组在节点之间经通信线路或信道(Channel)的过程存在不可忽略的延时,在 DES 中对应不同的事件。

可见,一个分组经由多段链路传输时,会产生相应数量的事件。

**2. 业务流分组的产生**

实际通信网的业务流由应用程序产生,仿真网络可以参考排队机模型引入随机过程来模拟分组的产生,也可以基于通信协议来产生分组。

按随机过程来模拟分组的产生,需要计算前后相继分组的时间间隔,然后在前一分组产生的同时,安排后继分组产生事件,由该事件触发新分组的生成。而这里的时间间隔,由可应用随机过程的数学特性和表达式进行计算。

基于通信协议的分组产生,要求仿真网络的应用模拟模块在接收到协议消息时,产生特定的后继分组。比如,当 TCP 的客户端发送连接请求到服务器时,服务器连接相应分组。这种协议事件的处理逻辑依赖具体的协议规范,是网络仿真中功能最为复杂的部分。

**3. 协议处理定时器**

通信协议在提供端到端数据的分组化传输的同时,考虑到通信网环境和通信两端相互协作的各类异常,通常设有一系列超时定时器,用于从不可预期的出错状态退回或恢复到正常的处理流程。在复杂的情况下,协议处理实体可同时启动多个时长不同的定时器,这些定时器相互耦合,即短定时器可能影响长定时器的作用。在设计定时事件时,需要考虑事件的撤除功能。

## 2.3.3　事件处理模块的关系结构

**1. 程序模块的目录结构**

对于功能丰富的通信网仿真,以文件目录形式组织功能模块是较为常用的方法。以 NS-3 为例,将仿真计算结果的回放程序放置在 Netanim 目录之下,将 Python 接口模块放置在 pybindgen 目录之下,将虚实结合的路由模块放置在 Clink Routing 目录之下,将事件处理的仿真集中在 ns-3 目录之下,如图 2.12 所示。

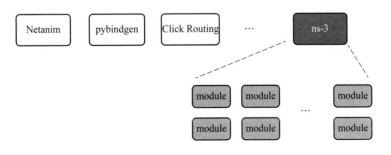

图 2.12　NS-3 源码的目录组织结构

事件处理仿真模块的类型和数量较多,可以进一步划分子目录,并采用相对一致的分支目录结构。比如,NS-3 的模块统一按功能命名,其下包括模块代码目录 model,助手功能目录 helper,说明文档目录 doc,范例目录 examples 等。

**2. 事件处理仿真模块**

图 2.13 描述了 NS-3 的主要仿真模块及组织结构,其中 core 和 network 为其他模块共用部分。

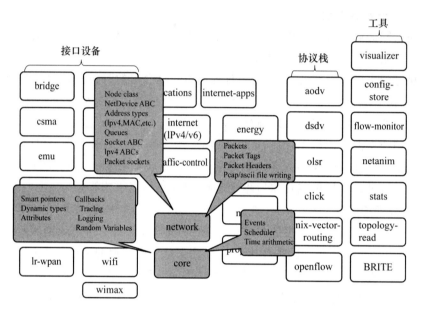

图 2.13　NS-3 的仿真模型库的主要模块结构

图 2.13 所列功能模块可分类为 5 个部分:

(1) 接口设备(Devices);

(2) 协议栈(Protocols);

(3) 工具(Utilities);

(4) 应用环境;

(5) 基本支持模块。

其中,core 和 network 构成了仿真软件包的基本部分。

模块 core 包含事件相关的基本构架和通用的语言扩展功能。智能指针(Smart Pointers)、对象类动态类型(Dynamic Types)和对象类属性(Attributes)吸收了主流的 C/C++ 的代码灵活性扩展方法。回调函数(Callbacks)、仿真跟踪(Tracing)、日志(Logging)和随机变量(Random Variables)则为通信网仿真具体功能建立通用的基础代码库。

事件相关的基础构架构包括事件(Events)、调度器(Scheduler)和时间控制计算(Time Arithmetic),是 DES 的计算框架,实现如前所述的功能需求。

## 2.4　NS-3 的 DES 仿真结构

## 2.4.1　基本对象类

NS-3 的主要对象类大多直接或间接地派生于 Object,该类封装了以下 5 个基本功能:

(1) 智能指针(Smart Pointer),简化对象的创建和清除;

(2) 对象聚合(Object Aggregation),简化对象集的访问;

(3) 运行时类型信息(Run-Time Type Information),提供类名与对象实例的映射;

(4) 属性(Attributes),方便运行时以字符串名访问变量;

(5) 跟踪源(Trace Sources),简化跟踪变量的关联操作。

其中,智能指针由模板类 SimpleRefCount 定义,其他功能由对象类 ObjectBase 定义。

**1. 智能指针的类模板**

NS-3 智能指针参考了 boost∷intrusive_ptr 的侵入式设计,定了两个类模板,包括对象指针 Ptr 和用于引用计数的 SimpleRefCount。具备智能指针的对象类需要从 SimpleRefCount 模板定义一个同名的基类,在创建该类实例时必须使用函数模板 Create 或者 CreateObject[①]。

例如,分组对象类 Packet 的定义(～/src/core/model/event-impl.h)为:

```
classPacket : public SimpleRefCount < Packet > {
public:
    Packet ();                                //无参构造函数
    Packet (uint8_t const * buffer, uint32_t size);  //有参构造函数
    ...
};
```

其中,SimpleRefCount < Packet >是实例化的引用计数类,仅用于 Packet 的派生基类。Packet 实例的创建,形如:

```
Ptr < Packet > p;
p = Create < Packet > ();                    //调用无参构建函数
```

或者

```
uint8_t data = new uint8_t[size];
Ptr < Packet > p = Create < Packet > (data, 4);//调用有参构建函数
```

函数模板 CreateObject 仅用于自 Object 及派生类的实例化,例如:

```
Ptr < PacketSocketFactory > factory =
    CreateObject < PacketSocketFactory > ();
```

---

① 函数模板 Create 和 CreateObject,对应于不同对象类,不能互换使用。

其中,PacketSocketFactory 直接派生于 SocketFactory,后者派生于 Object。

类模板 Ptr 的变量成员 m_ptr 为模板定义占位符对应的类指针,但 Ptr 本身并非 C 语言的基本指针类型。所以,上例中 factory 赋值是对象的一次引用,在离开该代码所在作用域时,以下析构函数 Ptr∷~Ptr()会被先行执行(~/src/core/model/ptr.h):

```
Ptr∷~Ptr() {
  if (m_ptr != 0)
      m_ptr->Unref();
}
```

由类模板 SimpleRefCount 定义的成员函数 Unref()的功能是当对象实例的引用计数减为零时删除该对象,代码如下:

```
inline void Unref (void) const {
  m_count--;
  if (m_count == 0)DELETE∷Delete (this);
}
```

其中:m_count 是 SimpleRefCount 的私有变量成员,类型为 uint32_t;DELETE 是 SimpleRefCount 的模板形参之一,缺省为类模板 DefaultDeleter,其函数 Delete ()仅有一行,即调用 C++操作符 delete。操作数由 SimpleRefCount 具体化时给出,对于对象类,Object 就是 Object 实例。

所以,由 Create < Packet >()创建的 Packet 实例,和由 Create < Object >()创建的 Object 实例,以及由 Create < PacketSocketFactory >()创建的实例,都无须显示删除。这就是所谓的智能指针。

**2. 对象类的运行时类型信息**

Object 的变量成员 TypeId m_tid 聚合了 TypeId 的功能,它以字符串名为关键字,综合了对象查找、变量成员访问、成员函数调用和变量跟踪配置的功能。串名与类、对象、变量和函数的映射主要通过全局唯一的 IidManager 类对象来完成。在定义新对象类时,所有 Object 的派生类需要对静态函数 GetTypeId()进行重载,并按固定格式调用 TypeId 的成员函数。

例如,类 ns3∷olsr∷RoutingProtocol 是 Ipv4RoutingProtocol 的直接派生类,其 GetTypeId()的具体定义(~/src/olsr/model/olsr-routing-protocol.cc)如下:

```
TypeId  RoutingProtocol∷GetTypeId (void) {
  static TypeId tid = TypeId ("ns3∷olsr∷RoutingProtocol")
      .SetParent < Ipv4RoutingProtocol > ()
      .SetGroupName ("Olsr")
      .AddConstructor < RoutingProtocol > ()
      .AddAttribute ("HelloInterval",
          "HELLO messages emission interval.",
          TimeValue (Seconds (2)),
```

```
        MakeTimeAccessor (&RoutingProtocol::m_helloInterval),
        MakeTimeChecker ())
    ...
    return tid;
}
```

在 Object 构造函数中,GetTypeId()被先行调用,返回结果赋给 m_tid。

以上示例的代码的第 2 行调用了 TypeId 构造函数,其参数为新类的字符串名;第 3 行调用了 TypeId 模板函数 SerParent;第 4 行调用了成员函数 SetGroupName;第 5 行调用了模板函数 AddConstructor;第 6 行又调用了成员函数。这些函数的返回值均为 TypeId 实例,所以使用了连续的函数访问格式。该定义为对象类 olsr::RoutingProtocol 建立了类型信息记录,这些记录均由 IidManager 集中维护。

以上示例的第 6～10 行中,成员函数 AddAttribute()为对象类 olsr::RoutingProtocol 注册了名为"HelloInterval"的可配属性,并关联到 m_helloInterval,提示说明为字符串 "HELLO messages emission interval.",缺省参值为 2 s,参数的语法检查由函数 MakeTimeChecker()执行。类属性、缺省值、映射的变量成员和参数检查,同样由 IidManager 集中维护。

变量跟踪的处理方法与属性相似,具体参见第 3 章说明。

**3. Object 对象实例的聚合**

Object 通过 SimpleRefCount 具体化的第 2 实参 ObjectBase,替代对象聚合的管理功能。所谓对象聚合是指,一个对象包含了运行时确定的多个对象实例。

例如,节点 Node 可以装配一个用于支持移动性的对象类实例(MobilityModel),对应的聚合和访问形如:

```
Ptr < Node > node = CreateObject < Node >;
Ptr < MobilityModel > m = CreateObject < MobilityModel >();
node-> AggregateObject(m);
```

可用形式化获取移动性对象实例,而无须保留或传递以上定义的变量 $m$:

```
Ptr < MobilityModel > mo = node-> GetObject < MobilityModel >();
```

对象类 Object 的变量成员 m_aggregates 使用单向链表结构管理所有聚合对象,它在 Object 构造函数中初始化,在成员函数 AggregateObject(Ptr < Object >)中添加,在析构函数中迭代删除,通过模板函数 GetObject < T >()遍历查找。

需要注意的是,聚合对象必须从 Object 派生定义,并且同一类只能有一个实例。

**4. 事件对象类**

在离散事件系统中,事件的基本内涵包括事件发生的时间和处理。NS-3 用 EventId 定义和管理事件的时间属性,用 EventImpl 管理事件的处理函数。

类 EventId 定义了 4 个私有的变量成员:

```
Ptr < EventImpl > m_eventImpl;
uint64_t m_ts;                              //虚拟时间内的时戳(time-stamp)
uint64_t m_context;                         //事件执行的上下文值,可表示产生事件的节点
uint64_t m_uid;                             //唯一性的标识符
```

类 EventId 的主要成员函数有:

```
void Cancel();  //取消事件
bool operator < (const EventId &a,
                 const EventId &b);  //按时戳比大小
```

类 EventImpl 是自 SimpleRefCount 派生的纯虚类,其主要成员函数 Invoke() 调用了纯虚的成员函数 Notify()。如此,所有事件处理的程序功能调用 Invoke(),具体功能细节实现交由 EventImpl 的派生类来扩展。此外,EventImpl 的析构函数也是纯虚函数,其派生类必须重载。

源文件 ～/src/core/model/make-event.h 定义了一系列函数模板,函数名统一为 MakeEvent,主要差异为函数的参数数量及类型。这些模板函数的作用,就是在重载的 Notify() 中调用参数所表示的事件响应函数,同时从 EventImpl 派生定义相应的对应类和对象实例。

**5. 事件队列管理类 Scheduler**

对象类 Scheduler 派生于 Object,主要定义了事件缓存队列的功能接口,是链表调度器 ListScheduler 和字典调度器 MapScheduler 的基类。Scheduler 的内嵌结构 Event 包含事件的实现体指针和事件时间等关键参数。Scheduler 的纯虚接口函数,包括:

```
• void Insert (const Event &ev);            //插入新事件
• bool IsEmpty (void);                      //判定事件队列是否空
• Event PeekNext (void);                    //检查队列内的首事件
• Event RemoveNext (void);                  //读取队列内的首事件
• void Remove (const Event &ev);            //删除指定的事件
```

ListScheduler 以链表存储事件,重载实现了以上接口函数。比如,Insert() 遍历事件链表,按事件时间顺序查找位置,然后插入新事件。MapScheduler 以事件时间作为关键字,同样重载了上述接口函数,比如,Insert() 调用了 std::map 的 Insert() 函数。

相比而言,MapScheduler 的事件操作时长要远低于 ListScheduler,是 NS-3 缺省使用的调度器。

## 2.4.2　事件调度与仿真计算

### 1. 相关对象类及相互关系

NS-3 仿真计算的主体对象类涉及 SimulationImpl、Simulator、Scheduler 和 EventImpl,如图 2.14 所示。SimulationImpl 为纯虚类,子类 DefaultSimultionImpl 配置了 MapScheduler 来管理事件缓存。针对虚实结合的仿真,NS-3 还扩展定义了对象类 RealtimeScheduler,并针对分布式

计算定义了对象类 DistributedScheduler。

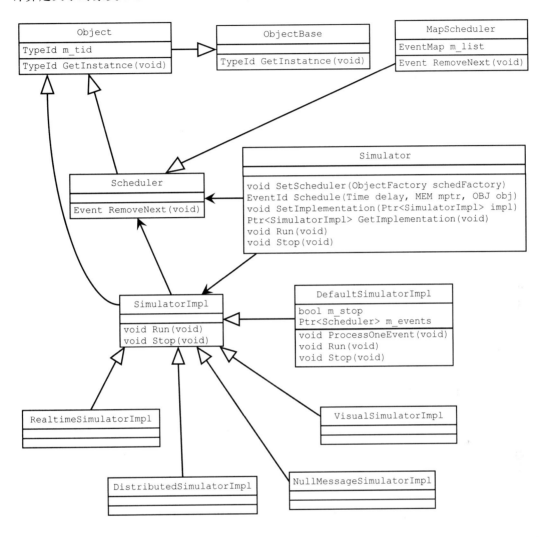

图 2.14  NS-3 的事件调度与计算的主体对象类及相互关系

Simulator 的事件调度由成员函数 Run()执行,功能就是调用 SimulationImpl∷Run()。缺省实现的函数功能形式上并不复杂,具体如下:

```
voidDefaultSimulatorImpl∷Run (void) {
    m_main = SystemThread∷Self();
    ProcessEventsWithContext ();
    m_stop = false;
    while(! m_events->IsEmpty () && ! m_stop) {
        ProcessOneEvent ();
    }
}
```

在以上代码中,变量成员 m_events 为 MapScheduler 实例,成员函数 ProcessOneEvent()就

是派发事件。

**2. 事件创建**

全局函数 MekeEvent() 定义在源文件～/src/core/model/make-event.{h|cc}中,具体代码如下:

```
EventImpl * MakeEvent (void ( * f)(void)) {
    EventFunctionImpl0 : public EventImpl  {
    public:
        typedef void ( * F)(void);
        EventFunctionImpl0 (F function)
            : m_function (function){ }
    protected:
        virtual void Notify (void){
            ( * m_function)();
        }
    private:
        F m_function;
    } * ev = new EventFunctionImpl0 (f);
    return ev;
}
```

其中:形参 *f* 为函数指针,它是预先定义的事件处理的回调函数。MakeEvent()返回事件指针,由 Scheduler 集中管理。

如前所述,成员函数 Notify() 被 EventImpl∷Invoke() 直接调用,结果是转而调用了指针 m_function 所指向的回调函数。在以上代码中,内部对象类 EventFunctionImpl0 的实例 ev 调用了构造函数,并将形参 *f* 赋给了指针变量 m_function。所以,实质上 EventImpl∷Invoke() 就是调用 MakeEvent() 的实参。

通常,仿真模块无须直接调用 MakeEvent() 来创建事件,它封装在 Simulator 的成员函数 Schedule() 中,具体定义如下:

```
template < typename MEM, typename OBJ >
EventIdSimulator∷Schedule (Time const &delay,
                           void ( * f)(void)) {
    return DoSchedule (delay, MakeEvent (f));
}
```

其中:参数 delay 以当前时间为起点,指明事件发生的时间。

NS-3 针对多参数的事件,定义了 13 个与 MakeEvent() 相似的函数模板,主要功能是将参数记录到事件中,并将这些参数结合到回调函数的形参中。相应地,Simulator 也定义了 13 个与 Schedule() 相似的函数模板,以方便仿真模块访问。

另有一组函数,名称为 Simulator∷ScheduleWithContex(),附加一个上下文参数,作用由仿真模块解释,可以是节点的标识符。再有,名为 Simulator∷ScheduleNow() 的一组函数以当前时间为事件时间创建事件,时序上是需要马上处理的事件。

**3. 事件处理与事件函数回调**

事件处理函数 ProcessOneEvent()从事件缓存队列读取首事件,更新系统当前时钟,调用事件处理函数,主要代码如下所列:

```
voidDefaultSimulatorImpl::ProcessOneEvent (void){
    Scheduler::Event next = m_events-> RemoveNext ();
    m_currentTs = next.key.m_ts;
    m_currentContext = next.key.m_context;
    m_currentUid = next.key.m_uid;
    next.impl-> Invoke ();
    next.impl-> Unref ();
    ProcessEventsWithContext ();
}
```

在以上代码中,next 的类型为 Event,它的变量成员 impl 类型为 Ptr< EventImpl >。

变量成员 m_currentTs 在处理事件前更新为事件时间,表示仿真时钟。EventImpl 的成员函数 Invoke()是形式化的事件处理函数,它是在事件生成之时由函数模板 MekeEvent()创建的。调用成员函数 Unref()的作用是在当前事件不再引用时,相应的对象可以被安全删除。以上针对事件的来回处理,统一了事件调度接口,将事件处理细节移出,交由具体的仿真模块来扩展定义。

## 2.4.3　互联网协议栈与事件处理

**1. 对象类 ArpL3Protocol 与 Ipv4Interface**

对象类 ArpL3Protocol 派生于 Object,模拟由 IPv4 地址解析 MAC 地址的协议功能。对象类 ArpCache 派生于 Object,是 IPv4 地址的缓存表,关联了对象类 Ipv4Interface。而 Ipv4Interface 同样派生于 Object,模拟网络接口,如图 2.15 和图 2.16 所示。

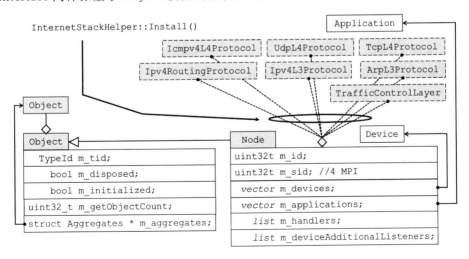

图 2.15　协议栈仿真类与节点的聚合关系

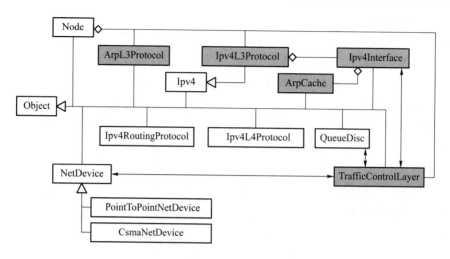

图 2.16　ArpL3Protocol 仿真类与 Ipv4Interface 的相互关系

类 Ipv4Interface 的私有变量成员 m_ifup 记录接口的启停状态,m_ifaddrs 以链表结构存储所有网络接口的 Ipv4InterfaceAddress,变量成员 m_metric 为路由计算中的接口成本(缺省为 1),成员 m_device 为网卡仿真类(NetDevice)实例,成员 m_cache 为 ArpCache 实例,m_tc 为 TrafficControlLayer 实例。

NetDevice 仿真网卡的物理接口,TrafficControlLayer 仿真网卡输出队列的逻辑控制实体。

与变量成员相对应,类 Ipv4Interface 的公有成员函数 Setup()、SetDown()、IsUp()和 IsDown()用于启停和查询,成员函数 SetMetric()和 GetMetric()用于路由成本的设置和查询。

类 Ipv4Interface 的公有成员函数 Send()模拟 IP 分组的发送,在必要时通过所在节点的 ARP 功能实体,即 ArpL3Protocol 实例,解析目标地址并调用 TrafficControlLayer 的成员函数 Send()来控制分组发送。

类 ArpL3Protocol 公有成员函数 Lookup()模拟地址解析功能,先在 Ipv4Interfacer 维持的 ArpCache 实例中查找,如果未得到记录,则通过事件回调方式向网络发送广播性 ARP 分组,并在收到 ARP 响应时将 Ipv4Interface 待发分组继续发送。

**2. 对象类 Ipv4L3Protocol 与 Ipv4RoutingProtocol**

对象类 Ipv4 是派生于 Object 的纯虚类,主要关联了 3 个纯虚类 Ipv4RoutingProtocol、NetDevice 和 IpL4Protocol。对象类 Ipv4L3Protocol 是 Ipv4 派生类,它具体实现了互联网 IP 协议的仿真功能。

类 Ipv4L3Protocol 的私有变量成员 m_protocols 主要以第 4 层协议号为关键字,使用字典(Map)结构存储了所有的 IpL4Protocol 实例,以便将接收到的分组分支派发。私有变量成员 m_routingProtocol 是 Ipv4RoutingProtocol 的实例,主要按分组转发或终结逻辑处理接收分组。

静态路由仿真 Ipv4StaticRouting 是最简单的 Ipv4RoutingProtocol 派生类,支持缺省路由、多播路由和人工路由的配置。NS-3 中的有线网络动态路由主要有仿真类 RIP,用于模拟路由信息协议(RIP)。

对象类 RIP 的私有变量成员 m_startupDelay 定义了 RIP 协议的启动时间,缺省配置为
1 s。RIP 对象实例在初始化时,依启动时间安排启动事件,调用成员函数
SendRouteRequest()发出 RIP 请求分组。对象类 RIP 的成员函数 HandleRequests()是接
收节点对 RIP 请求的响应,模拟了 RIP 协议的交互过程。

**3. 传输层协议与 Socket 对象类**

NS-3 仿真的传输层协议派生于 IpL4Protocol,包括模拟 TCP 和 UDP 的对象类
TcpL4Protocol 和 UdpL4Protocol。IpL4Protocol 也用于派生模拟 ICMP 的对象类
Icmpv4L4Protocol。传输层协议的服务接口,或套接口,均派生于对象类 Socket,包括面向
TCP 的 TcpSocket 和面向 UDP 的 UdpSocket。Socket 也用于派生面向 IP 的套接口对象
类 Ipv4RawSocketImpl 和直通网卡(NetDevice)的 PacketSocket。

纯虚类 IpL4Protocol 定义了 IP 协议号的读取函数 GetProtocolNumber(),以便网络层
仿真类 Ipv4L3Protocol 构建一个协议号与协议仿真类的映射表,而协议字段处理和分组收
发功能由派生类实现。因此,Socket 的配置与管理由 IpL4Protocol 的派生类实现。

模拟 UDP 协议的 UdpL4Protocol 的功能相较于 TCP 仿真要简单很多,其静态变量成
员 PROT_NUMBER 固定为 0x11,主要由重载的成员函数 GetProtocolNumber()返回给调
用者。私有变量成员 m_sockets 是 UdpSocketImpl 对象指针列表,具体 Socket 实例由成员
函数 CreateSocket()动态创建。私有变量成员 m_endPoints 是 Ipv4EndPointDemux 对象
指针,用于记录接收分组的上行分配。

对象类 UdpSocketImpl 是 UdpSocket 派生实现类,主要为应用层仿真类提供下行分组
发送接口。对象类 Ipv4EndPointDemux 无派生结构,其功能是传输层协议的分组解复用。
图 2.17 描述了 UDP 协议仿真的对象类及相互关系。

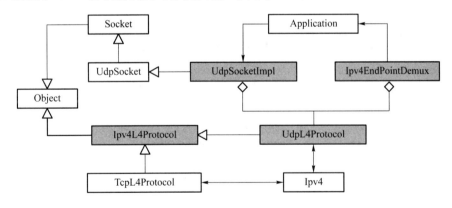

图 2.17　UDP 协议仿真的相关对象类及相关系

从图 2.17 可见,参照互联网协议栈结构,UdpL4Protocol 向上通过 UdpSocketImpl 和
Ipv4EndpointDemux 关联到应用层协议或应用仿真类,向下与 Ipv4 类的派生对象直接关
联,完成分组发送和接收。模拟 TCP 协议处理的 TcpL4Protocol 有相似类结构,详见本书
第 4 章。

来自和送往 Application 的分组,在经 UdpL4Protocol 处理时,没有仿真时间的改变,不
形成新事件,因此未涉及 DES 事件调度。

## 2.4.4 DES 仿真示例

**1. 事件调度示例**

在图 2.19 给出的事件调度的程序示例中设计了 3 个预定义事件,时序如图 2.18 所示。

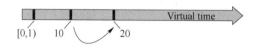

图 2.18 事件仿真与调度的类型

在图 2.18 中,第 1 个事件是在 [0,1) 区间生成一致分布随机数,作为该事件发生的时间。第 2 个事件发生于 10 s,功能是在 CLI 回显一行提示信息。第 3 个事件发生于 30 s,但被明确删除而未得到执行。图 2.19 是使用 NS-3 对象类 Simulator 实现的一个简单事件处理程序。

在图 2.19 中,第 15 行产生随机数,并在第 16 行生成 10 s 的事件。第 16 行安排了第 2 个事件,第 18 行安排了第 3 个事件,但随后调用 Cancel() 删除了第 3 个事件。

以上事件调度示例的执行结果是,第 10 行定义的 RandomFunction() 最先得到执行,结果是,在 0~1 s 第 7 行定义的 ExampleFunction() 得到后续执行,而第 12 行定义的 CancelledEvent() 不被执行。

```
1. from ns import core; sim = core.Simulator; sec = core.Seconds
2. class MyModel(object):
3.     def Start(self):
4.         sim.Schedule(sec(10.0), self.HandleEvent, sim.Now().GetSeconds())
5.     def HandleEvent(self, value):
6.         print "MyModel at", sim.Now().GetSeconds(), "s started at", value, "s“
7. def ExampleFunction(model):
8.     print "ExampleFunction received event at", sim.Now().GetSeconds(), "s“
9.     model.Start()
10.def RandomFunction(model):
11.    print "RandomFunction received event at", sim.Now().GetSeconds(), "s“
12.def CancelledEvent(): print "I should never be called... “
13.def main(dummy_argv):
14.    model = MyModel()
15.    v = core.UniformRandomVariable()
16.    sim.Schedule(sec(10.0), ExampleFunction, model)
17.    sim.Schedule(sec(v.GetValue()), RandomFunction, model)
18.    id = sim.Schedule(Seconds(30.0), CancelledEvent); sim.Cancel(id)
19.    sim.Run();   sim.Destroy()
20.if __name__ == '__main__':
21.    import sys
22.    main(sys.argv)
```

图 2.19 基于 NS-3 的事件调度示例

**2. 排队机仿真示例**

图 2.20 给出的仿真示例以 NS-3 的仿真调度器为基础,模拟了本章第 2.2 节的排队机系统。

图 2.20 中,ExponentialRandomVarible() 生成负指数分布随机变量,用来表示顾客到达的时间间隔和服务时长,对应参数 Lambda 和 Mu 在初始化时配置为 2.0 s 和 3.0 s。仿

真程序初始安排了一个事件,调用函数 enq(),模拟下一位顾客到达和当前顾客离开。

```
from ns import core; sim = core.Simulator
T,n,K,Lambda,Mu = 0,0,0,2.0,3.0
r_eq = core.ExponentialRandomVariable()
r_deq = core.ExponentialRandomVariable()
r_eq.SetAttribute("Mean", core.DoubleValue (Lambda))
r_deq.SetAttribute("Mean", core.DoubleValue (Mu))

def enq (args) :
    now = sim.Now().GetSeconds()
    sim.Schedule(core.Seconds(r_eq.GetValue()), enq, now)
    sim.Schedule(core.Seconds(r_deq.GetValue()), deq, now)
def deq (args) :
    pass

sim.Schedule(core.Seconds(0),enq(),sim.Now())
sim.Run(); sim.Destroy()
```

图 2.20　基于 NS-3 的排队机仿真示例

# 第 3 章　仿真跟踪与统计

## 3.1　测度及跟踪方法

### 3.1.1　通信网性能测度

**1. 响应时效**

总体上,通信网是一种资源复用系统,它以共享方式为用户提供端到端的数据交换与传输等服务。数据分组传送的时效性是评价服务质量的重要因素,也是通信网仿真实验的主要观测对象。端到端延时和抖动是两个关键测度,图 3.1 以话音业务质量为例,描述了它们与服务等级评价的量化关系。

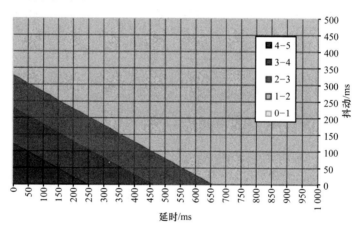

图 3.1　服务质量等级随延时和抖动的变化关系

图 3.1 所描述的服务质量等级是电话业务的主观均分(MOS,Mean Opinion Score),分划为 1～5 级。MOS 有一整套严格的评测手段和计算方法,电信级服务要求 MOS 大于 4.5[①]。从图 3.1 可见,等级为 4～5 分的区域对应的延时小于 250 ms,抖动小于 125 ms。这

---

① ITU-T G.107 定义了 MOS 的等级因子计算法,规定 $R=R_0-I_s-I_d-I_e+A$,其中,$R_0$ 为本底信噪比,$I_s$ 为话音损伤因素,$I_d$ 为延时损伤,$I_e$ 为编码损伤,$A$ 为损伤补偿作用。当 $R>100$ 时,MOS=4.5;当 $R<0$ 时,MOS=1;当 $0<R<100$ 时,MOS=$1+0.035R+R(R-60)(100-R)7\times10^{-6}$。在仅考虑延时的情况下,可定义等效延时 $E=D+2\times J+10$,其中 $D$ 为延时,$J$ 为抖动。当 $D<160$ ms 时,$R=93.2-E/40$;当 $D\geqslant160$ ms 时,$R=93.2-(E-120)/10$。进一步,设分组丢失率为 $L$,有近似 $R_L=R-2.5\times L$。

些指标适用于无分组丢失的情况。随着分组丢失率的增大,等级的等高线将向左下角平移。

延时和抖动的单位均为 s,或 ms,或 us,或 ns。在计算中,跟踪分组的发送和接收时间值,十分容易计算出延时。计算平均延时的差值,可得到抖动。

**2. 丢失率和阻塞率**

延时和抖动用于评价通信服务的时间透明性,而在 IP 化的通信网中,分组丢失会对语义透明性的服务要求产生负面影响。通信技术引入的前向及后向纠错机制,牺牲一定的时间透明性换取语义透明性的改善。总体上,分组丢失造成的业务质量下降,不会因纠错机制的引入而发生显著改善。

分组丢失的技术因素包括不可恢复的传输误码,以及网络拥塞引发的在中间节点的排队缓存溢出。传输误码的测度通常采用误码率(BER)和分组出错率(PER)。在业务会话层面,当网络资源暂时不可用时,用户发起的连接请求或接入请求在预期时间之内得不到有效响应,则产生呼叫阻塞。排队论对阻塞率有一整套计算方法,一般认为流入负载与业务分组占用资源时长的乘积,或业务量强度,是决定阻塞率的主要因素。

丢失率和阻塞率均为无量纲的百分比数。在仿真计算中,跟踪发送端发送的分组数和接收端接收到的分组数,可以得到分组丢失率,或投送率。

**3. 吞吐量**

吞吐量反映流入负载通过网络传送后的通行量。在分组层面,吞吐量也称作分组投送比率或有效吞吐量。在业务会话层面,吞吐量是指单位时间内完成的交易量(Transaction)。

影响吞吐量大小的首要因数是传输宽带,它是传输链路或路径所能承载的上限。此外,通信网的调控算法和业务流的随机性、突发性和共享链路的冲突是影响有效吞吐量的重要因素。在宽带资源给定的情况下,吞吐量的观测可以简化为分组接收端在单位时间内收到的分组数。

分组吞吐量的单位与传输宽带相同,是 bit/s,或 Kbit/s,或 Mbit/s,或 Gbit/s。在仿真计算中,跟踪接收端在单位时间内接收到的分组数和分组长度,可以得到网络吞吐量。

## 3.1.2　变量跟踪方法

**1. 命令行回显跟踪**

在表 3.1 所列的源程序中,对变量 $x$ 进行跟踪的方法较为直接。

**表 3.1　C/C++语言程序的变量跟踪示例**

| 行　号 | 代码语句 |
| --- | --- |
| 1 | # include < iostream > |
| 2 | |
| 3 | int main(void) |
| 4 | { |
| 5 | 　　int x; |
| 6 | 　　... |
| 7 | 　　std::cout << "x is " << x << std::endl; |
| 8 | 　　... |
| 9 | 　　return 0; |
| 10 | } |

当表 3.1 的第 5 行定义的整型变量 $x$ 的值发生变化需要跟踪时,可使用第 7 行的语句向命令行输出提示及值。这也是代码调试的一种简单手段,适用于跟踪变量较少的情况。

**2. NS-3 跟踪方法**

NS-3 的变量跟踪,包括跟踪源、跟踪宿和跟踪连接 3 个处理步骤。跟踪源通常为变量,跟踪宿通常为用户定义的回调函数,跟踪连接就是将缺省的无功能的内部回调函数的指针指向用户定义的回调函数。

文件～/examples/tutorial/fourth.cc 给出了变量跟踪的使用范例,所引入的头文件包括:

```
#include "ns3/object.h"
#include "ns3/uinteger.h"
#include "ns3/traced-value.h"
#include "ns3/trace-source-accessor.h"
```

其中:与跟踪有关的头文件 traced-value.h 定义了跟踪变量类型;头文件 trace-source-accessor.h 定义了跟踪源连接的操作函数。该范例定义了一个可被跟踪的对象类,派生于 Object,具体代码如下:

```
classMyObject : public Object{
public:
  static TypeId GetTypeId (void)  {
    static TypeId tid = TypeId ("MyObject")
      .SetParent<Object>()
      .SetGroupName ("Tutorial")
      .AddConstructor<MyObject>()
      .AddTraceSource ("MyInteger",
                   "An integer value to trace.",
                   MakeTraceSourceAccessor (&MyObject::m_myInt),
                   "ns3::TracedValueCallback::Int32")
      ;
    return tid;
  } //end-of-GetTypeId()
  MyObject () {}
  TracedValue<int32_t> m_myInt;
};
```

其中,继承于 Object 的静态函数 GetTypeId()包含了对 AddTraceSource()的调用,作用是定义跟踪源,其名为字符串"MyInteger",关联到变量成员 m_myInt,类型是文件 traced-value.h 中定义的 ns3::TracedValueCallback::Int32。字符串"An integer value to trace."是跟踪源的提示说明。

针对以上跟踪源,即 MyObject 的变量成员 m_myInt,其类型申明必须使用模板类型 TracedValue<int32_t>。

对跟踪变量的跟踪,需要定义相应的回调函数。范例定义的代码如下所列:

```
void IntTrace (int32_t oldValue, int32_t newValue) {
  std::cout << "Traced " << oldValue << " to " << newValue
       << std::endl;
}
```

当跟踪源发生数值变化时,其所属对象向跟踪函数传回变化前后的 2 个数值,所以以上函数的形参有 2 个,类型均为 int32_t。以上函数的功能是向 CLI 输出提示信息。

将跟踪源和跟踪函数关联到一起的代码如下所列:

```
int main (int argc, char * argv[]) {
  Ptr < MyObject > myObject = CreateObject < MyObject > ();
  myObject-> TraceConnectWithoutContext ("MyInteger",
                     MakeCallback (&IntTrace));
  myObject-> m_myInt = 1234;
}
```

其中,模板函数 CreateObject < MyObject >()创建前述对象类的实例,而定义在 Object 中的函数 TraceConnectWithoutContex()就是标识字符串的"MyInteger"跟踪源,即变量成员 m_myInt,与 MakeCallback()生成的跟踪函数关联在一起。

以上代码的最后一行,对对象的变量成员进行赋值操作,因此将触发函数 IntTrace()的调用。图 3.2 是范例编译执行的结果。

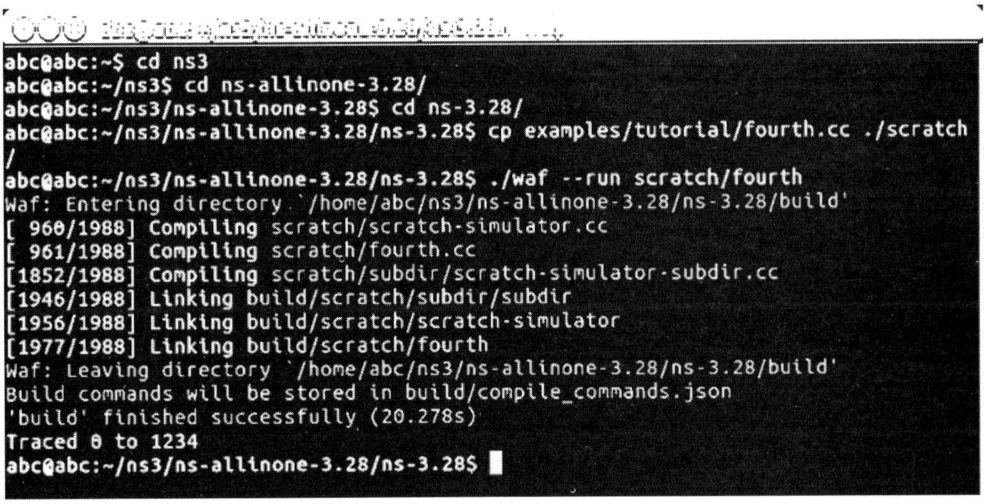

图 3.2　NS-3 变量跟踪范例的执行结果

图 3.2 显示,被跟踪变量从 0 变为 1 234,其中 0 是跟踪源 m_myInt 的初始值。

**3. 范例 first 分组跟踪功能**

文件～/examples/tutorial/first.cc 仿真了 2 个直连节点间的 UDP 分组收发,以此为蓝本,可以追加分组收发跟踪,进而可观察分组传输的丢失情况。为此,需要分析程序所配置的应用,确定可跟踪的变量。

源程序 first.cc 在 2 个节点分别配置了 UdpEchoServer 和 UdpEchoClient 应用。在源程序～/src/model/application/model/udp-echo-server.cc 中,GetTypeId()跟踪源定义,如

下所列：

```
TypeId UdpEchoServer::GetTypeId (void) {
  static TypeId tid = TypeId ("ns3::UdpEchoServer")
    ...
    .AddTraceSource ("Rx", "A packet has been received",
            MakeTraceSourceAccessor (&UdpEchoServer::m_rxTrace),
            "ns3::Packet::TracedCallback")
    ...
  ;
  return tid;
}
```

其中：跟踪源为 Rx；变量成员为 m_rxTrace，类型为 ns::Packet::TraceCallback。而在源程序～/src/network/model/packet.h 中，该类型的定义为：

```
typedef void ( * TracedCallback) (Ptr < const Packet > packet);
```

所以，对此跟踪源进行关联时，要定义的跟踪宿（即回调函数）的返回类型为 void，形参为 Ptr < const Packet > packet。其次，参考范例 fourth.cc，调用 MakeCallback() 和 Object::TraceConnectWithoutContext()。

在源程序～/src/model/application/model/udp-echo-client.cc 中，函数 GetTypeId() 有相似的功能定义，但多了一个名为 "Tx"，表示发送分组的跟踪源。相比而言，跟踪 UdpEchoClient 可以更好地对分组丢失开展实验。为此，可在 first.cc 原程序的第 30 行中添加统计变量和跟踪函数的定义，具体代码如下：

```
int npkttx = 0; //累计发送的分组数
int npktrx = 0; //累计接收到的分组数
void PktTxTrace (Ptr < const Packet > packet) {
  std::cout << "Traced " << ++npkttx << " output pkts " << std::endl;
}
void PktRxTrace (Ptr < const Packet > packet) {
  std::cout << "Traced " << ++npktrx << " input pkts " << std::endl;
}
```

在原程序的 UdpEchoClientHelper 创建配置之后添加跟踪关联代码，具体如下：

```
clientApps.Get(0)->TraceConnectWithoutContext ("Tx",\
            MakeCallback (&PktTxTrace));
clientApps.Get(0)->TraceConnectWithoutContext ("Rx",\
            MakeCallback (&PktRxTrace));
```

重新编译执行 first.cc 之后，可在命令行下观察到分组发送和接收的累计数。如果接收到的响应数（Input Pkts）小于发出的分组数（Ouput Pkts），说明出现了分组丢失。

# 3.2 影响性能的技术因素

## 3.2.1 传输延时

**1. 传播延时**

传播延时(Propagation Delay),也译作传播延迟或传播时延,它是信号从发送端到接收端所需的时间。对于电磁波信号,传播延时为信号传播距离与光速之比。在距离确定的情况下,技术手段不能降低传播延时,因此不在工程技术的研究范围之内。但是,不同传播距离的延时相差巨大,它对工程技术和手段产生了不可忽略的影响。

通常,非真空介质中的光速约为真空光速的 2/3。粗略估算时,等效为 1 km 延时 5 $\mu$s,或 $5 \times 10^{-6}$ s。表 3.2 给出了不同通信对象的传播延时参考。

通信网仿真中,需要针对不同的目标问题,选择合适的链路传播延时,这对仿真结果的可信度有直接影响。

**表 3.2 通信技术考查对象的典型传播延时**

| 类型 | 尺寸量级 | 典型传播延时 |
| --- | --- | --- |
| 处理器芯片 | 1 mm | 5 ps,或 $5 \times 10^{-12}$ s |
| 节点设备板卡 | 1 dm | 500 ps,或 $5 \times 10^{-10}$ s |
| 局域网 | 1 km | 5 $\mu$s,或 $5 \times 10^{-6}$ s |
| 城域网 | 100 km | 500 $\mu$s,或 $5 \times 10^{-4}$ s |
| 广域网 | 10 000 km | 50 ms,或 $5 \times 10^{-2}$ s |
| 同步轨道卫星中继 | 36 000 km | 180 ms,或 0.18 s |

**2. 收发延时**

对给定长度的分组,通信网络设备收发完成的时间为收发延时。图 3.3 描述了收发延时及其与传播延时的对比示意。

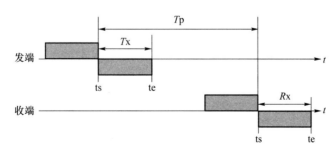

图 3.3 分组收发延时与信号传播延时的对比示例

图 3.3 中:矩形条表示分组;发端 ts 表示开始发送分组的第一位信号,te 表示发送完最后一位信号;收端 ts 表示接收到分组的第一位信号,te 表示接收最后一位信号;$T$x 和 $R$x 分

别为分组的发送和接收延时,$Tp$表示信号的传播延时。

分组长度为$L$(bit),传输带宽为$B$(bit/s),则$Tx=L/B$(s)。对于传输宽带相同的发送和接收,同一分组的收发延时是相同的,即$Rx=Tx$。

在通信网仿真中,分组长度取决于具体的应用,合理配置通信链路的传输宽带对分组收发延时至关重要。

**3. 排队延时**

排队延时是指分组经网络传送而进入路由器,在输入队列中排队等待的时长,在确定了转发接口后,还要考虑在输出队列中的排队等待时长。

排队延时取决于相应队列的分组到达率和时间分布特性(参见本书第2章)。新到分组进入排队缓存时,如果已有$N$个分组等待或正在发送,则该新到分组的等待时间是所有前驱分组发送延时的累加,除非新分组有较高优先级且排队规则允许其优先发送。

排队延时既与队列中前驱分组数量有关,也与输出端口的链路带宽有关。排队延时受网络负载影响,是抖动的主要贡献因素。由于主干网路由器通常有大量的数据分组排队,排队延时成为网络性能评测和分析的主要对象。如若经过10个路由器,每个路由器平均有10个分组排队,则端到端累计排队延时可达到上百毫秒。

**4. 处理延时**

通信网设备包括主机或路由器,在收发分组时要花费一定的计算时间进行协议等功能的处理,比如,分组开销的添加和去除、差错检测和路由表查找等。在实际中,处理延时受处理器、操作系统和计算算法的影响,其变化范围虽然很大,但其数值通常在毫秒量级,因此在通信网仿真时,通常等价于固定的收发延时,或者直接忽略。

在局域局或无线接入技术领域内,共享信道接入控制和冲突退避延时的变化范围有时远远大于分组传输延时,这是通信网仿真不能忽略的,甚至是仿真的中心任务之一。由于该延时与信道传输延时基本不相关,可大致归类为系统处理延时。

通过以上延时类型可以发现,通信网的端到端传输延时是多因素的综合结果,较为复杂。一些节点间的传输延时及抖动的变化幅度可以远大于其他路径。这与通信网业务分布的不均匀性或突发性有很大关系,是网络仿真必须呈现和跟踪的。

## 3.2.2 分组丢失

**1. 误码与出错丢弃**

分组传输过程中,信道误码可引发分组出错。分组出错率可表示为:
$$PER=1-(1-BER)^N \approx N \times BER$$
其中:BER为误码率;$N$是以比特为单位的分组长度;近似条件是$BER \ll 1$。

分组接收端在检测出差错时,一般给予丢弃。这种分组丢失,可能发生在分组的目标节点,也可能发生在中间路由节点。

理论上,发生在目标节点的分组丢失是可以报告给上层应用的,并由应用采取针对性的处理。但在分层协议架构中,出于控制复杂度的目的,低层协议实体通常不向上层直接报告分组丢失的事件及原因。

随着光纤传输线路的大量使用和信号处理技术的不断提升,现行有线信道的误码率通

常能保持小于 $10^{-9}$。对于 10 000 bit 的常规分组,相应的分组出错率约为 $10^{-5}$,即传输 10 万个分组发生 1 次出错。在有线网络中,忽略这种分组丢失对仿真可信度的影响十分微小。但对于无线通信及网络仿真,信道误码及分组丢失是不能忽略的。

**2. 缓存溢出丢弃**

图 3.4 描述了网络中间节点因排队缓存溢出而产生分组丢弃的过程。

图 3.4 中两个路由器节点之间有分组沿直连链路传播,左侧路由器输出端口有一个后继分组正在发送,后继有两个分组在排队缓存内等待发送。如果排队缓存为两个分组大小,则来自左上角节点用矩形黑框表示的新到分组,在进入输出缓存时因无缓存空间而只能被丢弃。

从图 3.4 可见,如果排队缓存配有足够大容量,则上述溢出可以避免。工程设计中,缓存大小通常按预期的服务质量设计,且受成本约束,满足不了各种不同的流量突发情况。所以,缓存溢出产生的分组丢失,是不可避免的。为此,人们开发了为数众多的通信技术和算法,尽可能避免这些分组丢失的情况发生。通信网仿真为评价和选择这些技术和算法,提供了不可或缺的实验手段。

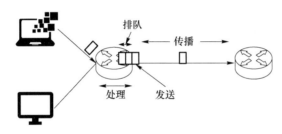

图 3.4　排队缓存溢出产生分组丢失的过程

在通信网技术中,排队缓存溢出的情况一般被归为网络拥塞问题。NS-3 有丰富的仿真功能模块,用于模拟队列调度算法的计算过程。

**3. 并发传输的失序**

以 TCP 为代表的互联网传输协议为应用程序共享通信接口提供了一套相对简单而行之有效的传输控制手段。在 TCP 的设计之初,人们预设端到端是单路径传输的。在稳定的条件下,源端发出的分组能够按发送顺序到达宿端。少量的网络异常,如路径切换等,虽会产生失序,但情况并不严重,TCP 重传机制足以应对。但在多路径传输时,顺序很难得到维持。

网络中间路由器在实施等价多路径(ECMP)路由时,对相继到达的分组选取不同的输出端口进行转发。如果不同传输路径具有不同的传输延时,则从源端顺序发送的分组极大可能被倒序传送到宿端。图 3.5 描述了一种简化的 ECMP 失序传输场景。

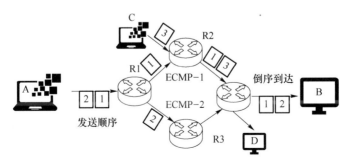

图 3.5　ECMP 路由产生失序的示例

图 3.5 中,在节点 A 向 B 发送分组的同时,C 向 D 发送分组,路由器 R1 实施 ECMP 路由,路由器 R2 选择相同输出端口转发来自 A 和 C 的分组。因此,源自 A 的分组 1 虽然先发,但晚于分组 2 到达宿节点 B。

按传统 TCP 的接收处理逻辑,失序到达的分组将被接收节点丢弃,包括分组 1 和 2。显然,这种分组丢失并非是由网络传输异常引起的,它对服务质量有影响,但对网络性能并无妨碍,在通信网仿真中,需要仔细甄别。

## 3.2.3　网络吞吐量

### 1. 随机接入冲突

Aloha 和载波监听多路访问(CSMA)是最典型的随机接入技术,所涉通信站访问共享通信信道的时间是随机的,因此存在争用冲突现象。

争用冲突发生的条件是共享信道被同时占用。两个或多个通信站点持续一段时间发出的通信信号在时域上有重叠时,因相互干扰而不能被接收站正确接收,在预期时长内得不到确认。通常,所有源站都会等待一段随机时间再次发送。在这种正反馈中,当争用站点较多时,冲突会变得更为严重,结果是传输延时不断增大,系统的有效吞吐量不断减小。

共享信道的时变过程在统计上呈现周期性特点,分为占用和空闲两个时段。而占用时段可进一步分为无冲突和有冲突两类。随机接入系统的归一吞吐比率可表示为:

$$S=U/(B+I)$$

其中:$U$ 表示无冲突时长;$B$ 表示占用时长;$I$ 表示空闲时长。理想的控制技术的目标就是减少无冲突占用,以使 $B=U$,达到系统的最大吞吐量。

以上 3 个随机变量的实验测量和统计计算在实际网络中的操作是相当复杂的。通信网仿真则提供了一种相对简单的评估手段。

### 2. 过载及拥塞

拥塞是指到达通信网的业务负载过大,使得该网络来不及处理,以致引起这部分乃至整个网络性能下降的现象。严重拥塞会导致通信业务陷入停顿,即死锁现象。这种现象与交通拥堵非常相像,当路口的车流量超过特定值之后,各种走向的车流相互干扰和交织,使每辆车到达目的地的时间都相对增加,甚至发生死锁。

在通信网络中,当流入负载小于设计负载时,吞吐量和延时的变化呈现一种稳定的线性变化趋势。当流入负载很大进入拥塞时,网络性能极速退减,且不会以可逆方式随负载减小而恢复,系统进入非稳态。设计负载和拥塞之间的区域为过载,此时吞吐量趋向饱和,但系统仍具有可逆性和稳定性。

实际通信网的非稳态测量因存在巨量负载而难以实施,而它的非稳态解析分析目前也无成熟的理论可循。通信网仿真是唯一可用的技术方法。

### 3. 路由振荡

路由表是网络中间节点执行分组转发的唯一依据,主要通过路由算法和协议通告创建和更新。当网络的局部拓扑结构发生扰动时,全局节点的路由表都可能因此发生变动。如果新添加一条路由记录不久后,该记录又被撤销,则发生一次路由振荡。

发生路由振荡时,路由器设备就会向邻居发布路由更新,收到更新消息的设备需要重新计算路由并修改路由表。所以,频繁的路由振荡会消耗大量的带宽资源和节点计算资源,严重时会影响网络的正常工作。此外,不一致的路由表变化容易形成分组转发回路,通信网资源被无效占用,网络吞吐性能和业务传输抖动都会快速劣化。

目前,人们对路由振荡现象及其形成机理的认识还处于初级阶段,主要研究分析手段大多以通信网仿真为主。

# 3.3　仿真变量的跟踪方法

## 3.3.1　调试日志跟踪

**1. 日志等级**

NS-3 软件源代码有数十万行,仿真功能涵盖相当宽的通信网技术领域。为跟踪和调试程序在设计和编写过程中的异常,NS-3 定义了较为完备的日志功能。日志的首要目标是监控程序的运行状态和问题排查,但恰当编排也可用来跟踪仿真事件。

文件～/src/core/model/log.h 定义的枚举类型 LogLevel 列出所有日志级别,主要包括:

```
• LOG_NONE            = 0x00000000,   //无须日志记录
• LOG_ERROR           = 0x00000001,   //错误
• LOG_LEVEL_ERROR     = 0x00000001,   //错误及以上
• LOG_WARN            = 0x00000002,   //警示
• LOG_LEVEL_WARN      = 0x00000003,   //警示及以上
• LOG_DEBUG           = 0x00000004,   //调试
• LOG_LEVEL_DEBUG     = 0x00000007,   //调试及以上
• LOG_INFO            = 0x00000008,   //信息
• LOG_LEVEL_INFO      = 0x0000000f,   //信息及以上
• LOG_FUNCTION        = 0x00000010,   //函数
• LOG_LEVEL_FUNCTION  = 0x0000001f,   //函数及以上
• LOG_LOGIC           = 0x00000020,   //流程
• LOG_LEVEL_LOGIC     = 0x0000003f,   //流程及以上
• LOG_ALL             = 0x0fffffff,   //所有级
• LOG_LEVEL_ALL       = LOG_ALL,
• LOG_PREFIX_FUNC     = 0x80000000,   //函数前缀
• LOG_PREFIX_TIME     = 0x40000000,   //仿真时间前缀
• LOG_PREFIX_NODE     = 0x20000000,   //处理节点前缀
• LOG_PREFIX_LEVEL    = 0x10000000,   //等级前缀
• LOG_PREFIX_ALL      = 0xf0000000    //以上所有前缀项
```

其中,前缀部分是在日志等级消息之前附加的仿真定位。比如,将仿真时间前缀与信息等级

进行逻辑"或"运算,即

```
LOG_PREFIX_TIME | LOG_INFO
```

则可以在显示信息等级消息的同时,显示发生的仿真时间。

**2. 日志产生**

日志记录在模块中定义,具体内容需要参考相应的源代码。以 NS-3 的范例 first.cc 为例,所配对象类 UdpEchoClientApplication,在文件 ～/src/application/model/udp-echo-client.cc 中,为每个函数的入口定义了如下代码:

```
NS_LOG_FUNCTION (this);
```

其中,NS_LOG_FUNCTION 是 C 语言的宏,定义在文件 ～/src/core/model/log-macro-enabled.h 中,功能是向 std::clog 输出函数名及后参数,上述代码的参数是对象指针/地址。

在函数 void UdpEchoClient::Send (void)中定义了如下代码:

```
NS_LOG_INFO ("At time " << Simulator::Now ().GetSeconds () \
            << "s client sent " << m_size << " bytes to " <<
            Ipv4Address::ConvertFrom (m_peerAddress) << \
            " port " << m_peerPort);
```

其中:Simulator::Now().GetSeconds()得到以秒为单位的当前仿真时间;变量成员 m_size 配置了发送分组的字节大小;m_peerAddress 记录了服务器的 IPv4 地址;m_peerPort 记录了服务端口号。因此,日志功能启用时,每发出一个分组就在命令行下回显一条以下信息:

```
At time <tm>'s client sent <size> bytes to <x.y.z.w> port <p>
```

在函数 void UdpEchoClient::HandleRead (Ptr<Socket> socket)中有相似的消息日志调用,功能是每收到一个分组就在命令行下回显一条以下信息:

```
At time <tm>'s client received <size> bytes from <x.y.z.w> port <p>
```

显然,这些日志消息完全能用于 UdpEchoClientApplication 的事件跟踪。

**3. 日志选配**

枚举类型 LogLevel 用于选择不同重要程度的日志消息,NS-3 定义的日志组件用于选择不同的程序模块,涉及日志模块定义和模块启用。

日志模块定义通常在代码模块中完成,使用了文件～/src/core/model/log.{h,cc}中定义的宏 NS_LOG_COMPONENT_DEFINE(name),其功能是创建了静态的 ns3::LogComponent 对象,并以 name 指名的字符串进行命名。模块启用使用函数:

```
void LogComponentEnable (char const * name, enum LogLevel level);
```

对 name 指定的模块启用 level 指定的日志等级。该函数也定义在文件 log.{h,cc}中。以 first.cc 为例,在类 UdpEchoClientApplication 源代码模块 udp-echo-client.cc 中,定义了如下日志模块语句:

```
NS_LOG_COMPONENT_DEFINE ("UdpEchoClientApplication");
```

而在 first.cc 中定义了日志启用语句:

```
LogComponentEnable ("UdpEchoClientApplication", LOG_LEVEL_INFO);
```

因此,所有等级值小于和等于 LOG_LEVEL_INFO 的 UdpEchoClientApplication 日志记录都在命令行中得到回显。

## 3.3.2　分组事件跟踪

**1. 分组记录的 PCAP 格式**

分组捕获(Packet Capture)是实际通信网评测中一种针对网口的常规手段,tcpdump 和 wireshark 也是常用的开源测量工具。PCAP 格式文件使用二进制形式记录了捕获分组的内容,通常以后缀"pcap"来命名。PCAP 文件由一个全局头字段和一系列分组记录组成,分组记录又分为记录头和分组数据两部分。全局头部占用 24 B,分组头部占用 16 B,分组数据字段取决于捕获长度。图 3.6 给出了 PCAP 的结构定义。

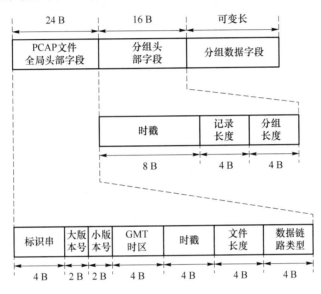

图 3.6　PCAP 文件的字段结构

图 3.6 中:PCAP 全局头部的标识串(Magic)字段标记文件开始,也用于识别文件的字节顺序;大版本号(Major)和小版本号(Minor)为参照规范的版本;"GMT 时区"为本地时区;时戳为记录的起始时间;文件长度表示捕获分组的总长度;数据链路类型表示捕获实施的网口类型。

分组头部的时戳为单个分组的捕获时间,记录长度对应实际记录的分组长度,分组长度为原始长度。分组数据字段是二进制格式分组内容。

PCAP 格式文件的读取或处理需要使用 tcpdump 或 wireshark 等工具,手工解析的工程量较大。此外,PCAP 长度和相关工具的协议辨析能力有限,同时 PCAP 不具备节点内事件的跟踪功能,为此,NS-3 沿用了 NS-2 的文本格式分组记录功能。

**2. 事件跟踪对象类**

NS-3 模块的 network 中,包含名为 utils 的子模块。源文件 pcap-files.{h,cc}定义了对象类 PcapFile,文件 ascii-file.{h,cc}定义了对象类 AsciiFile,分别用于 PCAP 格式和 ASCII 格式的记录文件的创建和输出流准备。文件 pcap-file-wrapper.{h,cc}针对 PCAP 文件格式的头部数据处理,进一步定义了对象类 PcapFileWrapper。

在模块 network 的 helper 子模块中,源文件 trace-helper.{h,cc}为记录文件管理和变量跟踪关联定义了 2 个对象类：PcapHelper 和 AsciiTraceHelper，为各种网络接口抽象定义了结构统一的纯虚类 PcapHelperForDevice 和 AsciiTraceHelperForDevice。所有网络接口的助手对象均需从这两个纯虚类派生，并重载其纯虚函数 EnablePcapInternal() 和 EnableAsciiInternal()，完成具体跟踪变量的关联处理。图 3.7 给出了相关对象类的关系。

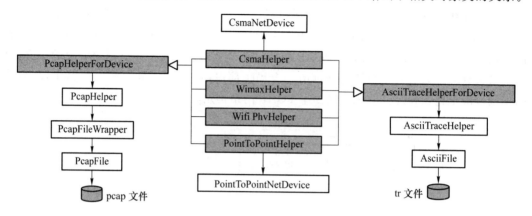

图 3.7　事件跟踪对象类及相互关系

图 3.7 中，限于篇幅并未列出所有的网络接口对象类和对应的助手类。

以 CsmaHelper 为例，重载的虚函数 EnablePcapInternal() 创建了 pcap 文件，建立了 CsmaNetDevice 跟踪变量"Sniffer"与 PcapHelper∷DefaultSink() 的关联。CsmaNetDevice 有任何分组收发时，都将通过 DefaultSink() 将分组和当前仿真时间写入文件中。

重载的虚函数 CsmaHelper∷EnableAsciiInternal() 启用了分组内容的可读性打印功能，创建了 ASCII 格式文件，建立了 CsmaNetDevice 所含分组队列对象 Queue<Packet>的跟踪变量 Enqueue、Drop 和 Dequeue 分别关联到对象 AsciiTraceHelper 的 3 个回调函数。结果是，只要 CsmaNetDevice 有任何分组进入输出队列、溢出丢弃或离开，都将事件类型、时间和分组内容写入指定的外部文件。

**3. 事件跟踪的配置方法**

NS-3 的事件跟踪配置包括 3 个层次的任务目标：

(1) 基本任务，仿真程序使用已有的仿真跟踪功能，明确需要跟踪的变量，或跟踪源，利用已有配置助手类来配置跟踪函数，或跟踪目标(sink)；

(2) 跟踪源扩展，开发人员以已有的跟踪代码架构为基础扩展跟踪变量，或者修改跟踪消息的输出格式，丰富 NS-3 的模块功能；

(3) 跟踪配置助手创建，开发人员在扩展新仿真模块的同时，遵循 NS-3 跟踪的类结构，构造跟踪源和跟踪目标的关联控制。

其中，第(1)层次任务主要涉及 2 条语句，示例如下：

```
AsciiTraceHelperh;
pointToPoint.EnableAsciiAll (h.CreateFileStream (<fn>));
```

其中：第一行定义助手对象；第二行利用该对象创建以<fn>命名的跟踪文件，然后启用点到点助手对象的跟踪，要求所有分组事件记录该跟踪文件中。

针对 PCAP 的分组跟踪，可用单条语句完成相似功能，示例如下：

```
pointToPoint.EnablePcapAll (<fn>);
```

需要注意的是,其中< fn >表示的文件名最好使用". pcap"作为后缀,以便 tcpdump 或 wireshark 等工具使用。

## 3.3.3 IP 层分组收发跟踪

**1. PCAP 跟踪助手类**

对象类 PcapHelperForIpv4 提供了对 IPv4 协议收发分组的 PCAP 跟踪功能,它是协议栈助手类 InternetStackHelper 的纯虚基类。InternetStackHelper 还派生于 PcapHelperForIpv6,AsciiTraceHelperForIpv4 和 AsciiTraceHelperForIpv6,用于对 IPv6 的 PCAP 跟踪和文本格式的分组跟踪。PcapHelperForIpv4 定义在源文件～/src/internet/helper/internet-trace-helper.{h,cc}中。

对象类 PcapHelperForIpv4 的纯虚函数定义如下:

```
virtual void EnablePcapIpv4Internal (std::string prefix, \
                    Ptr< Ipv4 > ipv4,
                    uint32_t interface,
                    bool explicitFilename) = 0;
```

其中:参数 prefix 指定 PCAP 文件名的前缀;ipv4 为协议实体对象;interface 为节点的网络接口;explicitFilename 指明 PCAP 文件是否以 prefix 命名。

对象类 InternetStackHelper 重载了以上纯虚函数,并为分组收发定义了跟踪回调函数:

```
static void Ipv4L3ProtocolRxTxSink (Ptr< const Packet > p,
                    Ptr< Ipv4 > ipv4,
                    uint32_t interface);
```

该函数被关联到对象类 Ipv4L3Protocol 实例的跟踪变量"Tx"和"Rx",并为 PCAP 文件与 IP 协议及接口建立全局性的映射表,以便将分组收发事件记录在对应的记录文件中。

对象类 PcapHelperForIpv6 的处理机制类同,差别主要体现函数名上,比如,用函数 EnablePcapIpv6Internal()和 Ipv6L3ProtocolRxTxSink()分别替代了函数 EnablePcapIpv4Internal()和 Ipv4L3ProtocolRxTxSink()。

**2. 协议接口选择**

NS-3 的仿真节点可配置多个协议栈和多个网络接口,为方便配置,对象类 PcapHelperForIpv4 定义了 6 个 API 函数:

- void EnablePcapIpv4 (std::string prefix, Ptr< Ipv4 > ipv4,\
                    uint32_t interface,\
                    bool explicitFilename = false);
- void EnablePcapIpv4 (std::string prefix, std::string ipv4Name,\
                    uint32_t interface,\
                    bool explicitFilename = false);
- void EnablePcapIpv4 (std::string prefix, Ipv4InterfaceContainer c,\
                    bool explicitFilename = false);

- void EnablePcapIpv4 (std::string prefix, NodeContainer n,\
  bool explicitFilename = false);
- void EnablePcapIpv4 (std::string prefix, uint32_t nodeid, \
  uint32_tinterface,\
  bool explicitFilename = false);
- void EnablePcapIpv4All (std::string prefix);

针对特定协议和接口的跟踪启用,可编写如下代码:

```
Ptr < Ipv4 > ipv4 = node-> GetObject < Ipv4 > ();
...
helper.EnablePcapIpv4 ("prefix", ipv4, 0);
```

其中:helper 为 InternetStackHelper 对象实例;node 为节点指针 Ptr < Node >;0 指第 0 号接口。

针对一组协议接口的分组跟踪,配置示例如下:

```
NodeContainer nodes;
...
NetDeviceContainer devices = deviceHelper.Install (nodes);
...
Ipv4AddressHelper ipv4;
ipv4.SetBase ("10.1.1.0", "255.255.255.0");
Ipv4InterfaceContainer interfaces = ipv4.Assign (devices);
...
helper.EnablePcapIpv4 ("prefix", interfaces);
```

针对所有节点、所有协议接口的分组跟踪,配置示例如下:

```
helper.EnablePcapIpv4All ("prefix");
```

**3. 跟踪文件的命名**

NS-3 对 PCAP 跟踪文件的命名,包含了用户指定的前缀和捕获实体的标识。对于网络接口,命名格式为:

< prefix >-< node id >-< device id >.pcap

对于 IP 协议的分组跟踪,缺省命名格式为:

< prefix >-n< node id >-i< interface id >.pcap。

因此,节点序号为 21,IP 接口序号为 1,前缀为"prefix"的跟踪文件,其名为

prefix-n21-i1.pcap

当跟踪启用函数 EnablePcapIpv4()的参数 explicitFilename 为 true 时,则用调用者指定的 prefix 来直接命名跟踪文件。

**4. IP 协议的 ASCII 跟踪**

对象类 AsciiTraceHelperForIpv4 和 AsciiTraceHelperForIpv6 分别将 IPv4 和 IPv6 协议分组内容以文本格式写到指定的记录文件中,InternetStackHelper 的函数 EnableAsciiIpv6()和 EnableAsciiIpv4()启用相应的跟踪功能,用法与 PCAP 相似。

对象类 AsciiTraceHelperForIpv4 添加了对输出流的用户配置功能,以方便命令行输

出。对应的函数定义包括：

```
virtual void EnableAsciiIpv4 Internal (Ptr<OutputStreamWrapper> stream,
                          std::string prefix, Ptr<Ipv4> ipv4, \
                          uint32_t interface,
                          bool explicitFilename) = 0;
```

当参数 stream 不为 NONE 时,使用指定输出流写入跟踪记录,否则创建文件输出。对应的 API 调用函数也可指定输出流。比如：

```
void EnableAsciiIpv4 (Ptr<OutputStreamWrapper> stream, \
                      Ptr<Ipv4> ipv4, uint32_t interface);
```

对指定的 ipv4 和 interface,将分组跟踪记录写入流 stream。以下代码片段给出了配置示例：

```
Ptr<Ipv4> protocol1 = node1->GetObject<Ipv4>();
Ptr<Ipv4> protocol2 = node2->GetObject<Ipv4>();
...
Ptr<OutputStreamWrapper> stream = \
    asciiTraceHelper.CreateFileStream ("trace-file-name.tr");
...
helper.EnableAsciiIpv4 (stream, protocol1, 1);
helper.EnableAsciiIpv4 (stream, protocol2, 1);
```

其中：asciiTraceHelper 为对象类 AsciiTraceHelper 的实例;helper 为对象类 InternetStackHelper 的实例。结果是,文件"trace-file-name.tr"记录了节点 node1 和 node2 内 IPv4 分组的所有收发事件。

## 3.3.4　在线式数据收集

### 1. 数据收集的目标

通信网仿真是通过计算机的数值实验呈现和观察实际通信网的运行效果,这些效果主要记录在仿真实验的跟踪数据中。仿真跟踪的功能架构为跟踪数据的获取提供了多种配置手段,可以产生 PCAP 和 ASCII 格式的跟踪记录文件。通常,实验者可用第三方工具,比如 tcpdump 和 wireshark,来对记录文件进行针对性的分析。

如果重复性仿真得到大量跟踪文件,统计分析的工作量将成为问题焦点。为此,NS-3 设计了一个高效可行的数据收集架构,支持以下目标功能：

（1）为通信网仿真提供数据记录、计算、访问和统计分析;

（2）有效减少跟踪日志的存储量,从而提高仿真计算的性能;

（3）通过在线统计控制仿真的重复实验和终止操作。

为此,NS-3 定义了计数器（Counter）和 min/max/avg/total 的统计器（Observer）,参考 Omnet++使用的文本输出格式,使用 sqlite3 执行数据存储及配合 Gnuplot 的脚本控制功能。

**2. 在线收集的处理流程**

仿真数据收集的基本架构支持以下设计原则：

（1）单次实验对应仿真程序的单独运行，在多次实验中可以并行或串行执行；

（2）使用脚本程序通过参数来控制仿真实验；

（3）收集的数据使用外部脚本程序或工具来分析和绘制统计曲线；

（4）使用 NS-3 的跟踪手段来收集数据；

（5）为跟踪信号和仿真配置提供可定制的控制功能。

图 3.8 给出数据收集过程所涉及的基本组成要素和一般流程。

图 3.8 中，实验控制（Experiment Control）使用操作系统 bash 脚本编写，用于启动仿真程序，并依据收集的数据统计调整仿真程序的运行参数。仿真程序（User Simulation Program）使用 NS-3 仿真功能，接收运行参数，调用数据收集功能模块收集跟踪源。

数据收集（Data Collection）模块从跟踪源收集数据并通过数据库接口进行存储，并在完成收集后终止仿真程序。存储数据经第三方工具接口脚本，生成分析结果。

数据收集模块～/src/stats/model 主要有对象类 DataCollecotor 和 DataCalculator、DataCollectionObject、DataOutputInterface、StatisticalSummary 及它们的派生类。

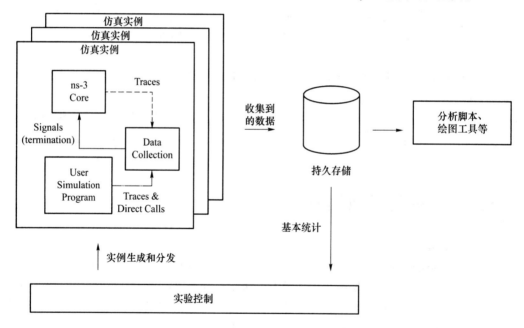

图 3.8 仿真数据收集的组成及处理流程

**3. 数据收集对象类 DataCollectionObject**

DataCollectionObject 为仿真变量的跟踪提供统一的回调函数，进而完成数据收集功能。DataCollectionObject 从 Object 派生，主要定义了在线数据收集中的数据名称。不同的仿真变量和数据处理功能由派生出的子类具体实现，包括：

（1）Probe，是负责跟踪变量关联的纯虚基类；

（2）TimerSeriesAdaptor，在探测数据的基础上添加仿真时间信息；

（3）FileAggregator，将探测数据输出文件；

（4）GnuplotAggregaor，为 Gnuplot 曲线绘制生成脚本和数据。

在 NS-3 中，不同类型变量的跟踪函数格式各不相同。相应的数据收集功能从 Probe 派生定义，包括：

（1）ApplicaitonPacketProbe，可以跟踪分组及目标地址，或者分组长度的变化；

（2）BooleanProbe，跟踪 Bool 型变量；

（3）DoubleProbe，跟踪 Double 型变量；

（4）Ipv4PacketProbe，可以跟踪 Ipv4 分组、协议栈和接口，或者分组长度的变化；

（5）Ipv6PacketProbe，可以跟踪 Ipv6 分组、协议栈和接口，或者分组长度的变化；

（6）PacketProbe，可以跟踪分组，或者分组长度的变化；

（7）TimeProbe，跟踪时间值的变化；

（8）Uinteger32Probe，跟踪 Uinteger32 变量的值变化；

（9）Uinteger16Probe，跟踪 Uinteger16 变量的值变化；

（10）Uinteger8Probe，跟踪 Uinteger8 变量的值变化。

**4. 在线统计对象类 DataCalculator**

DataCalculator 派生于 Object，为不同类型变量提供计数功能，是纯虚类，可实例化的派生类包括：

（1）CounterCalculator，是模板对象类，主要接口函数 Update() 完成计数加 1 的处理；

（2）MinMaxAvgTotalCalculator，是模板对象类，主要接口函数 Update() 完成 4 个统计值的在线更新，包括最小值、最大值、平均值和总量；

（3）TimeMinMaxAvgTotalCalculator，主要接口函数 Update() 对时间变量完成 4 个统计值的在线更新，包括最小值、最大值、平均值和总量。

此外，针对分组的计数和长度统计功能，从 CounterCalculator 派生定义了子类 PacketCounterCalculator，从 MinMaxAvgTotalCalculator 派生定义了子类 PacketSizeMinMaxAvgTotalCalculator。

**5. 数据对象类 DataOutputInterface**

DataOutputInterface 为数据存储和图表绘制提供输出接口功能，它是从 Object 派生的纯虚类，具体子类包括：

（1）OmnetDataOutput，将数据按 OMNet++ 的统计格式输出到文本文件；

（2）Sqlite3DataOutput，将数据以兼容 SQLite3 的形式输出到数据库文件。

**6. 对象类 DataCollector**

DataCollector 集中管理数据计数与统计，派生于 Object，主要变量成员包括：

```
• std::string m_experimentLabel;      //仿真实验的名称
• std::string m_inputLabel;           //仿真实验参数标识
• std::string m_runLabel;             //循环仿真的标识
• std::string m_description;          //一般性说明

• MetadataList m_metadata;            //附加的提示信息链表
• DataCalculatorList m_calcList;      //数据计数对象链表
```

主要的成员函数包括：

- void DescribeRun (std::string experiment,
                                std::string strategy,
                                std::string input,
                                std::string runID,
                                std::string description = "");    //配置仿真说明和标识
- void AddMetadata (std::string key, \
                                std::string value);    //配置子串型附加信息
- void AddDataCalculator (\
                                Ptr < DataCalculator > datac);    //集中数据计数对象

DataCollector 对象实例通常由 DataOutputInterface 派生类的 Output() 调用,将收集数据输出到外部文件,供后续分析和处理。

# 3.4　WiFi 仿真与性能分析范例

目录~/examples/stats 给出的范例提供了一个较为完整的信道容量仿真示例,包括5 个有效程序,其中 wifi-example-apps. {h, cc}定义了 2 个扩展应用,wifi-example-sim. cc 为仿真程序,wifi-example-db. sh 为 bash 脚本控制程序,wifi-example. gnuplot 为 Gnuplot 启用脚本程序。

## 3.4.1　仿真配置说明

### 1. 拓扑配置
仿真配置由程序 wifi-example-sim. cc 定义,创建了 2 个 WiFi 节点,代码如下:

```
NodeContainer nodes;
nodes.Create (2);
```

它们的 WiFi 功能配置为 Adhoc 直连,信道使用缺省配置,代码如下:

```
WifiHelper wifi;
WifiMacHelper wifiMac;
wifiMac.SetType ("ns3::AdhocWifiMac");
YansWifiPhyHelper wifiPhy = YansWifiPhyHelper::Default ();
YansWifiChannelHelper wifiChannel = \
        YansWifiChannelHelper::Default ();
wifiPhy.SetChannel (wifiChannel.Create ());
NetDeviceContainer nodeDevices = wifi.Install (wifiPhy, \
        wifiMac, nodes);
```

节点的 IPv4 地址分配在同一网段,第{1|2}节点为 192.168.0. {1|2},代码如下:

```
InternetStackHelper internet;
internet.Install (nodes);
Ipv4AddressHelper ipAddrs;
ipAddrs.SetBase ("192.168.0.0", "255.255.255.0");
ipAddrs.Assign (nodeDevices);
```

两节点的间距配置使用移动性模块,具体数值由仿真运行参数代入,代码片段如下:

```
doubledistance = 50.0;
...
CommandLine cmd;
cmd.AddValue ("distance", \
            "Distance apart to place nodes (in meters).",
            distance);
cmd.Parse (argc, argv);
...
MobilityHelper mobility;
Ptr<ListPositionAllocator> positionAlloc =
  CreateObject<ListPositionAllocator>();
positionAlloc->Add (Vector (0.0, 0.0, 0.0));
positionAlloc->Add (Vector (0.0, distance, 0.0));
mobility.SetPositionAllocator (positionAlloc);
mobility.Install (nodes);
```

其中:变量 distance 缺省为 50 m,通过命令行参数"--distance=<d>"可将其值改为要求的
<d>,这一功能由 CommandLine 完成;对象类 ListPositionAllocator 记录了 2 个坐标位置,
通过移动性助手 MobilityHelper 分配给 2 个节点。

显然,第 1 节点位于(0, 0, 0),第 2 节点位于(0, distance, 0)。改变命令行参数,可以
进行不同距离下的仿真实验。

**2. 业务配置**

应用配置代码如下:

```
Ptr<Node> appSource = NodeList::GetNode (0);
Ptr<Sender> sender = CreateObject<Sender>();
appSource->AddApplication (sender);
sender->SetStartTime (Seconds (1));

Ptr<Node> appSink = NodeList::GetNode (1);
Ptr<Receiver> receiver = CreateObject<Receiver>();
appSink->AddApplication (receiver);
receiver->SetStartTime (Seconds (0));

Config::Set ("/NodeList/*/ApplicationList/*/$Sender/Destination",
            Ipv4AddressValue ("192.168.0.2"));
```

其中:类 Sender 和 Receiver 派生于 Application,定义在文件 wifi-example-apps.{h,cc}中,分别模拟分组业务流的源和宿;业务流的源配置在第 1 节点(appSource),业务流的宿配置在第 2 节点(appSink);业务源的目标地址为第 2 节点的 IPv4 地址,即 192.168.0.2。

**3. 应用配置**

派生于 Application 的对象类 Sender 和 Receiver,它们通过端口号为 1603 的 UDP 协议完成单向分组的持续发送和接收。Sender 的可配置属性包括:

(1) PacketSize,缺省为 30 B,记录在整型变量 Sender::m_pktSize 中;

(2) Destination,缺省为"255.255.255.255",记录在变量 Sender::m_destAddr 中;

(3) NumPackets,缺省为 30,记录在变量 Sender::m_numPkts 中;

(4) Interval,缺省为 0.5 s,记录在变量 Sender::m_interval 中。

Receiver 则定义了 2 个数据计算器的成员和配置的接口函数:

```
Ptr<CounterCalculator<>> m_calc;

Ptr<TimeMinMaxAvgTotalCalculator> m_delay;

void SetCounter (Ptr<CounterCalculator<>> calc);

void SetDelayTracker (\
          Ptr<TimeMinMaxAvgTotalCalculator> delay);
```

以便数据收集进行配置。

Receiver 的成员函数 Receive()从 UDP 套接字收取分组,调用 m_calc 和 m_delay 的数据更新函数 Updata()进行相应的数据统计。

**4. 端到端延时记录**

针对记录分组收发延时,源码文件 wifi-example-apps.{h,cc}定义了时戳标记对象类 TimestampTag,它派生于 Tag,在 Sender::SendPacket ()中添加到分组中:

```
Ptr<Packet> packet = Create<Packet>(m_pktSize);

TimestampTag timestamp;

timestamp.SetTimestamp (Simulator::Now ());

packet->AddByteTag (timestamp);
```

其中:函数 SetTimestamp(Time time)将参数 time 值记录在变量成员 m_timestamp 中。而函数 GetTimestamp (void)则返回该变量的具体值。

函数 Receiver::Receive()在从套接字收取分组 packet 后的处理代码为:

```
if (packet->FindFirstMatchingByteTag (timestamp)) {
    Time tx = timestamp.GetTimestamp ();
    if (m_delay != 0) {
        m_delay->Update (Simulator::Now () - tx);
    }
}
```

可见,收发两端延时值对应于 Simulator::Now () - tx 的计算,并由 m_delay 统计和记录。

## 3.4.2　数据收集配置

**1. DataCollector 创建**

数据收集配置通过对象类 DataCollector 实例集中管理，范例代码如下所示：

```
string experiment ("wifi-distance-test");
string strategy ("wifi-default");
string input;
string runID;
cmd.AddValue ("experiment", "Identifier for experiment.",
            experiment);
cmd.AddValue ("strategy", "Identifier for strategy.",
            strategy);
cmd.AddValue ("run", "Identifier for run.", runID);
DataCollector data;
stringstream sstr ("");
sstr << distance;
input = sstr.str ();
...
data.DescribeRun (experiment, strategy, input, runID);
```

其中，函数 DescribeRun()的 4 个参数是对仿真实验的说明和标识，input 由两节点的间距生成，其他 3 个参数由可由命令行参数赋值。

**2. 分组收发统计**

针对分组发送统计的配置，代码如下所示：

```
Ptr<CounterCalculator<uint32_t>> totalTx =
    CreateObject<CounterCalculator<uint32_t>>();
totalTx->SetKey ("wifi-tx-frames");
totalTx->SetContext ("node[0]");
Config::Connect ("/NodeList/0/DeviceList/*/\
                $ns3::WifiNetDevice/Mac/MacTx",
            MakeBoundCallback (&TxCallback, totalTx));
data.AddDataCalculator (totalTx);
```

其中：由模板类 CounterCalculator<uint32_t>创建的 totalTx，通过 SetKey()和 SetContex()配置数据的说明，通过 Config::Connect()使跟踪变量 MacTx 与回调函数 TxCallback()建立关联。范例开始部分预先定义了回调函数，其功能是调用 totalTx 进行计数更新。上述代码的最后一行将 totalTx 交由 DataCollector 集中存储。

同样，DataCollector 配置和管理了 MAC 层的分组接收计数、应用收发分组计数，以及发送分组大小的统计。

### 3. 延时统计

对分组端到端延时的统计,则利用了对象类 Receiver 的统计功能,代码如下:

```
Ptr < TimeMinMaxAvgTotalCalculator > delayStat =
  CreateObject < TimeMinMaxAvgTotalCalculator >();
delayStat-> SetKey ("delay");
delayStat-> SetContext (".");
receiver-> SetDelayTracker (delayStat);
data.AddDataCalculator (delayStat);
```

其中,统计计算器对象 delayStat 的具体计算,由 receiver 在接收到分组时,将发送分组的时戳与接收时间之差交由对象 TimeMinMaxAvgTotalCalculator 更新。

### 4. 统计数据记录

范例程序在仿真执行完成之后,将所有收集到的数据存储到外部文件。具体代码如下:

```
Ptr < DataOutputInterface > output = 0;
if (format == "omnet") {
    output = CreateObject < OmnetDataOutput >();
  } else if (format == "db") {
    output = CreateObject < SqliteDataOutput >();
  } else {
    NS_LOG_ERROR ("Unknown output format " << format);
  }
if (output != 0)
  output-> Output (data);
```

其中,字符串可命令行配置为“omnet”或“db”,分别对应于 OMNetpp 文本格式文件和 sqlite3 数据库文件。对象类 DataOutputInterface 的接口函数 Output()执行数据存储功能。

对象类 OmnetDataOutput 和 SqliteDataOutput 是 DataOutputInterface 的派生类,分别按 OMNet 文本格式和 sqlite3 接口规范重载了函数 Output()。

## 3.4.3 重复实验控制

### 1. 实验条件和数据标记

文件 wifi-example-db.sh 使用 bash 脚本语言实现了对重复实验的控制。仿真范例可变的实验条件是两节点的间距(DISTANCES),为此定义的变量如下:

```
DISTANCES = "25 50 75 100 125 145 147 150 152 155 \
            157 160 162 165 167 170 172 175 177 180"
TRIALS = "1 2 3 4 5"
```

其中,TRIALS 是同间距条件下的实验重复轮次编号。

### 2. 仿真程序执行

仿真程序的命令行参数“run”用于标识每次实验,因此选用节点间距和重复实验轮次构

造其值,具体代码如下:

```
for trial in $ TRIALS
do
  for distance in $ DISTANCES
  do
    echo Trial $ trial, distance $ distance
    ../../waf --run "wifi-example-sim \
                --format = db \
                --distance = $ distance \
                --run = run- $ distance- $ trial"
  done
done
```

其中:两层循环的顺序可以切换,结果并不影响实验结果;仿真执行工具 waf 位于范例的上二级目录;format 等参数是仿真程序参数,需要用引号包含。

以上仿真的数据存储在 sqlite3 的数据库文件 data. db 中,位置在脚本执行的当前目录中。

**3. 数据记录的统计分析**

范例执行结果记录在数据库文件 data. db 中,由 3 个数据表组成:接收分组表 rx,发送分组表 tx 和实验条件表 exp。表 exp 的字段 input 对应于节点间距,rx 和 tx 的字段 variable 记录类型、字段 value 记录仿真数据收集的计数值。使用 SQL 命令格式,定义如下过滤脚本:

```
CMD = "selectexp. input,avg(100-((rx. value * 100)/tx. value)) \
    from Singletons rx, Singletons tx, Experiments exp \
    where rx. run = tx. run AND \
        rx. run = exp. run AND \
        rx. variable ='receiver-rx-packets' AND \
        tx. variable ='sender-tx-packets' \
    group byexp. input \
    order by abs(exp. input) ASC;"
```

其中,指令 order 要求按间距值增长排序,输出计算 avg(100−((rx. value * 100)/tx. value))得到分组丢失率。通过预安装在操作系统中的 sqlite3 命令执行以上脚本,并将结果重定向输出到文件,具体如下:

```
sqlite3 -noheader data.db " $ CMD " > wifi-default.data
```

文件 wifi-default. data 中,使用了竖线分割格式,为方便 Gnuplot 绘制曲线,使用操作系统的工具命令 sed 将竖线替换为空格符,具体如下:

```
sed -i.bak "s/|/   /" wifi-default.data
```

以上统计得到数据文件 wifi-default. data 包括分组丢失率随节点间距的变化,调用 Gnuplot 脚本可以得到曲线图,具体命令如下:

```
gnuplot wifi-example.gnuplot
```

其中,行首 gnuplot 为预装工具软件 Gnuplot 的命令行命令。

## 3.4.4 信道容量趋势分析

### 1. GnupLot 脚本程序

文件 wifi-example. gnuplot 使用 Gnuplot 脚本,读取仿真数据的统计分析结果文件 wifi-default. data,生成图片文件 wifi-default. eps,具体代码如下:

```
set terminal postscript portrait enhanced lw 2 "Helvetica" 14
set size 1.0, 0.66
set out "wifi-default.eps"
set xlabel "Distance (m)"
set xrange [0:200]
set ylabel "% Packet Loss --- average of 5 trials per distance"
set yrange [0:110]
plot "wifi-default.data" with lines title "WiFi Defaults"
```

其中,图片尺寸为 1.0×0.66 英寸(1 英寸=2.54 cm),数据点之间直线相连,并对字符、坐标和图题进行了相应的定义。

### 2. 仿真曲线图

在 waf configure 中,如果未配置--enable-examples 参数,则需要将～/examples/stats 目录复制到～/scratch 下,然后执行. /waf -run scratch/stats 进行编译。编译完成后,再将仿真控制脚本 wifi-example-db. sh 中的命行:

```
../../waf --run "wifi-example-sim ..."
```

修改为:

```
../../waf --run "stats ..."
```

再执行仿真控制脚本 wifi-example-db. sh。

图 3.9 给出 wifi-default. eps 的结果。

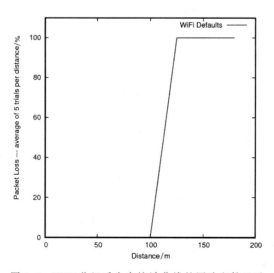

图 3.9 WiFi 分组丢失率统计曲线的图片文件显示

在图 3.9 中,当节点间距超过 100 m 后,分组丢失率从 0 突变至 100,说明范例配置的 WiFi 的有效通信范围为 100 m。

### 3. WiFi 路损与丢失率的仿真示例

以范例 wifi-example-sim. cc 为基础,对缺省的固定长度的信道进行修改,考虑路径因素的仿真模型 ns3∷FrissPropagationLossModel,将原有代码:

```
YansWifiChannelHelper wifiChannel = \
            YansWifiChannelHelper∷Default ();
```

修改为:

```
YansWifiChannelHelper wifiChannel;
wifiChannel.AddPropagationLoss (
            "ns3∷FriisPropagationLossModel",
            "Frequency", DoubleValue (5.180e9));
wifiChannel.SetPropagationDelay (
            "ns3∷ConstantSpeedPropagationDelayModel");
```

并添加速率管理器,具体代码如下:

```
StringValue DataRate = StringValue ("HtMcs5");
wifi.SetRemoteStationManager (
            "ns3∷ConstantRateWifiManager",
            "DataMode", DataRate,
            "ControlMode", DataRate);
```

同时,为清晰揭示临界距离的实验结果,调整控制脚本 wifi-example-db. sh 中的距离变化步长。实验得到的统计数据如表 3.3 所示,Gnuplot 绘制曲线如图 3.10 所示。

表 3.3　信道模型修改前后的部分实验统计结果

| 节点间距/m | 缺省信道分组丢失率/% | Friis 信道分组丢失率/% |
| --- | --- | --- |
| 50 | 0.0 | 0.0 |
| ... | ... | ... |
| 143 | 100.0 | 4.0 |
| 144 | 100.0 | 7.0 |
| ... | ... | ... |
| 147 | 100.0 | 20.0 |
| 148 | 100.0 | 24.0 |
| ... | ... | ... |
| 154 | 100.0 | 77.0 |
| 155 | 100.0 | 100.0 |

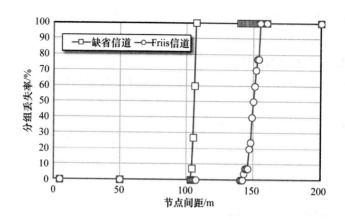

图 3.10  不同信道 WiFi 间距对分组丢失率的影响

从图 3.10 可见,两种不同信道的空间覆盖范围存在显著差异,且临界距离的突变性也完全不同。

# 第4章　TCP 传输仿真

## 4.1　TCP/IP 协议栈概要

### 4.1.1　分组传输复用

**1. 统计时分复用**

TCP/IP 协议栈使用统一的网络架构来服务不同用户和差异化的应用需求,复用是其基本属性。在共享传输线路上,统计时分复用(STDM)具有出众的资源利用效益。图 4.1 对比了固定时分复用(TDM)和 STDM 的排队机模型。

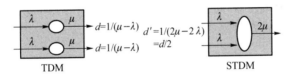

图 4.1　固定和统计时分复用的分析模型

图 4.1 中,来自两个用户的数据单元(或分组)进入复用系统,平均到达速率均设为 $\lambda$。TDM 为每个用户分配固定独享的时隙,形成两个独立的排队系统,各自的平均服务速率为 $\mu$。STDM 为两个用户分配共用的时隙,形成一个排队系统,总的到达速率为 $2\lambda$,总的服务速率为 $2\mu$。设用户数据单元的到达过程满足泊松分布,服务时长 $1/\mu$ 满足负指数分布,排队缓存近似为无穷,则 STDM 的排队延时是 TDM 的 $1/2$。

推论到一般情况,TCP/IP 必然选用 STDM 作为传输技术的基础。

**2. 用户定址与分组寻址**

多用户共用的传送网络需要为源自不同用户、去往不同目的地的分组进行标识,以便为端到端传输分配成本最低的路由与路径,并依此在网络中间节点进行业务流的聚合和分发。为此,TCP/IP 协议栈定义了 IPv4 和 IPv6 地址,既用于用户定址,也用于分组寻址。尽管有 HIP 和 LISP 等扩展协议来分离这种定址和寻址合二为一的技术方法,但 IP 地址规范在相当长的时间内仍然不可替代。

IPv4 地址使用 32 位长二进制数,地址空间最大容纳 $2^{32}$($\sim 40$ G)台的终端。针对规模不断扩张的因特网,TCP/IP 协议栈又定义了 128 位长的 IPv6 地址规范。从通信网仿真的角度出发,这种地址空间的扩大对网络模型没有实质性影响。

在实际网络中,IP 地址分配存在早期的分类体制和改进的无分类体制(CIDR),反映了网络在地址空间的分划特点。仅就性能仿真实验而言,仿真模型通常忽略地址的分类问题。在路由协议仿真中,需要用户为 NS-3 仿真节点的网络接口指定子网地址。

**3. TTL 等分组开销**

来自用户的信息数据的长度千差万别。反映终端在线的心跳或保活消息的长度最短可为 1 bit。而视频文件传输的数据内容,最长可超过 1 GB($10^9$ B)。分组化技术提供了统一的用户数据分装措施,它用在一定范围内可变长的分组来承载用户数据,并将附加的 IP 地址作为分组开销或分组头。

针对网络控制的不同功能,分组头还包括一系列其他内容。时长(TTL)的作用是分组每经一次路由转发其值减 1,至 0 时被路由丢弃,以防止网络路由不稳定的传输回路产生的分组循环转发。显然,在仿真网络路由协议时,TTL 不可忽略。

TCP/IP 协议规定,IP 分组头的协议(Protocol)字段用于标识上层协议的编号。NS-3 没有统一的协议编号值的定义,由上层协议仿真实体分别维护。比如,TCP 的协议编号为 6,用于定义在对象类 TcpL4Protocol 的静态变量成员 PROT_NUMBER。

# 4.1.2 应用的传输复用

**1. 传输端口**

端到端之间进行分组传输,同样存在与分组传输相同的技术方案选择问题。图 4.2 描述了两种应用的传输复用方案。

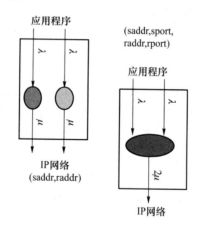

图 4.2 应用的传输复用及软端口作用

从图 4.2 可得出相似结论,来自应用的分组使用共享的传输复用处理,可以获得更好的系统性能。从应用角度来看,端到端通信的定址还需要考虑软端口,形成四元组:

(saddr, sport, raddr, rport)

其中:saddr 为源节点 IP 地址;sport 为源节点传输实体的端口号;raddr 和 rport 分别为接收端节点的 IP 地址和端口号。与 IP 地址不同的是,网络中间节点不需要考虑传输端口号。

从应用的通信接口看,端到端业务流的标识需要在四元组的基础上添加协议类型,构成网络连接的五元组结构:

（saddr，sport，raddr，rport，prot）

以此五元组可唯一标识网络中的应用,统称为套接字。

**2. 网络连接套接字**

套接字(Socket)是不同模块之间互连点的抽象表示,在硬件模块互连时通常称为接口。图 4.3 描述了 3 种套接字/接口示例。

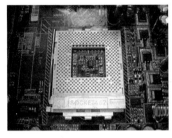

(a) CPU套接口外观　　　　(b) 电源接口　　　　(c) 耳机接口

图 4.3　硬件模块互连的套接字/接口示例

在软件系统中,通常使用表的数据结构来记录与接口相当的技术参数,并使用表的编号来标识不同的接口实例,因此更多情况下用"字"表作为中文翻译词素。类似的情况还有文件句柄,实质上也是文件信息表的整数型编号。

网络套接字是 TCP/IP 应用编程的基本术语,是传输层协议实体提供给应用程序的 API 接口,也是 NS-3 的仿真功能之一。在实际操作系统中,套接字不仅包含连接五元组参数,还包括与连接相关的收发缓存、连接状态和超时定时器状态等变量。

**3. 套接字应用示例**

Python 模块库 Socket 预定义了网络接口的基本访问功能,满足标准的 BSD Sockets API,包含了底层操作系统 Socket 接口的全部方法。

Socket 模块的 socket()函数用于创建套接字对象,其语法格式为:

socket.socket([family[, type[, proto]]])

其中:参数 family 为套接字族,可以使用 AF_UNIX 或者 AF_INET;type 为套接字类型指定连接类型,可以是非连接 UDP 的 SOCK_STREAM,或面向连接 TCP 的 SOCK_DGRAM;proto 一般不填默认为 0。

套接字创建得到的对象类定义了一系列函数,用于完成对套接字的操作,包括绑定 bind()、监听 listen()、连接请求 connect()、接受请求 accept()、连接终止 close()、数据接收 recv()和发送 send()等。

使用 Python 语言及内嵌的套接字模块库,可以较为简捷地编写一个 TCP 服务,如表 4.1 所示。

表 4.1　Python 编写的 TCP 服务器示例

| 行　号 | 代码语句 | 说明 |
|---|---|---|
| 1 | import socket,sys | 模块库引用 |
| 2 | HOST,PORT = '',777 | 地址和端口 |

| 行 号 | 代码语句 | 说明 |
|---|---|---|
| 3 | s = socket.socket (socket.AF_INET, socket.SOCK_STREAM) | |
| 4 | s.bind ((HOST, PORT)) | 二元组 |
| 5 | s.listen (10) | 客户上限 |
| 6 | conn, addr = s.accept () | 接受连接 |
| 7 | print 'Connected to' + addr[0] + ':' + str(addr[1]) | 回显 |
| 8 | data = conn.recv (1024) | 接收数据 |
| 9 | conn.sendall (data) | 回送数据 |
| 10 | conn.close () | |
| 11 | s.close () | |

表 4.1 第 2 行定义的服务器地址为空,指有效地址都开启服务;第 4 行使用二元组建立半连接;第 6 行的 conn 为套接字,可用于收发数据。

第 4~6 行和第 10 行,对应于套接字的连接控制,第 8~9 行用于数据传输。在连接控制过程中,客户机和服务器也进行了信息交换,只是具体内容对用户是透明的。

客户端套接字的程序编写较为直接,此处省略。实际上,表 4.1 的例程可服务用任意语言编写的客户端应用,并无语言选择性。

## 4.1.3 TCP/IP 分层结构

### 1. 数据单元的封装

互联网通信协议以 TCP 和 IP 协议为核心,因此得到 TCP/IP。IP 位于网络层,TCP 位于传输层(或传送层)。TCP 数据单元也称为 TCP 段,不严格情况下也用分组指代。IP 数据单元,一般称为分组,不严格时也称为包。

TCP 分组是 IP 分组的净荷(Payload),它与 IP 分组头(包括 IP 地址)合并为 IP 分组。而 TCP 分组由头和净荷组成,TCP 净荷是应用层协议分组,这种迭代结构适用于所有TCP/IP 协议。应用层协议的种类很多,包括用于电子邮件的 POP 和 SMTP,用于文件传输的 FTP,和用于多媒体网页的 HTTP 等。图 4.4 描述了分层协议结构和分组封装的过程。

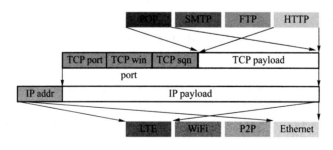

图 4.4 TCP/IP 的协议分层及分组构成

图 4.4 中,TCP 分组封装到 IP 分组时,如果 IP 分组的长度小于 TCP,则需将 TCP 分组分片装入多个 IP 分组。而 IP 分组的长度主要取决于其下网络接口的最大传输单元(MTU)。比如,传统 Ethernet 的 MTU 为 1 518 字节,对应的 IP 分组长度为 1 500 字节,剩余的 18 字节为 Ethernet 数据单元的开销头,也称为帧头。

**2．MAC 层地址**

Ethernet 提供给 IP 层的接口称为网络接口,其协议功能分为物理层和数据链路层,后者进一步分为 LLC 子层和 MAC 子层。对网络性能影响较大的是 MAC 子层,因此,大多数网络仿真将 MAC 层视为数据链路层。

MAC 层的数据单元,也称为 MAC 帧,其帧头主要包括通信节点的 MAC 地址。MAC 地址通常由物理网卡在出厂时设置,所以也称为物理地址。IP 分组在装入 Ethernet 帧时,需要确定相应的 MAC 地址,这一功能由地址解析协议(ARP)完成。

与 IP 地址不同的是,分组在网络传输的过程中,其 MAC 地址通常是变化的,反映分组转发路径所经过的链路。而对于直接链路,即图 4.1 的 P2P,MAC 地址不再需要。

**3．ICMP 协议**

ICMP(Internet Control Message Protocol,Internet 控制消息协议),它是 TCP/IP 协议簇的一个子协议,用于在 IP 主机、路由器之间传递控制消息。控制消息是指网络通不通、主机是否可达、路由是否可用等网络本身的消息。这些控制消息虽然并不传输用户数据,但是对于用户数据的传递起着重要的作用。

ICMP 提供一致易懂的出错报告信息。发送的出错报文返回到发送原数据的设备,因为只有发送设备才是出错报文的逻辑接受者。发送设备随后可根据 ICMP 报文确定发生错误的类型,并确定如何才能更好地重发失败的数据包。但是 ICMP 唯一的功能是报告问题而不是纠正错误,纠正错误的任务由发送方完成。

ICMP 使用 IP 的基本支持,仿佛它是一个更高级别的协议,但是,ICMP 实际上是 IP 的一个组成部分,每个 IP 模块都需要支持 ICMP。NS-3 对 ICMP 的支持并不完整,主要功能是在发送设备不可达时,向源端报告。

**4．UDP 协议**

UDP(User Datagram Protocol,用户数据报协议),是与 TCP 同等的传输层协议,提供面向事务的简单不可靠信息传送服务,在 IP 分组中的协议号是 17。UDP 协议与 TCP 协议一样,用于传输应用层的数据单元,两者都位于传输层,处于 IP 协议的上一层。

UDP 本身不为其上用户的数据进行再分组和组装,也不保证排序会买传送。也就是说,当 UDP 报文发送之后,发端无法得知其是否能完整地到达收端。UDP 用来支持那些需要在计算机之间传输实时性数据的应用,包括音视频业务等。UDP 协议从问世至今已经被使用了很多年,虽有各种改进协议,但最初形式的 UDP 仍然是非常实用和可行的网络传输层协议。

许多应用只支持 UDP,如多媒体数据流。UDP 不产生任何额外的网络控制开销,即使知道有破坏的包也不进行重发。当强调传输性能而不是传输的完整性时,如音频和多媒体应用,UDP 是最好的选择。在数据传输量较小、占用网络时间很短,或者端到端连接控制的过程不可接受时,UDP 是很好的选择。

基于 UDP 的应用程序,同样使用套接字进行接口管理,也使用了源宿两端的 IP 地址和端口号四元组。

**5.应用层协议**

图 4.4 所涉的 POP、SMTP、FTP 和 HTTP,都依赖 TCP 协议,各自完成不同的应用程序功能,包括会话建立、拆除和重连等控制,以及与内容有关的编码和表示。这些协议的功能和性能与网络相关性不强,在 NS-3 中被抽象为较为简单化的数据源模型。

# 4.2 TCP 协议及仿真对象类

## 4.2.1 TCP 协议简述

**1.TCP 协议头的数据结构**

TCP 的协议功能绝大部分反映在其协议开销头中,其字段内容如图 4.5 所示。

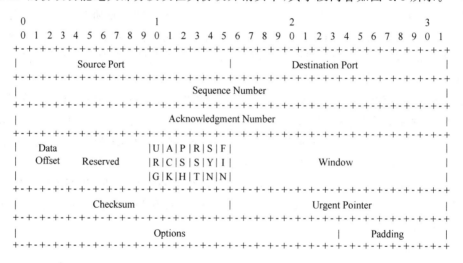

图 4.5 TCP 协议开销头的字段结构①

图 4.5 取自 IETF 发布的 TCP 规范文件,相关图形都使用纯文本格式进行表述。虽然不够精细,但不影响解读。

TCP 协议头以 32 位长的二进制数(双字)排列,除 Options 和 Padding 字段外,固定长为 5 个双字。Options 和 Padding 的存在与否,由第 4 行的 Data Offset 字段指明。当 Data Offset 的取值为 5 时,表示协议头无 Options 和 Padding;而当取值大于 5 时,其与 5 的差值表示 Options 和 Padding 的长度。

**2.协议端口号**

图 4.5 的第 1 行包括 2 个端口号,分别表示 TCP 连接的源端和宿端,它们和 IP 地址一起构成了套接字的四元组。TCP 服务器启动单连接,使用预定的服务端口,其值由应用程

---

① 取自 IETF 于 1981 年发布的 RFC793,后续更新版本有所增减,但基本结构未变化。

序确定。通常,共知的服务使用共知的端口号。比如,HTTP 服务器缺省使用了 TCP 的 80 端口号。

客户端启动全连接操作,TCP 协议头的宿端口(Destination Port)为服务器端口,而源端口(Source Port)通常由操作系统分配,其值较大,以避免与共知端口号冲突。

TCP 服务器可同时服务多个客户端的连接,但服务端口号相同。这是因为,用于标识和区分不同客户的关系字,即套接字,是连接的四元组。TCP 协议实体在连接状态时,不会产生任何差错。

### 3. 分组的次序编号

图 4.5 的第 2 和第 3 两行,包括 2 个分组序号:"Sequence Number"是发送序号,表示所发 TCP 分组的顺序编号;"Acknowledgement Number"是对接收到的对端 TCP 编号的确认。

TCP 连接的两端在连接过程中,相互通告分组编号的起始值(ISN),后续发送的数据分组依次以字节为单位递增。比如,ISN＝0,第 1 个分组长 100 字节,则第 2 个分组的 SN＝100。

ISN 只有相对意义,虽然在绝大多数实际系统中,其值有相应的固定规则,但就仿真而言,ISN 简化为 0。

确认编号(AN)是对正确接收的 TCP 分组的通告,其值为接收端期待的下一个分组的编号。比如,发送端发出的分组 SN＝0,分组长为 100 字节,接收端在确认时的 AN＝100。如果接收端不能正确接收该分组,则确认时的 AN＝0,隐含了对该分组的否认通告。

### 4. 控制字段

图 4.5 的第 4 行包含 6 个单比特字段和 16 比特长的窗口(Window),它们主要用于 TCP 的连接控制。

在 TCP 连接请求及应答过程中,两端相互交换的 TCP 分组的同步字段(SYN)需要置位。连接完成之时,SYN 清位,但确认字段(ACK)需要置位。

连接重启字段(RST)要求中止连接,重新同步。连接结束字段(FIN)通告对端,本端正在终止 TCP 连接。RST 和 FIN 的差异主要与连接状态的控制有关,若 RST 保留已分配的内存资源,FIN 则将其清除。

单比特紧急数据字段(URG)、推送字段(PSH)用于 TCP 连接的临时控制,在实际中鲜有使用,也是 NS-3 等仿真软件忽略的部分。

窗口字段的作用与 TCP 所采取的滑窗控制算法有关,主要功能包括流量控制和拥塞控制。在流量控制中,一端通告的窗口值,称为通告窗口(Awin),表明本端在不作确认时,对端可以发送的分组数上限。由于分组长度不可预知,所以窗口以一个基本长度(MSS)为单位。MSS 的具体取值,在 TCP 连接通过中,通过 Options 协商决定。

### 5. 最大段长

TCP 窗口的单位 MSS,全称为最大段长(Maximum Segment Size),是指 TCP 净荷部分以字节为单位的最大值,即

$$MSS = TCP 分组长度 - TCP 开销头的长度。$$

如图 4.5 所示,当 TCP 分组头的 Options 字段长度小于 32 位或 32 位的整数倍时,由 Padding 补齐。

Options 字段包含了 1 字节的类型(Type),1 字节的长度(Length)和一个可变长的值(Value),构成通用的 TLV 结构。TCP 规定,$T=2,L=4,V$ 代表 MSS。

MSS 取值太小或太大都存在效率问题。若 MSS 太小,比如 MSS 为 1 字节,那么为了传输这 1 字节数据,要消耗 20 字节的 IP 头部、20 字节 TCP 头部,显然这种数据传输效率是很低的。若 MSS 过大,导致数据包可以封装很大,那么在 IP 传输中分片的可能性就会增大,接收端处理分片所消耗的资源和处理时间都会增加,如果分片在传输中还发生了重传,其网络开销也会增大。MSS 的合理值应为保证分组不分片的最大值。对于以太网,一般 MSS 设为 1 460 字节。

MSS 和 ISN、Awin 等参数是在 TCP 连接建立的过程中,通过 TCP 两端按协议要求协商确定的。

## 4.2.2 TCP 状态机及流程

### 1. 连接建立

TCP 的连接过程,不仅要按协议要求协商 MSS 的等待控制参数,还要需要为用户数据的不间断传输分配必要的内存缓冲区。这一过程是分步完成的,而且需要针对可能的异常情况制定控制出口,因此形成特定的状态机,如图 4.6 所示。

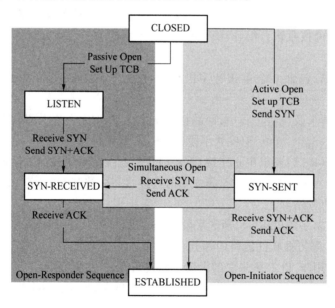

图 4.6　TCP 连接的状态及主要转移流程

图 4.6 中,TCP 的连接状态包括:

(1) 初始状态(CLOSED),反映 TCP 套接字创建和绑定时的状态;

(2) 服务器监听状态(LISTEN),表示套接字启用服务、进入等待请求的状态;

(3) 服务器收到请求状态(SYN-RECEIVED),表示对请求的处理状态;

(4) 客户机发送请求状态(SYN-SENT),表示请求的处理状态;

(5) 连接完成状态(ESTABLISED),表示用户数据的收发状态。

为提高服务器对请求处理的时效性,其套接字所对应的数据收发缓存在进入 LISTEN 之前就在内存中为其预先分配了传输控制单元(TCB)。在收到 SYN 分组后,该 TCB 转交到客户机关联的套接字,并为后续连接请求再次预分配[①]。

在 SYN 分组和 SYN＋ACK 分组的交互过程,客户机和服务器相互通告了 TCP 控制参数,而在 ACK 分组中,最终确定 MSS 等待需要协议的参数。

**2. 三步握手**

在连接建立的过程中,TCP 的两端交互了三个控制分组,因此称为三步握手(3-Way Handshake),不严格时也译作三次握手。图 4.7 为三步握手的示意图。

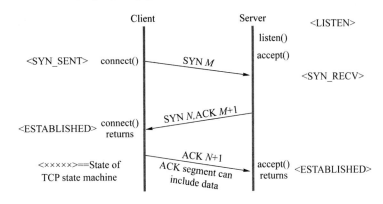

图 4.7　TCP 三步握手的示意过程

图 4.7 中,客户端(Client)发送连接请求的 SYN 分组,其中 ISM＝$M$。服务器端(Server)接受连接后,回复 SYN＋ACK 分组,其中 ISM＝$N$,同时确认客户端的分组,所以 AN ＝$M+1$。Client 接收到 ACK 分组后,向 Server 发送 ACK 分组确认,所以 AN＝$N+1$。

Server 进程先创建传输控制块 TCB,准备接收客户进程的连接请求。然后服务器进程就处于 LISTEN(收听)状态,等待客户的连接请求。若有,则作出响应。

(1) 握手第一步:Client 创建传输控制块 TCB,然后向 Server 发出连接请求,此时 TCP 客户机进程进入 SYN-SENT(同步已发送)状态。

(2) 握手第二步:Server 收到连接请求,在同意连接后向 Client 发送确认,TCP 服务器进程进入 SYN-RCVD(同步收到)状态。

(3) 握手第三步:Client 进程收到 Server 的确认后,向 Server 再确认,其中 ACK 分组可以携带数据,Client 进入 ESTABLISHED(已建立连接)状态。Server 收到 Client 的再确认后,也进入 ESTABLISHED 状态。

**3. 连接终止**

图 4.8 给出了 TCP 连接终止的状态转移图,对应的处理流程通常包含四个步骤,也称为四步挥手,如图 4.9 所示。

与连接建立过程不同的是,TCP 连接终止的发启端(Initiator)可以是客户机也可以是服务器。

---

① TCB 的预分配机制存在 DOS 缺陷,当恶意客户机持续不断发出不同内容的 SYN 时,服务器很容易因耗尽内存而不能向外提供服务。

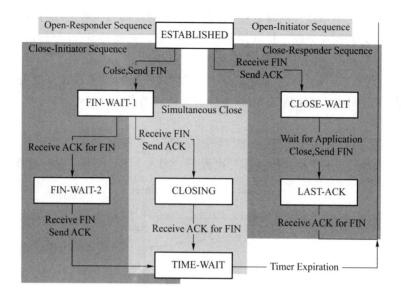

图 4.8　TCP 连接终止的状态及转移示意

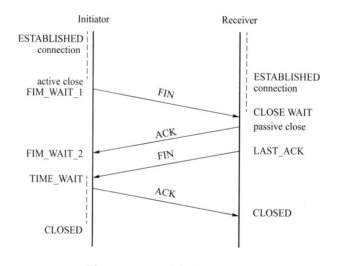

图 4.9　TCP 四步挥手过程示意

　　发启端发起中断连接请求,也就是发送 FIN 分组。另一端,即接收端(Receiver),或响应端(Responder),在接到 FIN 分组后,可以继续发送数据,所以先发送 ACK。这时,发启端就进入 FIN_WAIT 状态,继续接收对端的 FIN 分组。当接收端确定数据已发送完成,则向发启端发送第二个 FIN 分组。发启端收到第二 FIN 后,发送第二 ACK 分组,进入 TIME_WAIT 状态。接收端收到 ACK 后,终止套接字。

　　所谓 TIME_WAIT 状态,是针对第二 ACK 分组易失的情况,如果接收端未收到,可由发启端重发。如果 TIME_WAIT 持续时长超过规定范围,发启端则直接终止套接字及相应的进程。

## 4.2.3　协议实体的仿真对象类

### 1. L4 协议仿真类

NS-3 对象类 IpL4Protocol 派生于 Object,是所有第 4 层协议仿真的纯虚基类,主要通过成员函数 GetProtocolNumber()维持协议类型号,并提供了属性"ProtocolNumber"以便修改。纯虚函数 Receive()由派生类依具体协议要求而定义,包括:

- TcpL4Protocol,实现协议号为 6 的分组收发,模拟 TCP 协议;
- UdpL4Protocol,实现协议号为 17 的分组收发,模拟 UDP 协议;
- Icmpv4L4Protocol,实现协议号为 1 的分组收发,模拟 IPv4 的 ICMP 协议;
- Icmpv6L4Protocol,实现协议号为 58 的分组收发,模拟 IPv6 的 ICMP 协议;
- dsr::DsrRouting,实现协议号为 48 的分组收发,模拟 DSR 路由协议。

其中,对象类 dsr:DsrRouting 定义在模块 dsr 下,源码在～/src/dsr/model 目录下,其他对象类定义在模块 internet 下,源码在～/src/internet/model 目录下。

另有名为 NscTcpL4Protocol 的派生子类,通过真实的网络协议栈收发分组,其名 NSC 取自 Network Simulation Cradle(网络仿真支架)。NSC 源自 NS-2,在 NS-3 的早期版本中得到沿用,但其虚实结合的功能并不完善,未引起广泛注意,目前的发展也处于停滞状态。

### 2. TCP 分组收发对象类

对象类 TcpL4Protocol 派生于 IpL4Protocol,支持 Ipv4 和 Ipv6 封装,重载了成员函数 GetProtocolNumber(),并返回 TCP 协议号,即数值 6。

TcpL4Protocol 通过 Ipv4EndPoint 和 Ipv6EndPoint 对象类来管理 IPv4 和 IPv6 的 TCP 传输复用,两者功能基本类似。Ipv4EndPoint 维持了 TCP 连接的四元组,包括本地地址及端口号和对端地址及端口号,并定义了可配置的分组接收函数以及直接调用该函数的形式函数 ForwardUp()。所以,TcpL4Protocol∷Receive()的功能是查到 Ipv4EndPoint 实例,并调用 ForwardUp()。如果查不到,表明没有上层协议或应用接收新到的 TCP 分组,则通过形式化函数 NoEndPointsFound()向源端回送 RST+ACK 分组,中止对端的连接。

对象 TcpL4Protocol 扩展定义的成员函数 SendPacket(),依据地址类型分别调用了 SendPacketV4()和 SendPacketV6()。SendPacketV4()的主要功能是在等待发送的分组添加 IPv4 分组头,包括 IP 源宿地址和协议号,然后通过第三层路由查到出口,由该出口发送分组。

### 3. 传输复用的组织

对象类 Ipv4EndPoint 表示 TCP/IP 网络连接的终结点,由连接的四元组标识,为上层协议或应用提供分组接收回调功能。在 NS-3 中,回调函数的注册功能由对应的套接字负责完成。回调函数的指针记录在变量成员 m_rxCallback 中,返回类型为 void,形参包括:

(1) Ptr<Packet>,分组实例指针;

(2) Ipv4Header,分组头结构体;

(3) uint16_t,源端口号;

(4) Ptr<Ipv4Interface>,接收分组的 IP 接口。

成员函数 Ipv4EndPoint∷ForwardUp()向 TCP 提供上层协议分组接收函数的调用,其功能就是调用 m_rxCallback()。成员函数 SetRxCallback()就是将实参赋值给 m_rxCallback。

对象类 Ipv4EndPointDemux 是 Ipv4EndPoint 的容器,它以链表形式存储和管理 Ipv4EndPoint 的实例,并提供对 Ipv4EndPoint 的检索。

## 4.2.4 TCP 套接字仿真

### 1. 套接字的类派生关系

对象类 Socket 定义在~/src/network/model/socket.{h,cc}中,是派生于 Object 的纯虚类,派生的子类包括:

(1) Ipv4RawSocketImpl,模拟 Ipv4 第三层的直接访问;

(2) Ipv6RawSocketImpl,模拟 Ipv6 第三层的直接访问;

(3) PacketSocket,模拟网络接口的直接访问;

(4) UdpSocket,模拟 UDP 应用接口的访问;

(5) TcpSocket,模拟 TCP 应用接口的访问。

其中,TcpSocket 也是纯虚类,进一步派生了子类 TcpSocketBase,是 NS-3 中缺省使用的 TCP 套接字对象类。

### 2. 套接字访问

对象类 Socket 的主要接口函数包括套接字创建:

```
static Ptr<Socket> CreateSocket (Ptr<Node> node, TypeId tid);
```

其中,node 为套接字部署的节点,tid 为套接字对象类的字符串名,定义在可实例化派生类的 GetTypeId()中。比如,TcpSocketBase 的对象名为 ns3::TcpSocketBase,PacketSocket 的对象名为 ns3::PacketSocket。

套接字与 IP 地址及 TCP 端口的绑定函数的接口格式为:

```
virtual int Bind (const Address &address) = 0;
```

其中,小写字母表示的 address 是包括了地址和端口号的对象类 Address 的实例。

套接字与远端地址和 TCP 端点的连接函数的接口格式为:

```
virtual int Connect (const Address &address) = 0;
```

其中,address 为对端包含了地址和端口号的对象类 Address 实例。

其他与 BSD Socket 接口相似的函数,在 Socket 对象类中均有定义。但与 BSD 不同的是,针对网络仿真的 NS-3,其套接字并无阻塞式工作模式。

### 3. TCP 套接字属性

对象类 TcpSocket 的成员函数 GetTypeId()定义了在仿真程序中可以修改的属性,如表 4.2 所示。派生对象类 TcpSocketBase 的重载函数 GetTypeId()扩展定义的属性,如表 4.3 所示。

对象类 TcpSocketBase 的重载函数 GetTypeId()还定义了跟踪变量,如表 4.4 所示。

**表 4.2　TcpSocket 的可配置属性**

| 属性名 | 缺省值 | 类型 | 说明 |
|---|---|---|---|
| SndBufSize | 128 kB | uint32_t | 发送缓存大小 |
| RcvBufSize | 128 kB | uint32_t | 接收缓存大小 |
| SegmentSize | 536 B | uint32_t | 最大段长（MSS） |
| InitialSlowStartThreshold | UINT32_MAX | uint32_t | 慢启阈值 |
| InitialCwnd | 1 MSS | uint32_t | 拥塞窗口初始值 |
| ConnTimeout | 3 s | TimeValue | 超时重传定时 |
| ConnCount | 6 | uint32_t | 连接尝试上限 |
| DataRetries | 6 | uint32_t | 数据重传上限 |
| DelAckTimeout | 0.2 s | TimeValue | 延时应答定时 |
| DelAckCount | 2 | uint32_t | 延时应答等待的分组数 |
| TcpNoDelay | true | BooleanValue | 启停 Nagle 算法 |
| PersistTimeout | 6 s | TimeValue | 接收窗口探测值的时效 |

表 4.2 中，宏 UINT32_MAX 为 32 位无符号整数的最大值，定义为 $2^{32}-1=4\,294\,967\,295$。Nagle 算法作用于数据的发送端，它等待一定数量的数据到达后集中发送；延时应答则作用于数据的接收端，它等待一定数量的应答要求到达后集中发送。

**表 4.3　TcpSocketBase 的可配置属性**

| 属性名 | 缺省值 | 类型 | 说明 |
|---|---|---|---|
| MaxSegLifetime | 120 s | DoubleValue | TIME_WAIT 定时 |
| MaxWindowSize | 65 535 B | uint16_t | 最大通告窗口 |
| WindowScaling | true | BooleanValue | 启停窗口度量单位功能 |
| Sack | true | BooleanValue | 启停选择应答（SACK） |
| Timestamp | true | BooleanValue | 启停 TCP 的时截选项 |
| MinRto | 1.0 s | TimeValue | 重传定时（RTO）的下限 |
| ClockGranularity | 1.0 ms | TimeValue | RTO 的计量单位 |
| TxBuffer | - | PointValue | TCP 发送缓存指针 |
| RxBuffer | - | PointValue | TCP 接收缓存指针 |
| ReTxThreshold | 3 | Uint3_t | 快速重传阈值 |
| LimitedTransmit | true | BooleanValue | 启停受限重传 |

**表 4.4　TcpSocketBase 的部分跟踪变量**

| 变量属性名 | 变量成员 | 类型 | 说明 |
|---|---|---|---|
| RTO | m_rto | TracedValueCallback::Time | 重传定时 |
| RTT | m_lastRttTrace | TracedValueCallback::Time | RTT 样值 |
| NextTxSequence | m_nextTxSequenceTrace | SequenceNumber32TracedValueCallback | 发送序号 |
| HighestSequence | m_highTxMarkTrace | TracedValueCallback::SequenceNumber32 | 最大序号 |

| 变量属性名 | 变量成员 | 类型 | 说明 |
|---|---|---|---|
| State | m_state | TcpStatesTracedValueCallback | TCP 状态 |
| CongState | m_congStateTrace | TcpCongStatesTracedValueCallback | 拥塞状态 |
| EcnState | m_ecnStateTrace | EcnStatesTracedValueCallback | ECN 状态 |
| AdvWND | m_advWnd | TracedValueCallback∷Uint32 | 通告窗口 |
| RWND | m_rWnd | TracedValueCallback∷Uint32 | 对端窗口 |
| BytesInFlight | m_bytesInFlightTrace | TracedValueCallback∷Uint32 | 路上数量 |
| HighestRxSequence | m_highRxMark | TracedValueCallback∷SequenceNumber32 | 最大收序 |
| CongestionWindow | m_cWndTrace | TracedValueCallback∷Uint32 | 拥塞窗口 |
| SlowStartThreshold | m_ssThTrac | TracedValueCallback∷Uint32 | 慢启阈值 |
| Tx | m_txTrace | TcpSocketBase∷TcpTxRxTracedCallback | 发送分组 |
| Rx | m_rxTrace | TcpSocketBase∷TcpTxRxTracedCallback | 接收分组 |

### 4. TCP 状态

对象类 TcpSocketBase 的变量成员 m_state 是枚举类型 TcpStates_t 的跟踪变量,用于记录与套接字相关的 TCP 连接状态。类型 TcpStates_t 定义在对象类 TcpSocket 之中,可选值包括:

- CLOSED = 0,         //套接字结束
- LISTEN,             //监听连接请求
- SYN_SENT,           //连接请求已发送,等待 ACK
- SYN_RCVD,           //连接收到已发送 ACK
- ESTABLISHED,        //完成连接建立
- CLOSE_WAIT,         //对端已关闭连接
- LAST_ACK,           //本端已关闭连接
- FIN_WAIT_1,         //本端已关闭连接,仍有缓存数据在发送
- FIN_WAIT_2,         //缓存已发送完成,等待对端关闭连接
- CLOSING,            //两端关闭,仍有缓存在数据发送
- TIME_WAIT,          //进入 CLOSED 前的定时状态
- LAST_STATE          //仅用于代码调用

静态变量成员 static const char * const TcpStateName 为以上状态值和字符名称之间建立了转换数组。

对象类 TcpSocketBase 变量成员 m_congState 是枚举型 TcpCongState_t 的跟踪变量。类型 TcpCongState_t 定义在对象类 TcpSocketState 之中,用于记录 TCP 拥塞控制的状态,可选值包括:

- CA_OPEN,            //常态,无异常
- CA_DISORDER,        //接收失序
- CA_CWR,             //因拥塞通告减小了 CWND,但被 NS-3 忽略
- CA_RECOVERY,        //快速重传

- CA_LOSS,　　　　　　　　//RTO 超时引发 CWND 减少
- CA_LAST_STATE　　　　　//仅用于代码调试

静态变量成员 static const char* const TcpCongStateName 为以上拥塞状态值和字符名称之间建立了转换数组。

**5. 服务端套接字绑定**

对象类 TcpSocketBase 继承重载的函数 bind()，从 TcpL4Protocol 对象分配 EndPoint，并将 TcpSocketBase 实例加入 TcpL4Protocol，实现传输复用的聚合，然后设置 TCP 分组接收的回调函数。具体代码如下：

```
int TcpSocketBase::Bind (void) {
  NS_LOG_FUNCTION (this);              //函数日志跟踪
  m_endPoint = m_tcp->Allocate ();     //EndPoint 分配
  if (0 == m_endPoint) {
    m_errno = ERROR_ADDRNOTAVAIL;
    return -1;
  }
  m_tcp->AddSocket (this);             //TCP 传输复用
  return SetupCallback ();             //分组接收的回调函数
}
```

以上代码中，SetupCallback()的主要功能是向 EndPoint 注册 3 个回调函数，具体如下：

```
m_endPoint->SetRxCallback (\
        MakeCallback (&TcpSocketBase::ForwardUp,\
                Ptr<TcpSocketBase>(this)));
m_endPoint->SetIcmpCallback (\
        MakeCallback (&TcpSocketBase::ForwardIcmp,\
                Ptr<TcpSocketBase>(this)));
m_endPoint->SetDestroyCallback (\
        MakeCallback (&TcpSocketBase::Destroy,\
                Ptr<TcpSocketBase>(this)));
```

其中，TcpSocketBase::ForwardUp()是形式上接收 TCP 分组的回调函数，主要功能由 DoForwardUp()执行。这种形式化的封装，目的是简化派生类的重载。

**6. 分组接收处理**

函数 TcpSocketBase::DoForwardUp()分析了 TCP 分组头，按 TCP 三步握手机制，对 SYN 分组配置接收窗口 m_rWnd 和 m_tcb 的状态参数，并对 ACK 分组更新窗口大小和 RTT 估计；按 TCP 状态，分别调用不同分处理函数，完成分组传输和连接控制的处理。比如，如果 m_state == ESTABLISHED，则调用了成员函数 ProcessEstablished()。

函数 TcpSocketBase::ProcessEstablished()依据 TCP 分组头的控制字段进一步分支处理。如无控制字段置位，即收到普通数据分组，调用成员函数 ReceivedData()，将数据写入接收缓存，然后调用成员函数 SendEmptyPacket()向对端进行确认。

函数 TcpSocketBase::SendEmptyPacket()创建并填写 TCP 分组头，然后调用 TCP 协

议实体 TcpL4Protocol 的分组发送函数 SendPacket()完成接收分组的处理。

### 7. 客户端套接字连接

对象类 TcpSocketBase 继承重载的函数 connect(),同样以函数封闭的形式调用成员函数 DoConnect(),后者的具体代码如下:

```
intTcpSocketBase::DoConnect (void) {
  NS_LOG_FUNCTION (this);                        //日志跟踪
  // A new connection is allowed...
  if (m_state == CLOSED || m_state == LISTEN\
      || m_state == SYN_SENT || m_state == LAST_ACK \
      || m_state == CLOSE_WAIT)
  {
    SendEmptyPacket (TcpHeader::SYN);            //发送 SYN 分组
    m_state = SYN_SENT;                          //状态变化
  }
  else if (m_state != TIME_WAIT)
  { // In states SYN_RCVD, etc.
    SendRST ();                                  //发送 RST 分组
    CloseAndNotify ();
  }
  return 0;
}
```

其中,SendEmptyPacket()的调用启动三步握手的第一步,SendRST()中止当前连接。

# 4.3　套接字仿真示例

## 4.3.1　服务器的套接字示例

### 1. 对象类 PacketSink 的套接字创建

定义在源文件～/src/application/model/packet-sink.{h,cc}的对象类 PacketSink 派生于 Application,是模拟分组接收程序的仿真类,所涉套接字既可为 UDP 也可为 TCP 套接字。对象类 Application 派生于 NS-3 基本对象 Object。

成员函数 StartApplication()具体定义了套接字的创建及配置,该函数的调用是由 Application::DoInitialize()以事件驱动方式向仿真器 Simulator 注册对应事件,而函数的执行时间由 Application::SetStartTime(Time Start)预定。需要注意的是,DoInitialize()是所有 Object 派生类在仿真开始时预先完成的对象初始化。所以,PacketSink/Application 的 SetStartTime()是套接字创建时间。

大多数 NS-3 仿真范例中使用了助手类 ApplicationContainer 的配置函数 Start(Time

Start），该函数直接调用了所包含 Application 及派生类实例的 SetStartTime（Start）。因此，范例变量 start 就是套接字的创建时间。

成员函数 PacketSink∷StartApplication()的具体代码如下：

```
voidPacketSink∷StartApplication () {
  if(! m_socket){
      m_socket = Socket∷CreateSocket (GetNode (), m_tid);
      if (m_socket-> Bind (m_local) == -1)
      {
          NS_FATAL_ERROR ("Failed to bind socket");
      }
      m_socket-> Listen ();
      m_socket-> ShutdownSend ();
      ...                                    //组播部分,省略
  }
  m_socket-> SetRecvCallback (\
      MakeCallback (&PacketSink∷HandleRead, this));
  m_socket-> SetAcceptCallback (
      MakeNullCallback < bool, Ptr < Socket >, const Address & > (),
      MakeCallback (&PacketSink∷HandleAccept, this));
  m_socket-> SetCloseCallbacks (
      MakeCallback (&PacketSink∷HandlePeerClose, this),
      MakeCallback (&PacketSink∷HandlePeerError, this));
}
```

其中：变量成员 m_socket 记录了套接字对象；m_tid 为套接字类型名，对应到 TCP，其值为字符串"ns3∷TcpSocketFactory"；函数 Listen()调用了 TcpSocketBase 的同名重载函数，执行 TCP 状态迁移；函数 ShutdownSend()用于清除已建的连接。最后完成 3 个套接口回调函数的配置，分别用于分组接收处理、连接请求处理和连接关闭处理。

**2. 套接字的连接请求处理**

对象类 PacketSink 的成员函数 HandleAccept()在套接字创建时，以回调函数形式注册到套接字对象中，TCP 协议对象类 TcpL4Protocol 的实例在收到 TCP 的 SYN 分组后得到调用。该函数的具体代码如下：

```
voidPacketSink∷HandleAccept (Ptr < Socket > s, \
            const Address& from) {
  s-> SetRecvCallback (\
      MakeCallback (&PacketSink∷HandleRead, this));
  m_socketList.push_back (s);
}
```

其中：形参 Ptr < Socket > s 是包含四元组的套接字，它与以上处于监听的 m_socket 是不同的套接字对象；而接收函数 HandleRead()再次以回调函数形式注册到对应套接字中，以便

接收客户机发出的 TCP 数据分组。

PacketSink 变量成员 m_socketList 的类型为 std::List<Ptr<Socket>>,用于存储所有客户机对应的套接字对象。

**3. 数据分组接收**

对象类 PacketSink 的成员函数 HandleRead()同样在全连接套接字创建完成后,以回调函数的形式注册到套接字对象中,对象类 TcpL4Protocol 的实例在收到 TCP 数据分组后得到调用。该函数的具体代码如下:

```
void PacketSink::HandleRead (Ptr<Socket> socket) {
  Ptr<Packet> packet;
  Address from;
  while ((packet = socket->RecvFrom (from))) {
      if (packet->GetSize () == 0)
          break;
      m_totalRx + = packet->GetSize ();
      if (InetSocketAddress::IsMatchingType (from)){
          NS_LOG_INFO ("At time "\\
              << Simulator::Now ().GetSeconds ()
              << "s packet sink received "
              <<  packet->GetSize () << " bytes from "
              << InetSocketAddress::ConvertFrom(from).GetIpv4 ()
              << " port "\
              << InetSocketAddress::ConvertFrom (from).GetPort ()
              << " total Rx " << m_totalRx << " bytes");
      }
      ...
      m_rxTrace (packet, from);
  }
}
```

其中:变量成员 m_totalRx 用于记录累计接收到的分组长度;m_rxTrace 是变量跟踪的回调函数。

NS-3 对套接口应用的仿真,通常抽象为无特定功能。因此,以上分组接收只进行了计数和跟踪。

## 4.3.2　客户机的套接字示例

**1. 对象类 BulkSenderApplication 的套接字创建**

源文件~/src/application/model/tcp-bulk-send.{h,cc}定义一个客户机套接字应用示例,对象类名为 BulkSenderApplication,派生于 Application,其成员函数 StartApplication()的具体定义如下:

```
voidBulkSendApplication::StartApplication (void) {
  if(! m_socket)
  {
      m_socket = Socket::CreateSocket (GetNode (), m_tid);
      if (m_socket-> GetSocketType ()\
              != Socket::NS3_SOCK_STREAM \
          && m_socket-> GetSocketType () \
              != Socket::NS3_SOCK_SEQPACKET){
          NS_FATAL_ERROR ("Using BulkSend...");
      }
      if (InetSocketAddress::IsMatchingType (m_peer)) {
          if (m_socket-> Bind () == --1)
              NS_FATAL_ERROR ("Failed to bind socket");
      }
      m_socket-> Connect (m_peer);
      m_socket-> ShutdownRecv ();
      m_socket-> SetConnectCallback (MakeCallback (\
          &BulkSendApplication::ConnectionSucceeded, this),
                                  MakeCallback (\
          &BulkSendApplication::ConnectionFailed, this));
      m_socket-> SetSendCallback (
         MakeCallback (&BulkSendApplication::DataSend, this));
  }
  if (m_connected) {
    SendData ();
  }
}
```

其中：变量成员 m_socket 记录了套接字对象；成员 m_tid 为套接字类型名，对应到
TCP，其值为字符串“ns3::TcpSocketFactory”；m_peer 为预先配置的服务器端地址及
端口。

与服务器套接口创建不同的是，客户端在创建和绑定后，直接调用套接字的接口函数
Connect()向服务器发出连接请求，然后注册 2 个回调函数，分别对应于分组接收、连接控制
处理。

成员函数 ShutdownRecv()的调用是清除已有的连接；函数 SendData()的调用是当连
接即刻完成时主动发送数据分组。

**2. 套接字连接请求**

对象类 BulkSenderApplication 的成员函数 Connect()在套接字创建时，被随即调用，它
向对象类 TcpL4Protocol 的实例发送 TCP 的 SYN 分组。当服务器接收了连接请求后，
TcpL4Protocol 将调用注册的函数，其具体代码如下：

```
void BulkSendApplication::ConnectionSucceeded (\
                      Ptr < Socket > socket) {
  NS_LOG_FUNCTION (this << socket);        //函数跟踪日志
  NS_LOG_LOGIC ("BulkSendApplication Connection succeeded");
  m_connected = true;                      //状态迁移
  SendData ();                             //发送数据
}
```

其中,形参 Ptr < Socket > socket 是连接完成后的套接字。与服务器不同的是,客户机一端的套接字对象是全连接的,在连接完成后不会发生改变。

对象类 BulkSenderApplication 模拟了数据源持续不断进行分组发送的应用程序,因此,成员函数 SendData()在连接完成后被直接调用。

**3. 数据分组发送**

对象类 BulkSenderApplication 的成员函数 SendData()一次性将待发数据交由套接口发送,具体代码如下:

```
void BulkSendApplication::SendData (void) {
  while (m_maxBytes == 0 || m_totBytes < m_maxBytes)
  { // Time to send more
      uint64_t toSend = m_sendSize;
      if (m_maxBytes > 0) {
          toSend = std::min (toSend, m_maxBytes - m_totBytes);
      }
      Ptr < Packet > packet = Create < Packet > (toSend);
      int actual = m_socket-> Send (packet);
      if (actual > 0) {
          m_totBytes + = actual;
          m_txTrace (packet);
      }
      if ((unsigned)actual ! = toSend) {
          break;
      }
  }
  // Check if time to close (all sent)
  if (m_totBytes == m_maxBytes && m_connected) {
    m_socket-> Close ();
    m_connected = false;
  }
}
```

其中:变量成员 m_sendSize 为分组大小;m_maxBytes 为发送数据的总长;m_totBytes 为已发数据的累计长度。当 m_maxBytes 预先配置为 0 时,表示发送数据长度为无穷。变量成员 m_txTrace 是跟踪的回调函数,用于通告分组发送完成。

以上函数是循环方法不断调用套接字的接口函数 Send(),直到预定数据全部发送完成后,调用接口函数 Close()终止连接。

**4. 助手对象类**

服务器 PacketSink 和客户机 BulkSenderApplication 对象类的配置涉及较多参数,助手对象类 PacketSinkHelper 和 BulkSendHelper 可简化仿真配置的代码编写量。

助手对象类 PacketSinkHelper 的构造函数,其格式如下:

```
PacketSinkHelper (std::string protocol, Address address);
```

其中:参数 protocol 为套接口的协议类型名;address 为服务端地址。

对象类 PacketSink 的属性修改,可调用 PacketSinkHelper 的成员函数:

```
void SetAttribute (std::string name, \
                   const AttributeValue &value);
```

其中:参数 name 为属性名;value 为对应值。

助手对象类 BulkSendHelper 的构造函数和属性设置函数的形式格式与助手对象类 PacketSinkHelper 完全一致,但参数 address 指向服务器。

## 4.3.3 TCP 套接口连接范例

**1. 拓扑配置**

范例～/examples/tcp/tcp-bulk-send.cc 创建了两节点直连的简单拓扑,点到点链路的宽带配置为 500 kbit/s,传播延时配置为 5 ms。IPv4 地址网段为 10.1.1.0/24,第 0 号节点的接口地址为 10.1.1.1,第 1 号节点为 10.1.1.2。如图 4.10 所示。

```
n0 ----------- n1
    500 kbit/s
       5 ms
```

图 4.10 范例 tcp-bulk-send.cc 的拓扑示意

**2. 客户机配置**

客户机一端的应用配置,使用了助手类 BulkSendHelper,具体代码如下:

```
uint16_t port = 9;   // well-known echo port number
BulkSendHelper source ("ns3::TcpSocketFactory",
                InetSocketAddress (i.GetAddress (1), port));
source.SetAttribute ("MaxBytes", UintegerValue (maxBytes));
ApplicationContainer sourceApps = \
                    source.Install (nodes.Get (0));
sourceApps.Start (Seconds (0.0));
sourceApps.Stop (Seconds (10.0));
```

其中:port 为服务端口;i 为接口的容器;maxBytes 为运行参数可改的数据量。

从以上配置可见,第 0 号节点安装了客户机,对端为第 1 号节点的网络接口地址。仿真时间为 0 秒时,开启客户机的套接字连接功能。

**3. 服务器配置**

服务器一端的应用配置使用了助手类 PacketSinkHelper,具体代码如下:

```
PacketSinkHelper sink ("ns3::TcpSocketFactory",
        InetSocketAddress (Ipv4Address::GetAny (), port));
ApplicationContainer sinkApps = sink.Install (nodes.Get (1));
sinkApps.Start (Seconds (0.0));
sinkApps.Stop (Seconds (10.0));
```

从以上配置可见,第 1 号节点安装了服务器,服务接收 1 号节点所有网络接口的连接请求。仿真时间为 0 s 时,开启服务器的套接字监听功能。

**4. 分组跟踪配置**

范例的可变运行参数包括客户机发送的数据长度和分组跟踪启停指示,具体代码如下:

```
bool tracing = false;
uint32_t maxBytes = 0;

CommandLine cmd;
cmd.AddValue ("tracing", "Flag to enable ...", tracing);
cmd.AddValue ("maxBytes",
            "Total number of bytes...", maxBytes);
cmd.Parse (argc, argv);
```

分组跟踪的代码如下:

```
if (tracing){
    AsciiTraceHelper ascii;
    pointToPoint.EnableAsciiAll (\
            ascii.CreateFileStream ("tcp-bulk-send.tr"));
    pointToPoint.EnablePcapAll ("tcp-bulk-send", false);
}
```

仿真分组的收发以两种格式保存,文本格式的文件名为 tcp-bulk-send. tr,PCAP 格式的文件名为 tcp-bulk-send. pcap。

**5. 套接字启用的跟踪**

范例执行可见数据发送数量的提示,运行参数设置"--tracing＝true"时,从分组跟踪文件可见分组收发的时序和内容。

对套接字跟踪,需要在程序开始部分启用日志跟踪,添加以下代码:

```
LogComponentEnable ("TcpSocketBase", LOG_LEVEL_LOGIC);
```

同时为减少分组发送量,运行参数配置"--maxBytes＝128",以方便在命令行下观测。图 4.11 给出运行结果的截图。

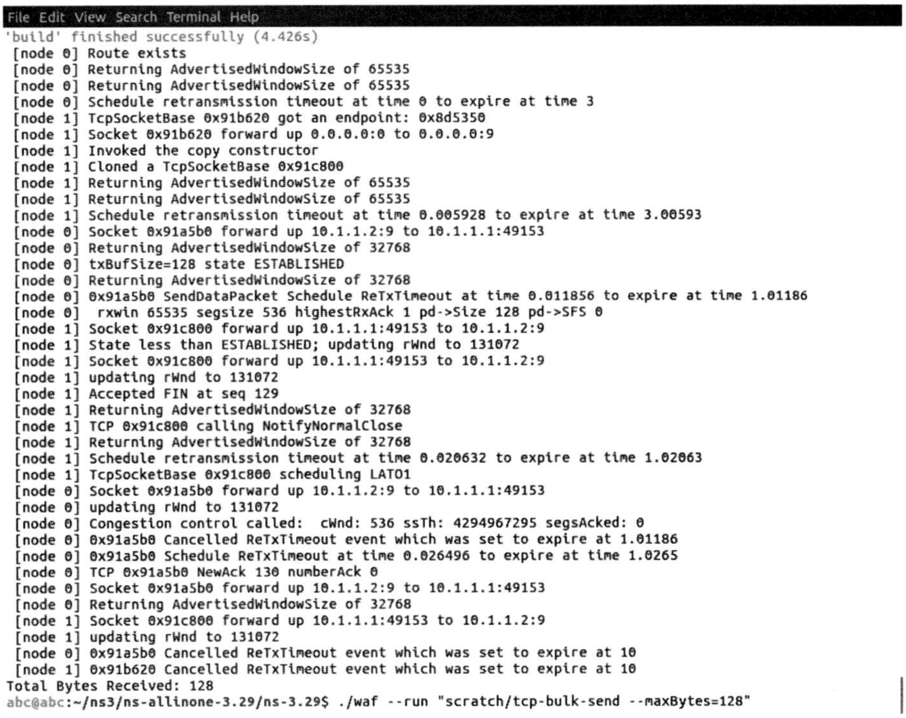

```
File Edit View Search Terminal Help
'build' finished successfully (4.426s)
[node 0] Route exists
[node 0] Returning AdvertisedWindowSize of 65535
[node 0] Returning AdvertisedWindowSize of 65535
[node 0] Schedule retransmission timeout at time 0 to expire at time 3
[node 1] TcpSocketBase 0x91b620 got an endpoint: 0x8d5350
[node 1] Socket 0x91b620 forward up 0.0.0.0:0 to 0.0.0.0:9
[node 1] Invoked the copy constructor
[node 1] Cloned a TcpSocketBase 0x91c800
[node 1] Returning AdvertisedWindowSize of 65535
[node 1] Returning AdvertisedWindowSize of 65535
[node 1] Schedule retransmission timeout at time 0.005928 to expire at time 3.00593
[node 0] Socket 0x91a5b0 forward up 10.1.2:9 to 10.1.1.1:49153
[node 0] Returning AdvertisedWindowSize of 32768
[node 0] txBufSize=128 state ESTABLISHED
[node 0] Returning AdvertisedWindowSize of 32768
[node 0] 0x91a5b0 SendDataPacket Schedule ReTxTimeout at time 0.011856 to expire at time 1.01186
[node 1]  rxwin 65535 segsize 536 highestRxAck 1 pd->Size 128 pd->SFS 0
[node 1] Socket 0x91c800 forward up 10.1.1.1:49153 to 10.1.1.2:9
[node 1] State less than ESTABLISHED; updating rWnd to 131072
[node 1] Socket 0x91c800 forward up 10.1.1.1:49153 to 10.1.1.2:9
[node 1] updating rWnd to 131072
[node 1] Accepted FIN at seq 129
[node 1] Returning AdvertisedWindowSize of 32768
[node 1] TCP 0x91c800 calling NotifyNormalClose
[node 1] Returning AdvertisedWindowSize of 32768
[node 1] Schedule retransmission timeout at time 0.020632 to expire at time 1.02063
[node 1] TcpSocketBase 0x91c800 scheduling LATO1
[node 0] Socket 0x91a5b0 forward up 10.1.1.2:9 to 10.1.1.1:49153
[node 0] updating rWnd to 131072
[node 0] Congestion control called:  cWnd: 536 ssTh: 4294967295 segsAcked: 0
[node 0] 0x91a5b0 Cancelled ReTxTimeout event which was set to expire at 1.01186
[node 0] 0x91a5b0 Schedule ReTxTimeout at time 0.026496 to expire at time 1.0265
[node 0] TCP 0x91a5b0 NewAck 130 numberAck 0
[node 0] Socket 0x91a5b0 forward up 10.1.1.2:9 to 10.1.1.1:49153
[node 0] Returning AdvertisedWindowSize of 32768
[node 0] Socket 0x91c800 forward up 10.1.1.1:49153 to 10.1.1.2:9
[node 1] updating rWnd to 131072
[node 1] 0x91a5b0 Cancelled ReTxTimeout event which was set to expire at 10
[node 1] 0x91b620 Cancelled ReTxTimeout event which was set to expire at 10
Total Bytes Received: 128
abc@abc:~/ns3/ns-allinone-3.29/ns-3.29$ ./waf --run "scratch/tcp-bulk-send --maxBytes=128"
```

图 4.11　TCP 套接字日志跟踪的截图

# 4.4　TCP 传输的仿真分析

## 4.4.1　连接建立过程

范例～/examples/tcp/tcp-bulk-send.cc 的仿真,其分组跟踪包含 TCP 分组的收发时序,可用于分析 TCP 传输过程。

**1. 客户机 SYN 分组发送**

跟踪文件 tcp-bulk-send.tr 记录的第 1 个事件,内容如下:

```
+ 0 /NodeList/0/DeviceList/0/ $ ns3::PointToPointNetDevice/TxQueue/Enqueue
  ns3::PppHeader (Point-to-Point Protocol:IP (0x0021))
  ns3::Ipv4Header (tos 0x0 DSCP Default ECN Not-ECT
                 ttl 64 id 0 protocol 6 offset (bytes) 0 flags [none]
                 length:56 10.1.1.1 > 10.1.1.2)
  ns3::TcpHeader (49153 > 9 [SYN] Seq = 0 Ack = 0 Win = 65535
  ns3::TcpOptionTS(0;0)
  ns3::TcpOptionWinScale(2)
  ns3::TcpOptionSackPermitted([sack_perm]) ns3::TcpOptionEnd(EOL))
```

其中,NodeList/0/ DeviceList/0/表示第 0 号节点,即安装了 BulkSenderApplication 的客户机节点。

从跟踪分组可见,TcpHeader 显示:

(1) 源端口为 49 153,目标端口为 9,SYN 字段置位,对应于 SYN 分组;

(2) 发送序号 Seq＝0,应答序号 Ack＝0,通告窗口 Win＝65 535。

**2. 服务器 SYN 响应**

跟踪文件 tcp-bulk-send.tr 记录的第 4 个事件,内容如下:

```
+ 0.005928 /NodeList/1/DeviceList/0/ $ ns3::PointToPointNetDevice/TxQueue/Enqueue
ns3::PppHeader (Point-to-Point Protocol：IP (0x0021))
ns3::Ipv4Header ( … )
ns3::TcpHeader (9 > 49153 [SYN|ACK] Seq = 0 Ack = 1 Win = 65535
ns3::TcpOptionTS(5；0)
ns3::TcpOptionWinScale(2)
ns3::TcpOptionSackPermitted([sack_perm]) ns3::TcpOptionEnd(EOL))
```

其中,( … )部分省略了 IPv4 头部内容,NodeList/1/ DeviceList/0/表示第 1 号节点,即安装了 PacketSink 的服务器节点。

从跟踪分组可见,TcpHeader 显示:

(1) 源端口为 9,目标端口为 49 153,SYN 和 ACK 置位对应于 SYN＋ACK 分组;

(2) 发送序号 Seq＝0,应答序号 Ack＝1,通告窗口 Win＝65 535。

**3. 客户机的第三步握手**

跟踪文件 tcp-bulk-send.tr 记录的第 4 个事件,内容如下:

```
+ 0.011856 /NodeList/0/DeviceList/0/ $ ns3::PointToPointNetDevice/TxQueue/Enqueue
ns3::PppHeader (Point-to-Point Protocol：IP (0x0021))
ns3::Ipv4Header ( … )
ns3::TcpHeader (49153 > 9 [ACK] Seq = 1 Ack = 1 Win = 32768
ns3::TcpOptionTS(11；5)
ns3::TcpOptionEnd(EOL))
```

其中,( … )部分省略了 IPv4 的头部内容。从跟踪分组可见,TcpHeader 显示:

(1) ACK 置位,对应于 ACK 分组;

(2) 发送序号 Seq＝1,应答序号 Ack＝1,通告窗口 Win＝32 768。

以上过程与图 4.7 描述的 TCP 三步握手是完全吻合的。

## 4.4.2 分组发送过程

**1. 首个数据分组发送**

在设置命令参数"--maxBytes＝5000"的条件下,跟踪文件 tcp-bulk-send.tr 记录的第 9 个事件由客户机发出分组,内容如下:

```
+ 0.011856 /NodeList/0/DeviceList/0/ $ ns3∷PointToPointNetDevice/TxQueue/Enqueue
    ns3∷PppHeader (Point-to-Point Protocol：IP (0x0021))
    ns3∷Ipv4Header ( … )
    ns3∷TcpHeader (49153 > 9 [ACK] Seq = 1 Ack = 1 Win = 32768
    ns3∷TcpOptionTS(11；5)
    ns3∷TcpOptionEnd(EOL))
    Payload (size = 512) Payload Fragment [0：24]
```

其中,TCP 开销头的 ACK 置位是握手第三步,同时发送了第一个数据分组,所以 Seq=1。分组的净荷长为 512 B,叠加 24 B 的 Fragment 后数据部分长为 536 B。

### 2. 首个数据分组的确认

跟踪文件 tcp-bulk-send.tr 记录的第 13 个事件,由服务器发出的确认,内容如下:

```
+ 0.02716 /NodeList/1/DeviceList/0/ $ ns3∷PointToPointNetDevice/TxQueue/Enqueue
    ns3∷PppHeader (Point-to-Point Protocol：IP (0x0021))
    ns3∷Ipv4Header ( … )
    ns3∷TcpHeader (9 > 49153 [ACK] Seq = 1 Ack = 537 Win = 32768
    ns3∷TcpOptionTS(27；11) ns3∷TcpOptionEnd(EOL))
```

其中,由于接收到的分组数据长为 536 B,所以 Ack=537。

### 3. 二个数据分组连发

客户机在接收第一个应答分组后,连续发送了 2 个分组,对应于第 16 和第 18 个事件,具体内容如下:

```
+ 0.033024 /NodeList/0/DeviceList/0/ $ ns3∷PointToPointNetDevice/TxQueue/Enqueue
    ns3∷PppHeader (Point-to-Point Protocol：IP (0x0021))
    ns3∷Ipv4Header ( … )
    ns3∷TcpHeader (49153 > 9 [ACK] Seq = 537 Ack = 1 Win = 32768
    ns3∷TcpOptionTS(33；27)
    ns3∷TcpOptionEnd(EOL))
    Payload Fragment [24：512] Payload Fragment [0：48]

+ 0.033024 /NodeList/0/DeviceList/0/ $ ns3∷PointToPointNetDevice/TxQueue/Enqueue
    ns3∷PppHeader (Point-to-Point Protocol：IP (0x0021))
    ns3∷Ipv4Header ( … )
    ns3∷TcpHeader (49153 > 9 [ACK] Seq = 1073 Ack = 1 Win = 32768
    ns3∷TcpOptionTS(33；27)
    ns3∷TcpOptionEnd(EOL))
    Payload Fragment [48：512] Payload Fragment [0：72]
```

其中,发送数据序号分别 537 和 1 073。

### 4. 延时确认

服务器在收到 2 个分组后,一并进行了确认,记录在第 22 个事件,具体内容如下:

```
+ 0.056904 /NodeList/1/DeviceList/0/ $ ns3::PointToPointNetDevice/TxQueue/Enqueue
    ns3::PppHeader (Point-to-Point Protocol：IP (0x0021))
    ns3::Ipv4Header (…)
    ns3::TcpHeader (9 > 49153 [ACK] Seq = 1 Ack = 1609 Win = 32768
    ns3::TcpOptionTS(56;33)
    ns3::TcpOptionEnd(EOL))
```

其中,Ack=1 609 表示连续确认了 2 个分组。

以上分组发送的交互过程,持续不断直到 5 000 B 的数据发送完成。

## 4.4.3 连接撤除过程

### 1. 客户机 FIN 发送

在设置命令参数"--maxBytes = 128"的条件下,跟踪文件 tcp-bulk-send. tr 记录的第 9 个事件,内容如下:

```
+ 0.011856 /NodeList/0/DeviceList/0/ $ ns3::PointToPointNetDevice/TxQueue/Enqueue
    ns3::PppHeader (Point-to-Point Protocol：IP (0x0021))
    ns3::Ipv4Header (…)
    ns3::TcpHeader (49153 > 9 [FIN|ACK] Seq = 1 Ack = 1 Win = 32768
    ns3::TcpOptionTS(11;5)
    ns3::TcpOptionEnd(EOL)) Payload (size = 128)
```

其中,TCP 开销头的 FIN 置位为 FIN 分组,表示四步挥手的第一步。由于此前未收到任何服务器端的数据,所以 Ack=1。而该分组同时在发送数据,所以 Seq=1。

### 2. 服务器 FIN 发送

跟踪文件 tcp-bulk-send. tr 记录的第 15 个事件,内容如下:

```
+ 0.020632 /NodeList/1/DeviceList/0/ $ ns3::PointToPointNetDevice/TxQueue/Enqueue
    ns3::PppHeader (Point-to-Point Protocol：IP (0x0021))
    ns3::Ipv4Header (…)
    ns3::TcpHeader (9 > 49153 [FIN|ACK] Seq = 1 Ack = 130 Win = 32768
    ns3::TcpOptionTS(20;11)
    ns3::TcpOptionEnd(EOL))
```

其中,TCP 开销头的 FIN 和 ACK 置位为 FIN 分组,表示四步挥手的第三步,同时对收到的客户机数据进行确认,所以 Ack=130。

### 3. 连接终止的相互确认

跟踪文件 tcp-bulk-send. tr 记录的第 13 个事件,内容如下:

```
+ 0.020632 /NodeList/1/DeviceList/0/ $ ns3::PointToPointNetDevice/TxQueue/Enqueue
    ns3::PppHeader (Point-to-Point Protocol：IP (0x0021))
    ns3::Ipv4Header (…)
    ns3::TcpHeader (9 > 49153 [ACK] Seq = 1 Ack = 130 Win = 32768
    ns3::TcpOptionTS(20;11)
    ns3::TcpOptionEnd(EOL))
```

和第 19 个事件，内容如下：

```
+ 0.02736 /NodeList/0/DeviceList/0/ $ ns3∷PointToPointNetDevice/TxQueue/Enqueue
  ns3∷PppHeader (Point-to-Point Protocol：IP (0x0021))
  ns3∷Ipv4Header (…)
  ns3∷TcpHeader (49153 > 9 [ACK] Seq = 130 Ack = 2 Win = 32768
  ns3∷TcpOptionTS(27;20)
  ns3∷TcpOptionEnd(EOL))
```

分别是服务器向客户机、客户机向服务器所发出的 FIN 的确认，对应于四步挥手的第二步和第四步。

# 第5章 拥塞控制仿真

## 5.1 拥塞控制方法

### 5.1.1 网络拥塞判定

在实际中,吞吐量和传送延时随流入负载的变化关系,通常用于判定网络拥塞的发生及严重程度,如图 5.1 所示。

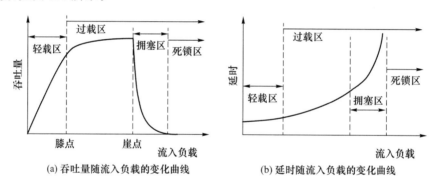

(a) 吞吐量随流入负载的变化曲线   (b) 延时随流入负载的变化曲线

图 5.1　网络拥塞的阶段示意

图 5.1 中,吞吐量随流入负载的变化具有 4 个阶段。在负载值低小的轻载区,吞吐量与负载的关系基本上是线性的;在负载超过设计指标的过载区,吞吐量变化曲线呈现饱和趋势;在严重过载的拥塞区,吞吐量随负载的增大而急剧减小;在严重拥塞的死锁区,所有负载均得不到响应,吞吐量归零。相应的,网络传送延时在这 4 个阶段同时表现出不同的变化特性,在拥塞区趋向无穷大。

网络过载之前,吞吐量随负载的变化是可逆的。拥塞发生时,负载减小并不能即刻解除拥塞,反映在吞吐量的不可逆变化上。为此,需要在网络过载时引入拥塞控制。对应到图 5.1,可在负载超过曲线的膝点时采取相对温和的措施,在接近崖点时采取较为激进的调控手段。

### 5.1.2 TCP 拥塞控制

#### 1. 拥塞窗口与慢启动

如第 4 章所述,TCP 采用滑窗方法完成流量控制功能,其中发送端的最大分组发送量受限于窗口值,它是接收端在三步握手的连接过程告知,并可在后续交互过程中动态更新的,因此称为通告窗口(AWND)。AWND 反映的是接收端的最大接收能力,不代表网络传送能接收的容量。为此,TCP 定义了一个拥塞窗口(CWND),规定发送端在未得到对端确认的情况下,累积发送的数据总量必须同时小于 AWND 和 CWND 的值。

慢启动(SS, Slow Start)采用一种试探增大 CWDN 的控制。初始发送时,CWND 置为 1 个 MSS,发送端最多可发送 MSS 长度的数据。此后,每收到一个接收端的 TCP 确认分组,发送端就将 CWND 增大 1 个 MSS。此控制称为加性增长。慢启动的控过程如图 5.2 所示。

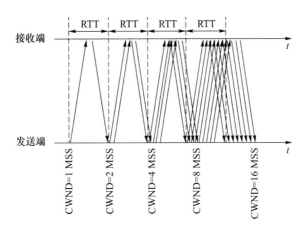

图 5.2　TCP 慢启动过程示意图

图 5.2 中,假设 MSS=1 460 B,TCP 上层协议有持续不断的数据等待发送,所以每次发送的 TCP 段长为 1 460 B。另设 AWND 远大于 CWND。

初始时,CWND=MSS,发送端发送一个分组。再设网络有理想的承载能力,因此,接收端的 TCP 确认分组会在 RTT 时长后被发送端收到,对应的 CWND=2×MSS,发送端再次发送 2 个 TCP 分组。依此类推:2×RTT 时长后,发送端 CWND=4×MSS,可以发送 4 个 TCP 分组;3×RTT 时长后,CWND=8×MSS;$n$×RTT 时长后,CWND=$2^n$×MSS。所以,慢启动控制的负载增长速度是与其名并不吻合的指数级。

**2. 慢启动阈值与拥塞避免**

由于 TCP 慢启动的负载增长非常快,极易超出网络瓶颈链路的承载能力,导致拥塞发生,产生排队缓存溢出和分组丢失。对于网络中丢失的 TCP 分组,接收端不会给出任何确认。为此,在发送端设置一个超时重传(RTO)定时器,用于启动重发控制。此种场景下,拥塞是因为发送端 CWND 过大,所以,RTO 触发重传的同时,将 CWND 减为 1,可避免拥塞持续发生。

慢启动阈值(ssthresh,Slow Start Threshold)的作用是为了避免拥塞的再次发生。这是因为,虽然拥塞发生后 CWND 减为 1,但后继的慢启动仍然会很快引发再次拥塞。所以,拥塞发生时,将 ssthresh 设置为当时 CWND 值的一半,对应于后继慢启动的结束条件,进入拥塞避免(CA,Congestion Avoidance)控制。具体逻辑为:

(1) CWND< ssthresh 时,沿用慢启动控制;

(2) CWND ≥ssthresh 时,每收到一次 TCP 确认,CWND 增大 $MSS^2$/CWND。

举例说来,如果 CWND=32 时发生拥塞及 RTO 事件,ssthresh $=16\times$MSS,CWND= MSS。经 $4\times$RTT 时长后,CWND$=16\times$MSS。其后,再经一个 RTT 时长后,CWND $=$ $[16+(1/16)]$MSS,而不是 32 个 MSS。拥塞发生后约 16 个 RTT,CWND $=17\times$MSS;约 256 个 RTT 后,CWND 才会再次增长到 $32\times$MSS。

### 3. 拥塞判定与快速恢复

基于 RTO 定时触发事件来判定拥塞,其时效性相对较低。这有两个原因:其一,RTO 取值不能小于 RTT,拥塞发生至判定的延后时长最差为 RTT;其二,拥塞不严重的初期,发送端连续发出的一批分组部分可得到传送和确认,从而阻止了 RTO 的定时触发。为此,可依失序确认来判定拥塞,提高时效性。

在 TCP 流量控制过程中,发送端按序发送分组,接收端按序回应确认。标准规定,确认序号的取值为等待接收的下一分组序号。在 TCP 差错控制过程中,如果因为传输误码而被拒收,则接收端的确认分组使用已发送的相同序号,要求发送端重发。如果某一分组在网络传送过程中被丢失,接收端收到了后发分组,出现失序现象,接收端也会反馈同样的重发请求。如果网络传送中发生了 2 个以上的连续性分组丢失,接收端会反馈 3 次及以上具有相同序号的 ACK。所以,可从 3 次重复确认事件中判定连续分组丢失,即拥塞发生的条件。

基于重复确认事件来判定拥塞,时效性得到提高,但存在误判的可能性。假设发送端连续发送了 2 个分组,前 1 个因为传输误码被拒收并产生 2 次重复确认,其后的第 2 分组因失序引发第 3 次重复确认,在这一过程中,网络并未发生拥塞。为此,TCP 引入快速恢复控制,避免或减轻拥塞误判造成负载的不当减小。

快速恢复(FR,Fast Recovery)控制,即在发生 3 次重复确认时,将 ssthresh 减半,CWN 值保持不变,直接进入 CA。如果其后发生 RTO,则再启动 SS 控制。

### 4. 显式拥塞通告

由 TCP 发送端判定网络拥塞,是一种隐式推算方法。显示拥塞通告,则由拥塞发生地的路由器来触发通告,其准确性和时效性无疑是最佳方案。为此,路由器在拥塞发生时,在发送给业务流接收端分组的 IP 头部中,启用早期预留的 2 个比特位(ECN,Explicit Congestion Notification)来明确通告。接收端依据 IP 头部的 ECN,在其反馈给发送端的 TCP 确认分组中,启用早期预留的 1 个比特标志位(ECE,ECN Echo),明确要求发送端启动拥塞控制。

发送端在收到 ECE 后,采用拥塞避免控制,启用早期 TCP 预留的 1 个比特标志位 CWR(Congestion Window Reduced),通告接收端停止发送 ECE,以避免重复的拥塞通告。

显示拥塞通告需要路由器修改用户分组的 IP 头部,接收端的 TCP 协议实体解析 IP 头部的 ECN。此外,TCP 协调实体要为 ECE 和 CWR 设立相应的状态控制。这些功能需求,无疑将增加系统实现的复杂度。

## 5.1.3 主动队列管理

### 1. 拥塞提前检测与分组标记

上节讨论的显示拥塞通告要求网络中间路由器对传送分组进行标记,条件是拥塞发生或即将发生,与早期路由器只进行分组转发的功能相比,具有一定的主动性。提前随机检测

(RED)是较早得到应用的一种主动队列管理(AQM)手段,它依据队列缓存的统计长度,对新到分组进行选择性标记或丢弃。

　　RED 是一种入队调度措施,所谓提前是相比于尾部丢弃(DropTail)而言的。DropTail 在队列缓存溢出时将后续分组全部丢弃。RED 则在队列缓存将满未满之时,随机选择部分后续分组进行丢弃。提前丢弃对部分 TCP 业务流起到降速作用,有利于减小过载程序,避免严重拥塞的发生。

　　RED 还能有效地解除多条业务流之间 TCP 拥塞窗口增减的同步,提高网络运行的平稳性。

　　考虑到不同类型业务的差异化服务需求和业务流占用资源的比例不同,在 RED 基础上,引入分类的选择丢弃权重,形成 WRED。此外,IETF 还开展了 PIE(Proportional Intergral Controller Enhanced)和 CoDel(Controlled Delay)等一系列 AQM 手段的规范化。NS-3.29 仅支持 RED、PIE 和 CoDel 的仿真。

### 2. 队列长度平滑统计

　　RED 的提前标注或提前丢弃措施,依据的是队列缓存的分组数量。由于缓存分组数的时间变化具有突发特性,不利于 RED 平衡操作,因此要对队列长度进行统计平均。设队列长度为 $q_{sample}(t_n)$,平均队长为 $q_{avg}(t_n)$,则相互关系为:

$$q_{avg}(t_n) = (1-w)q_{avg}(t_{n-1}) + wq_{sample}(t_n) \tag{5.1}$$

其中,参数 $w$ 为加权因子,反映当前队列长度的记入比例,取值在 $0\sim1$ 之间。式(5.1)针对周期性定时计算。如果 $q_{sample}(t_n)$ 为 0,即未进行采样,则有:

$$q_{avg}(t_{n+1}) = (1-w)^2 Q_{avg}(t_{n-2}) + wq_{sample}(t_{n+1}) \tag{5.2}$$

更一般的,如果 $m$ 周期均未采样计算,则有:

$$q_{avg}(t_n) = (1-w)^m q_{avg}(t_{n-m}) + wq_{sample}(t_n) \tag{5.3}$$

　　实际中,采样时间取决于新分组的到达时间,两个相继到达分组之间的时间记为 $t_{idle}$,其间可视作有 $m$ 个分组到达并因队列空闲而离去,

$$m = ct_{idle} \tag{5.4}$$

其中,$c$ 为队列的离去速率,或发送链路的带宽,即单位时间内最大发送分组数。

### 3. 随机丢弃概率

　　根据第 5.1.1 小节所述经验规律可知,拥塞始于过负载,在崖点进入严重拥塞。相应地,可以设置 2 个平均队长阈值,$q_{min}$ 和 $q_{max}$,分阶段采取不同的分组丢弃概率。RED 给出的办法可表示为 3 段函数:

$$\begin{cases} 0, & q_{avg} \leqslant q_{min} \\ p(q_{avg}) = (q_{avg} - q_{min})p_{max}/(q_{max} - q_{min}), & q_{min} < q_{avg} < q_{max} \\ 1, & q_{avg} \geqslant q_{max} \end{cases} \tag{5.5}$$

　　图 5.3 描述了丢弃概率 $p$ 随 $q_{avg}$ 的变化关系。

　　需要注意的是,$q_{min}$ 和 $q_{max}$ 的具体取值对网络性能的影响十分显著,它们可以固定设置,也可以依据业务流的大小自适应调整,因此成为算法研究的重要对象。事实上,在 NS-3 早期版本的设计开发中有一项重要任务,就是对 RED

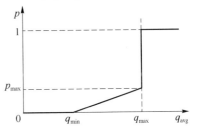

图 5.3　RED 随机丢弃概率随平均队长的变化关系

算法的有效性开展仿真分析。

# 5.2 TCP 拥塞控制的仿真

## 5.2.1 TCP 仿真对象类

### 1. IP 仿真类结构

在互联网协议簇中,IP 层位于第 3 层,相应地定义了 Ipv4L3protocol,它派生于纯属虚类 Ipv4,主要功能是向上层协议提供传送服务,向邻接节点提供路由服务,向下关联节点的网络接口,向应用提供直通套接口的终结。图 5.4 描述了 IP 仿真类与 TCP 仿真类的关系。

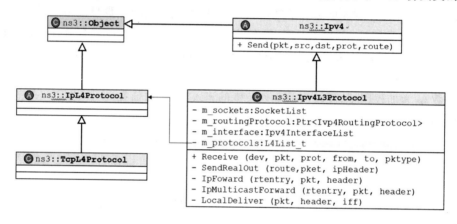

图 5.4 NS-3 的 TCP 与 IP 仿真类及相互关系

图 5.4 中,IP 仿真对象类 Ipv4L3Protocol 重载了父类 Ipv4 的成员函数 Send(),作用是为上层协议提供分组发送。回调函数 Receive()注册到网络接口设备,功能是收取来自网络的分组,并依分组类型和目标地址,或者选择调用 IpForward()模拟路由转发,或者调用 IpMulticastFoward()模拟广播转发,或者调用 LocalDeliver()交由所属节点内上层协议实体处理。

在 NS-3 中,IP 仿真的上层协议实体记录在链表 m_protocols 中,可以包括 Icmpv4L4Protocol、UdpL4Protocol 和 dsr::DsrRouting 对象实例,它们与 TcpL4Protocol 一样,均由纯虚类 IpL4Protocol 派生。

### 2. TCP 仿真类结构

TCP 协议实体的仿真类 ns3::TcpL4Protocol 主要完成 TCP 与 IP 之间的分组收发,而传输控制则主要由对象类 ns3::TcpSocketBase 仿真。后者的创建由前者的成员函数 CreateSocket()完成,如图 5.5 所示。

图 5.5 中,对象类 TcpSocketFactoryImpl 向应用程序提供了套接口创建功能,其成员函数 CreateSocket()依赖 TcpL4Protocol。TcpL4Protocol 的变量成员 m_congestionTypeId 和 m_recoveryTypeId 以对象类标识类型记录了待创建 TCP 的拥塞控制仿真类和快速恢复仿真类。

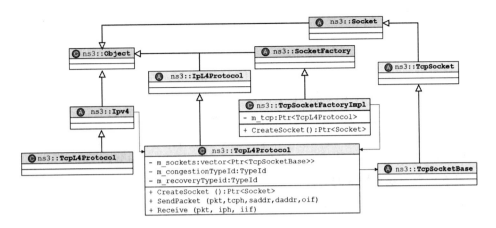

图 5.5　NS-3 的 TCP 仿真类及相关对象类

### 3. 传输控制块仿真

NS-3 对象类 ns3∷TcpSocketState 定义了 4 个与拥塞控制相关的变量成员：

- TracedValue＜uint32_t＞m_cWnd;　　　　　　　　//拥塞窗口
- TracedValue＜uint32_t＞m_ssThresh;　　　　　//慢启阈值
- uint32_t　　　　　m_initialCWnd;　　　　　//拥塞窗口初始值
- uint32_t　　　　　m_initialSsThresh;　　　//慢启阈值初始值

其中,m_cWnd 和 m_ssThresh 是动态变化的,可在仿真中跟踪记录。

对象类 ns3∷TcpSocketBase 定义了类型为 TcpSocketState 的变量成员 m_tcb,以及控制其 m_cWnd 具体值的两个对象类成员：

- Ptr＜TcpSocketState＞　　　m_tcb;
- Ptr＜TcpCongestionOps＞　　　m_congestionControl;
- Ptr＜TcpRecoveryOps＞　　　m_recoveryOps;

其中,变量成员 m_congestionControl 和 m_recoveryOps 的具体类型由对象类 TcpL4Protocol 的属性"SocketType"和"RecoverType"配置,缺省为 TcpNewReno 和 TcpClassicRecovery,它们分别是 TcpCongestionOps 和 TcpRecoveryOps 的派生类。

### 4. 慢启动仿真

对象类 TcpSocketBase 在初始化时,m_tcb-> m_cwnd 置为 0。TCP 三步握手连接的第二、第三步,两端分别向对端发送了 ACK。对应地,成员函数 TcpSocketBase∷ProcessEstablished()通过函数 ReceivedAck()和 ProcessAck()调用了缺省配置的 TcpNewReno∷IncreaseWindow(),作用是为 m_tcb-> m_cwnd 增长一个 MSS。所以,在 TCP 连接建立之时,拥塞窗口设为 1。

当 TcpSocketBase∷Send()被调用要发送数据时,首先判定可用窗口的大小,当其值小于 0 时只将分组缓存,否则以事件回调方式调用 SendPendingData()。而 SendPendingData()构造 TCP 头部的序号和已发送确认的分组数,通过成员函数 SendDataPacket()调用 SendPacket()发出分组。其中,可用窗口大小的计算主要调用了函数 Window(),具体定义为：

```
uint32_t TcpSocketBase::Window (void) const {
    return std::min (m_rWnd.Get (), m_tcb->m_cWnd.Get ());
}
```

它是对端通告窗口(m_rWnd)和本端拥塞窗口(m_tcb-> m_cWnd)的较小者。

当 TcpL4Protocol::Receive()被 IP 层协议实体调用,表明有分组到达时,通过所记录的 EndPoints 查找到相应的 TcpSocketBase,经后者的成员函数 FowardUp()、DowFowardUp()、ProcessEstablished()、ReceivedAck()和 ProcessAck()转而调用缺省配置的 TcpNewReno::IncreaseWindow(),将拥塞窗口增加 1 个 MSS,仿真加性增长的控制过程。

**5. 拥塞避免与快速恢复的仿真**

对象类 TcpSocketBase 在调用 TcpL4Protocol::SendPacket()发出分组的同时,安排了一个超时重传定时事件,记录在变量成员 m_retxEvent 中,对应的事件处理函数为 ReTxTimeout(),部分代码如下:

```
void TcpSocketBase::ReTxTimeout () {
    ...
    if (m_tcb->m_congState ! = TcpSocketState::CA_LOSS\
          || ! m_txBuffer-> IsHeadRetransmitted ())  {
        m_tcb-> m_ssThresh = \                      //慢启动阈值减半
                m_congestionControl-> GetSsThresh (\
                        m_tcb, inFlightBeforeRto);
    }
    ...
    m_tcb-> m_cWnd = m_tcb-> m_segmentSize; //拥塞窗置为 1 MSS
    ...
    m_tcb-> m_congState = TcpSocketState::CA_LOSS;
    ...
}
```

其中,枚举值 TcpSocketState :: CA_LOSS 表示拥塞状态,拥塞控制类的成员函数 GetSsThresh()在 2×MSS 和已发数据之间择其小者,变量 inFlightBeforeRto 记录了这些已发数据。

对象类 TcpSocketBase 在调用 ProcessAck()处理来自对端的 ACK 时,如果检查应答序号等于前驱 ACK 序号则调用成员函数 DupAck(),对变量成员 m_dupAckCount 累加,并依此调用成员函数 EnterRecovery (),部分代码如下:

```
void TcpSocketBase::EnterRecovery () {
    ...
    m_tcb-> m_congState = TcpSocketState::CA_RECOVERY;
    m_tcb-> m_ssThresh = \                      //慢启动阈值减半
       m_congestionControl-> GetSsThresh (\
         m_tcb, bytesInFlight);
```

```
    m_recoveryOps->EnterRecovery(m_tcb,...); //拥塞窗口处理
    ...
    DoRetransmit ();
}
```

其中,枚举值 TcpSocketState::CA_RECOVERY 表示拥塞的快速恢复状态,快速恢复类的成员函数 EnterRecovery()则将拥塞窗口置为当前慢启动阈值。

## 5.2.2 控制参数与配置

### 1. TCP 套接口类属性的配置

第 4 章表 4.2 罗列了类 TcpSocket 的可配置属性,也被派生类 TcpSocketBase 继承。仿真程序有 3 种方法可对这些属性缺省值进行修改。第 1 种方法使是用 Config 对象类的静态函数 SetDefault(),示例如下:

```
Config::SetDefault("ns3::TcpSocket::DelAckCount",\
                   UintegerValue (1));
```

其中,属性 DelAckCount 的作用是,接收端确认之前可以等待的分组数,缺省为 2。为观察到逐个分组确认的现象,可将该值改为 1。

函数 SetDefault()对所有后继仿真配置全部有效。针对特定对象,可使用第 2 种方法,示例如下:

```
Config::Set( "NodeList/0                        //节点序号
             "/$ns3::TcpL4Protocol"             //TCP 协议实体
             "/SocketList/0"                     //套接口序号
             "/DelAckCount",                     //属性名
             UintegerValue (1));
```

其中,静态函数 Set()的第一个字符串所表示的参数为特定对象实例的聚合路径,可以连续写在一对双引号之内。

需要注意的是,第 1 种方法适用于未实例化的对象,第 2 种方法仅适用于已实例化的对象。

第 3 种方法,可以从特定的应用出发访问对应的套接口实例。比如,对象类 BulkSendApplication 提供的成员函数 GetSocket()返回已开启的套接口,示例代码如下:

```
BulkSendHelper bsh("ns3::TcpSocketFactory");
ApplicationContainer ac = bsh.Install(nodes);
Ptr<Socket> sock = \
    DynamicCast<BulkSendApplication>(ac.Get(0))\
    ->GetSocket();
```

其中,变量 nodes 为节点容器,ac.Get(0)返回第 1 个节点部署的应用,其类型需作转换,以便可以调用派生类的函数 GetSocket()。

同样需要注意的是,第 3 种方法只可在应用启动之后、套接口已创建的条件下使用。所以,上述功能代码通常通过事件回调方式定义在回调函数中。

第 4 章的表 4.3 罗列了类 TcpSocketBase 的可配置属性,可依同样的方法进行配置或修改。比如,属性"Sack"的缺省值为 BooleanValue(true),作用为启用 TCP 的选择性确认机制,为观察逐个分组确认的过程,可进行如下配置:

```
Ptr<Socket> sock = \
        DynamicCast<BulkSendApplication>(ac.Get(0))\
        ->GetSocket();
DynamicCast<TcpSocketBase>(sock)->SetAttribute(\
        "Sack", BooleanValue(false));
```

同样,以上代码应以回调方式安排在应用启动之后调用。

**2. 拥塞控制参数跟踪**

第 4 章的表 4.4 罗列了类 TcpSocketBase 跟踪变量。仿真程序有 2 种方法配置跟踪的回调函数。第 1 种方法用 Config 的静态函数 ConnectWithoutContext(),示例如下:

```
Config::ConnectWithoutContext(\
        "/NodeList/0/"\                              //节点序号
        "$ns3::TcpL4Protocol/SocketList/0/"\        //套接口序号
        "CongestionWindow",\                        //属性名
        MakeCallback(&CwndTracer));                 //回调函数
```

其中,函数指针 CwndTracer 为预定义的回调函数的名称,该函数格式为:

```
void CwndTracer(uint32_t oldval, uint32_t newval);
```

其中,oldval 和 newval 分别为拥塞窗口变化时前后两个值,由 TcpSocketBase 实例仿真计算时传递。

函数 CwndTracer 的具体功能由仿真程序定义,通常可向 CLI 回显,或者输出到指定的文件,以便汇总统计。

与 CongestionWindow 相似的跟踪源还包括 SlowStartThreshold,用于跟踪慢启动阈值,回调函数有 2 个 uint32_t 类型的形参。

跟踪源 Tx 和 Rx 提供分组 TCP 发送和接收的跟踪,相应的回调函数有 3 个形参,包括分组 Packet 指针、TCP 头部 TcpHeader 实例和套接口 TcpSocketBase 的指针。如果仿真程序需要跟踪发送分组 TCP 序号,可在跟踪函数中加入以下代码:

```
SequenceNumber32 seq = tcph.GetSequenceNumber();
```

其中,tcph 为回调函数形参 TcpHeader 实例的变量名。

跟踪源 State 提供了 TCP 状态的跟踪,回调函数的唯一形参的类型为 TcpStates_t,它是定义在 TcpSocket 之内的枚举类型,具体取值及含义参见第 4.2.4 小节。

跟踪源 CongState 提供了 TCP 拥塞状态的跟踪,回调函数的 2 个形参的类型为 TcpCongStates_t,定义在 TcpSocketBase 之内的枚举类型具体取值包括:

(1) CA_OPEN,无拥塞状态;

(2) CA_DISORDER,乱序状态;

(3) CA_CWR,针对显示拥塞通告(ECN)的响应状态;

(4) CA_RECOVERY,快速恢复或快速重传状态;

(5) CA_LOSS,发生 RTO 分组丢失的状态;

（6）CA_LAST_STATE,仅用于程序调试。

**3. 拥塞控制算法配置**

NS-3 中,对象类 TcpCongestionOps 是拥塞控制算法仿真的纯虚基类,由 TcpSocektBase 配置和管理。成员函数 SetCongestionAlgorithm()是配置拥塞控制算法的底层函数,它被 TcpL4Protocol∷CreateSocket()调用,后者维护一个名为 m_congestionTypeId 的成员变量,其值为仿真类标识。TcpL4Protocol 的属性"SocketType"用于该配置仿真类标识,缺省取自 TcpNewReno∷GetTypeId()。

表 5.1 给出了 NS-3 支持的拥塞控制算法及仿真类名,调用其 GetTypeId()可以得到相应的类标识。

**表 5.1　NS-3 的 TCP 拥塞仿真类**

| 类名 | 父类 | 说明 |
|------|------|------|
| TcpBic | TcpCongestionOps | 主要采用了二分法拥塞(BIC)窗口计算 |
| TcpNewReno | TcpCongestionOps | 经典的快速恢复算法 |
| TcpHighSpeed | TcpNewReno | 针对高速链路的大窗口算法 |
| TcpHtcp | TcpNewReno | 针对大带宽延时积的算法 |
| TcpHybla | TcpNewReno | 针对长 RTT 的算法 |
| TcpIllinois | TcpNewReno | 综合了窗口增减方向和幅度的算法 |
| TcpLedbat | TcpNewReno | 基于延时探测的 LEDBAT 算法 |
| TcpLp | TcpNewReno | 低优先(LP)算法 |
| TcpScalable | TcpNewReno | 调整 NewReno 窗口增长速度的算法 |
| TcpVegas | TcpNewReno | 基于 RTT 的算法 |
| TcpVeno | TcpNewReno | 解决无线接入网随机丢失的算法 |
| TcpWestwood | TcpNewReno | 加性增长加性减小(AIAD)算法 |
| TcpYeah | TcpNewReno | HighSpeed TCP 的变体算法 |

举例说来,如果启用 Westwood 算法,其代码如下：

```
Config∷SetDefault ("ns3∷TcpL4Protocol∷SocketType",\
        TypeIdValue (TcpWestwood∷GetTypeId ()));
```

## 5.2.3　仿真示例

**1. 慢启动过程仿真**

TCP 连接建立之后进入慢启动控制,发送端拥塞窗口随时间的变化呈现指数增长。仿真程序需要收集拥塞窗口的变化,以及触发该变化原因的分组收发事件。为此,以 NS-3 范例～/example/tcp/tcp-bulk-send.cc 为基础,进行适应性修改。

范例 tcp-bulk-send.cc 仿真了 2 个直连的端节点,直连链路的带宽为 500 kbit/s,传播延时为 5 ms。节点 0 配置 BulkSendApplication 持续不断地发送分组,节点 1 配置 PacketSink 只做确认,仿真时间 0.0 s 启动 TCP 连接,最大段长使用缺省的 535 B。

全部跟踪配置函数 Config∷ConnectWithoutContext()可为跟踪变量注册跟踪回调函

数。而实现 TCP 传输控制的对象类 TcpSocketBase 所定义的跟踪变量包括"Congestion-Window"命名的拥塞窗口、"Tx"命名的分组发送事件和"Rx"命名的分组接收事件。因此，定义如下跟踪注册函数：

```
void ToTrace () {
    std::string  path = "/NodeList/0/" +
                        "$ ns3::TcpL4Protocol/" +
                        "SocketList/0/CongestionWindow";
    Config::ConnectWithoutContext (path,
                        MakeCallback (&CwndTracer));
}
```

其中：函数 CwndTracer 是预先按 TcpSocketBase::m_cWndTrace 的类型要求定义的回调函数；path 是按对象包含关系定义的跟踪源路径。

需要注意的是，跟踪对象类 TcpSocketBase 创建于应用启动阶段，因此以上注册函数只能在仿真启动后调用。为此，安排以下事件：

```
Simulator::Schedule (Seconds(0.0001), &ToTrace);
```

其中，事件时间应晚于应用启动时间，早于 TCP 连接建立完成时间。

此外，为清晰观察 TCP 窗口随 RTT 的变化关系，可将直连链路的传播时间增大到 100 ms。为方便结果的图表绘制，可在跟踪回调函数中，将窗口值输出到外部文件。

图 5.6 是使用 Gnuplot 绘制的拥塞窗口值(矩形符)随时间的增长过程，作为对比，同时标示了发送序号(上三角符)和确认序号(下三角符)。

为方便观察，图 5.6 将 CWND、发送序号(Tx. ed Seqno. )和确认序号(Rx. ed Ackno. )以 MSS 为单位进行变换。

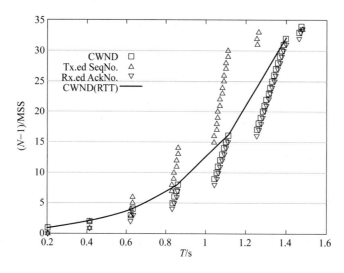

图 5.6　TCP 慢启动的拥塞窗口变化过程

图 5.6 显示的拥塞窗口值的变化存在明显的周期性，间隔时间主要取决于 RTT，约为 200 ms。每个周期内，连续接收到的确认分组数等于前一周期的 CWND 值，因此 CWND 的变化数为前一周期的 CWND 值，而连续发送的分组数正好等于当前周期 CWND 的最

大值。

图中实线为周期末点 CWND 的连线,对应的数值为 1、2、4、8、16、32,具有指数增长特点。

**2. 拥塞避免与快速恢复**

TCP 拥塞的判定条件包括重传超时和 3 次重复确认事件,由于重复确认先于超时,所以拥塞避免主要依赖 3 次重复确认。为此,可对范例 tcp-bulk-send.cc 添加分组丢失的模拟功能,触发 3 次重复确认,观察拥塞避免现象。

NS-3 的直连链路对象关联了 2 个 PointToPointNetDevice 对象实例,对应于节点的网卡。PointToPointNetDevice 的成员函数 Receive()在接收分组时,首先判定是否配置了差错仿真模块,以模拟链路的传输误码。差错仿真的配置函数为:

```
void SetReceiveErrorModel (Ptr < ErrorModel > em);
```
其中,参数 em 为 ErrorModel 派生的实例。因此,在范例 tcp-bulk-send.cc 中需要首先定义一个 ErrorModel 的派生类,然后为接收节点配置分组丢失模块功能。

参考 NS-3 测试用例,定义如下差错仿真对象类:

```
class TcpSeqErrorModel : public ErrorModel {
public:
  static TypeId GetTypeId (void) {              //差错模块的名称
    static TypeId tid = TypeId ("ns3::TcpSeqErrorModel")
                    .SetParent < ErrorModel > ();
    return tid;
  }
  TcpSeqErrorModel () {};

  void AddSeq (const SequenceNumber32 seq) {     //指定 TCP
    m_seqs.insert(m_seqs.end(), seq);
  }

protected:
  std::list < SequenceNumber32 > m_seqs;          //丢失 TCP 序号
  virtual bool DoCorrupt (Ptr < Packet > p) {      //匹配则丢失
    ...
  }
private:
  void DoReset() {
    m_seqs.erase (m_seqs.begin(), m_seqs.end());
  }
};
```

其中,成员函数 DoCorrupt (Ptr < Packet > p)对接收到的分组依次提取分组头,判定 TCP 头的序号,如其匹配变量成员 m_seqs 的元素则返回真(true),则指示对象 PointToPointNetDevice 丢失分组。

范例 tcp-bulk-send.cc 在配置 2 个节点直连链路时，由容器变量 devices 存储了 2 个对应的 PointToPointNetDevice 实例，所以编写如下差错仿真实例：

```
Ptr < TcpSeqErrorModel > tem = \
        CreateObject < TcpSeqErrorModel > ();
tem-> AddSeq (SequenceNumber32 (4289));
devices.Get (1)-> SetAttribute (
        "ReceiveErrorModel", PointerValue (tem));
```

其中：TcpSeqErrorModel 为此前定义的差错仿真类；TCP 发送序号 4 289，对应于拥塞窗口自 1 个 MSS 增大到 8 个 MSS 后计划分组的 TCP 分组；devices. Get (1)取得 TCP 接收节点的对象实例；属性"ReceiveErrorModel"在 PointToPointNetDevice 中预定义。

仿真程序保留本节慢启动示例的其他代码，通过 Gnuplot 绘制拥塞窗口随时间的变化过程，如图 5.7 所示。

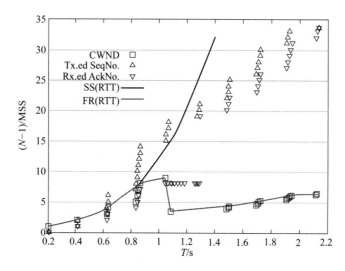

图 5.7　TCP 拥塞避免及快速恢复中的窗口变化

图 5.7 中，在仿真时间 1 s 左右，发生 TCP 分组丢失，引发多次重复确认，拥塞窗口减为 4，后续增长如粗线表示，进入拥塞避免阶段，呈现缓慢的线性趋势。作为对比，图中用细线表示了慢启动过程的窗口增长过程。

在图 5.7 表示的分组丢失响应中，拥塞窗口并未直接减到 1，而是之前窗口值的一半，反映了快速恢复要求完成的控制功能。

### 3. 多流 TCP 拥塞控制的同步性

经由相同瓶颈链路的多条 TCP 连接，在特定条件下，它们的慢启动过程会产生同步现象。具体表现在拥塞窗口在无拥塞时同步增长，拥塞发生后同步减少。针对这一现象，可配置一种哑铃形网络拓扑，将 TCP 连接两端部署在左右两侧的叶节点，在中间路由器配置较小的接收缓存以模拟拥塞条件。

NS-3 在目录～/src/point-to-point-layout 下，定义了点到点链路构造的 3 种常用对象类，包括哑铃形拓扑助手类 PointToPointDumbbellHelper，其构造函数指定左右叶节点数和链路配置助手,以及中间路由器的链路配置助手。

参考 NS-3.29 有关 TCP 算法变体的仿真程序,修改 tcp-bulk-send.cc 的网络拓扑构建代码,如下所示:

```
PointToPointHelper bn;                //瓶颈链路配置助手
bn.SetDeviceAttribute  ("DataRate",\
        StringValue ("50Kbps"));
bn.SetChannelAttribute ("Delay",\
        StringValue ("100ms"));


PointToPointHelper leaf;              //叶节点接入链路
leaf.SetDeviceAttribute  ("DataRate",\
        StringValue ("10Mbps"));
leaf.SetChannelAttribute ("Delay",\
        StringValue ("1ms"));


PointToPointDumbbellHelper d (4, leaf, 4, leaf, bn);
```

其中,对象 bn 和 leaf 分别用于配置哑铃把手对应的中间链路和哑铃头对应的叶节点接入链路,并设置相应的传输带宽和路径传播延时。

最后一行使用的助手类 PointToPointDumbbellHelper 的初始配置参数,前 2 个对应于左侧叶节点,后 2 个对应于右侧叶节点。左叶节点数由成员函数 LeftCount()获取。成员函数 GetLeft(int i)可得到左叶节点。以下代码为叶节点配置协议栈:

```
InternetStackHelper stack;
for (uint32_t i = 0; i < d.LeftCount (); ++i)
    stack.Install (d.GetLeft (i));
for (uint32_t i = 0; i < d.RightCount (); ++i)
    stack.Install (d.GetRight (i));
```

相似地,对中间路由的协议栈安装配置,代码如下:

```
stack.Install (d.GetLeft ());
stack.Install (d.GetRight ());
```

PointToPointDumbbellHelper 的成员函数 AssignIpv4Addresses()为左右侧链路和中间路由链路分配 IPv4 网络地址,示例代码如下:

```
d.AssignIpv4Addresses (\
        Ipv4AddressHelper ("10.1.1.0", "255.255.255.0"),
        Ipv4AddressHelper ("10.2.1.0", "255.255.255.0"),
        Ipv4AddressHelper ("10.3.1.0", "255.255.255.0"));
```

瓶颈链路对应的输入排队由 NS-3 的对象类 TrafficControl 控制,相应的配置助手类为 TrafficControlHelper,示例代码如下:

```
TrafficControlHelper bntch;
bntch.SetRootQueueDisc ("ns3::FifoQueueDisc");
bntch.Install (d.GetLeft ()->GetDevice (0));
QueueDiscContainer q;
q = bntch.Install (d.GetRight ()->GetDevice (0));
```

其中:成员函数 SetRootQueueDisc()设置排队调度器链头的类型;对象类 FiFoQueueDisc 为 FIFO 调度。调度器缓存大小的配置示例代码如下:

```
q.Get(0)->SetMaxSize(QueueSize ("20p"));
```

其中,"20p"表示 10 个分组。

以上示例中,哑铃形拓扑配置了 4 对叶节点,源端持续发送 4 000 个分组,跟踪前 3 对源端 TCP 的 CWND,得到如图 5.8 所示的统计结果。

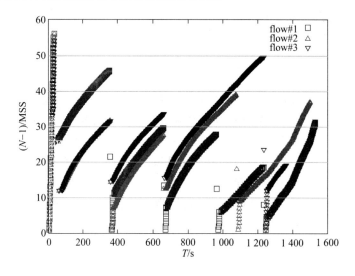

图 5.8　哑铃形拓扑的 TCP 拥塞窗口变化

图 5.8 中,最左侧的 CWND 增长对应于慢启动,后续可见多次拥塞避免及快速恢复的控制过程,存在 CWND 减至 1 的事件,且有多条业务流接近同时启动的拥塞控制操作。全部分组传送完成时间大于 1 500 s。

# 5.3　主动队列管理仿真

## 5.3.1　流量调控对象类

### 1. 类结构与关系

对象类 TrafficControlLayer 派生于 Object,没有后继派生类。图 5.9 描述了该类的派生关系和依赖关系。

TrafficControlLayer 实例聚合在一个 Node 实例中,通过 NetDeviceInfo 集中管理

NetDevice 实例,Ipv4Interface∷Send()将待发送分组封装在 QueueDiscItem 实例中,指示 TrafficControlLayer 向特定 NetDevice 发送分组。

　　成员函数 SetupDevice()为每个 NetDevice 实例创建 NetDeviceInfo,并保存在变量成员 m_netDevices 中。因此,成员函数 Send()就是依据 NetDevice 查找到相应的 NetDeviceInfo,并依预定的排队结构和功能来执行流量调控的。

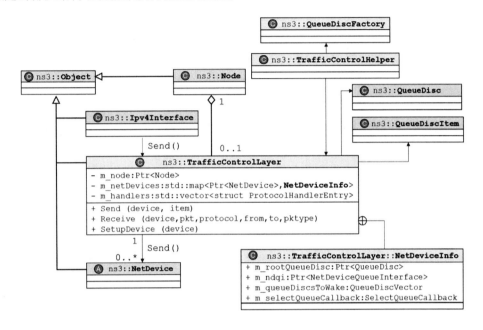

图 5.9　TrafficControlLayer 类结构与关系

**2. 处理功能**

　　对象类 TrafficControlLayer 参考了 Linux 操作系统的流量调控(TC)组件,模拟业务流的过滤与调度功能。在分组收发过程中,TC 位于网络接口与网络设备之间,在发送方向上截获来自网络接口的分组,在接收方向上截获来自网络设备收到的分组。TC 面向服务质量提供流量整形、策略控制和违例丢弃等分组处理。

　　对象类 TrafficControlLayer 的实例化创建由助手类 InternetStackHelper 在向节点安装协议栈时,通过后者的成员函数 CreateAndAggregateObjectFromTypeId()完成,功能是聚合在同一节点之内。助手对象类 Ipv4AddressHelper 在分配地址时,为每个网络设备调用 Ipv4L3Protocol 的成员函数 AddInterface(),配置 TrafficControlLayer 的上下关系。所以,如果仿真程序不使用以上两个助手来配置协议栈和地址,则需参考该流程明确配置。

　　常规配置 IPv{4,6}接口发送分组时,调用了 TrafficControlLayer∷Send(),间接调用 NetDevice∷Send()来发送分组;在接收方向上,接口以回调函数的形式,按以下调用次序处理:

```
NetDevice -> Node -> TrafficControlLayer -> IPv{4,6}L3Protocol
```

**3. 配置助手及示例**

　　对象类 QueueDiscFactory 提供了队列结构的配置接口,是 TrafficControlHelper 配置的基础。图 5.10 描述了 2 种队列配置结构。

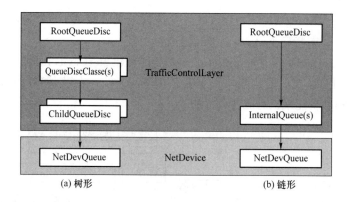

图 5.10　QueueDiscFactory 队列结构的 2 个示例

　　理论上,图 5.10 中的 RootQueueDisc、QueueDiscClasse、ChildQueueDisc 和 InvernalQueue 可以是任意类型的队列对象,但所选对象类有各自的独立逻辑,它们之间的相互关系也有特定约束。图 5.10(a)和(b)是两个可行的配置示例,其图 5.10(a)对应代码如下:

```
TrafficControlHelper tch;
uint32_t handle = tch.SetRootQueueDisc (\
        "ns3::PrioQueueDisc","Priomap", \
        StringValue("0 1 0 1 0 1 0 1 0 1 0 1 0 1 0 1"));
TrafficControlHelper::ClassIdList cid = tch.AddQueueClassDisc(\
                handle, 2, "ns3::QueueDiscClass");
tch.AddChildClassDisc(handle, cid[0], "ns3::FifoQueueDisc");
tch.AddChildClassDisc(handle, cid[1], "ns3::RedQueueDisc");
```

其中:对象类 PrioQueueDisc 实现分组优先级分类;属性"Priomap"的对应参数为分组优先级标记的映射,比如标记址为 0、1、2 的优先级为 0、1、0;对象类 QueueDiscClass 实现分支排队;对象类 FifoQueueDisc 和 RedQueueDisc 分别对应 2 级分支的不同调制规则。这里 RedQeueuDisc 正是下一节讨论的 RED 调度仿真类。图 5.10(b)对应于简单链型排队,示例代码如下:

```
uint32_t handle;
handle = tch.SetRootQueueDisc ("ns3::PfifoFastQueueDisc");
tch.AddInternalQueues(handle, 3, "ns3::DropTailQueue",\
                "MaxSize", StringValue ("1000p"));
```

其中:对象类 PfifoFastQueueDisc 实现分级功能,源码中将分组优先级标记固定映射到 3 个等级;对象类 DropTailQueue 为简单的尾部丢弃调度,而函数 AddInternalQueues()将 3 个尾部丢弃队列分别关联到根队列。

## 5.3.2　RED 对象类

**1. 类结构与关系**

对象类 RedQueueDisc 派生于 QueueDisc,后者为继承于 Object 的纯虚类,它为诸多调度算法仿真类定义了基本功能。图 5.11 给出了主要对象类结构及相互关系。

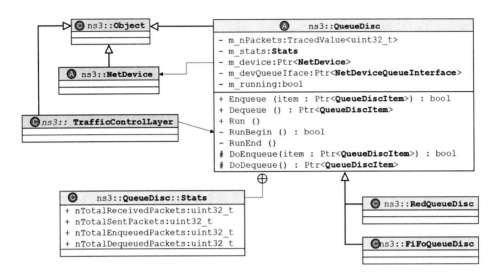

图 5.11　QueueDisc 类结构及相关类

对象类 QueueDisc 的变量成员 m_device 和 m_devQueueIface 定义了关联网卡设备及输出缓存队列，m_stats 的类型为 QueueDisc∷Stats，它记录了一系列统计量，而 m_nPackets 为滞留在队列中的分组数。成员函数 Enqueue() 和 Dequeue() 用于处理分组到达和离去。

QueueDisc 的成员函数 Run()、RunBegin() 和 RunEnd()，与变量成员 m_running 相配合，完成队列缓存分组的离去处理。

如上一小节所述，流量控制对象类 TrafficControlLayer 所定义的成员函数 Send() 被 Ipv4Interface 发送分组时调用，该函数在查到特定 QueueDisc 实例后，首先调用 Enqueue() 将分组存储在队列中，然后调用 Run() 从队列取出分组向网卡设备发送。Run() 的定义如下：

```
void QueueDisc∷Run (void){
    if (RunBegin ())              //如 m_running 为 true 返回 false
    {
        uint32_t quota = m_quota;  //一次发送的分组数
        while (Restart ()) {       //从队列取出分组并发送
            quota - = 1;
            if (quota < = 0)
                break;
        }
        RunEnd ();                 //m_running 置为 false
    }
}
```

其中，函数 RunBegin()针对并发访问冲突，防止重叠的分组离去操作[①]。函数 Restart()的定义如下：

```
bool QueueDisc::Restart (void) {
  Ptr<QueueDiscItem> item = DequeuePacket();
  if (item == 0)
      return false;

  return Transmit (item);
}
```

其中，函数 Transmit()从 item 中恢复出原始的分组，调用网卡设备的成员函数 Send()向信道对象类发送分组。

队列管理规则，或调度算法，主要体现在 Enqueue()和 Dequeue()的具体实现上。为方便统一扩展，定义了相应的 2 个纯虚函数 DoEnqueue()和 DoDequeue()，由派生类定义。

**2. RED 类功能**

对象类 RedQueueDisc 不仅重载了 DoEnqueue()和 DoDequeue()，还针对 RED 算法要求扩展变量成员，包括 26 个用户可控制修改的参数、14 个算法运行过程的状态参数和 3 个附加参数。对照随机丢弃概率，涉及的变量成员有：

```
• double m_minTh;                       // m_qAvg 的下阈值
• double m_maxTh;                       // m_qAvg 上阈值
• double m_qW;                          //队列大小采样的计算权重
• double m_qAvg;                        //平均队列长度
• double m_curMaxP;                     //上阈值对应丢失概率 max_p
• double m_vProb;                       //分组丢失概率
• Ptr<UniformRandomVariable> m_uv;      //随机数生成器
```

在成员函数 DoEnqueue()中判定 m_qAvg，如果小于 m_minTh 则 m_vProb 置为 0，如果大于 2 倍 m_maxTh 则强制丢弃分组，否则调用成员函数 DropEarly()处理，如下所示：

```
uint32_t
RedQueueDisc::DropEarly (Ptr<QueueDiscItem> item, uint32_t qSize)
{
  double prob1 = CalculatePNew();
  m_vProb = ModifyP (prob1, item->GetSize ());
  ...
  double u = m_uv->GetValue ();
  ...
  if (u <= m_vProb)         // DROP or MARK
      return 1; // drop
  return 0; // no drop/mark
}
```

---

[①] 这种队列输出重复操作，对于串行的 DES 可能并无实际作用。

其中,函数 CalculatePNew()按丢弃概率的分段函数计算,函数 ModifyP()针对连续的分组丢失进行微调,m_uv-> GetValue()则生成一致分布随机数以便模拟 RED 的随机性。

在成员函数 DoEnqueue()中,针对队列空的情况记录空闲起始时间,以便对平均队列长度计算进行调整,具体代码的主要功能如下:

```
Ptr<QueueDiscItem> RedQueueDisc::DoDequeue (void) {
    if (GetInternalQueue (0)-> IsEmpty ()) {
        m_idle = 1;
        m_idleTime = Simulator::Now ();
        return 0;
    }
    else {
        m_idle = 0;
        Ptr<QueueDiscItem> item = GetInternalQueue (0)-> Dequeue ();
        return item;
    }
}
```

其中,函数 GetInternalQueue()得到内部缓存队列,在 RedQueueDisc 的初始化时,通过 CheckConfig()配置了一个 DropTailQueue 类型的缺省缓存,对应的队列长度由属性 "MaxSize"配置为 25 个分组。

**3. 属性及统计跟踪**

对象类 QueueDisc 定义的部分属性与跟踪变量如表 5.2 所示,它们可用于 RedQueueDisc 等派生类。对象类 RedQueueDisc 额外定义的部分属性如表 5.3 所示。

表 5.2　对象类 QueueDisc 的部分属性与跟踪变量

| 属性名 | 变量成员 | 类　型 | 说　明 |
|---|---|---|---|
| Quota | m_quota | UintegerValue,缺省为 64 | 同时发送分组数 |
| 跟踪变量名 | 类成员 | 参数类型 | 说　明 |
| Enqueue | m_traceEnqueue | QueueDiscItem::TracedCallback | 分组进队 |
| Dequeue | m_traceDequeue | QueueDiscItem::TracedCallback | 分组出队 |
| Drop | m_traceDrop | QueueDiscItem::TracedCallback | 分组丢弃 |
| PacketsInQueue | m_nPackets | TracedValueCallback::Uint32 | 队列内分组长度 |
| BytesInQueue | m_nBytes | TracedValueCallback::Uint32 | 队列内字节长度 |
| SojournTime | m_sojourn | TracedValueCallback::Time | 出队分组的逗留时长 |

表 5.3　对象类 RedQueueDisc 的部分属性

| 属性名 | 变量成员 | 类　型 | 说　明 |
|---|---|---|---|
| MinTh | m_minTh | DoubleValue,缺省为 5 | 下域值 |
| MaxTh | m_maxTh | DoubleValue,缺省为 15 | 上域值 |
| MaxSize | m_maxSize | QueueSizeValue,缺省为 25 个分组 | 队列长度 |

续 表

| 属性名 | 变量成员 | 类型 | 说明 |
|---|---|---|---|
| QW | m_qW | DoubleValue,缺省为 0.002 | 平均队列长度计算权重 |
| LInterm | m_lInterm | DoubleValue,缺省为 50 | 最大丢弃概率初始值的倒数 |
| Interval | m_interval | TimeValue,缺省为 0.5 s | 最大丢弃概率的更新周期 |
| LinkBandwidth | m_linkBandwidth | DataRateValue,缺省为 1.5 Mbit/s | 队列空闲时队长计算的基准参数 |
| LinkDelay | m_linkDelay | TimeValue,缺省为 20 ms | 同上 |
| MeanPktSize | m_meanPktSize | UintegerValue,缺省为 500 B | 同上 |

以下代码是设置队列字节长度变化的一个示例：

```
NetDeviceContainer devs;
Ptr<Queue<Packet>> q = StaticCast<PointToPointNetDevice>(\
        devs.Get(0))->GetQueue();
q->TraceConnectWithoutContext("BytesInQueue",\
        MakeBoundCallback(&BytesInQueueTrace));
```

其中：变量 devs 是点到点链路的两端网卡接口；函数 BytesInQueueTrace() 是预先定义的回调函数,格式为：

```
void BytesInQueueTrace(uint32_t oldVal, uint32_t newVal);
```

以下代码是 RED 队列最大长度属性设置为 30 个分组的示例：

```
Config::SetDefault("ns3::RedQueueDisc::MaxSize",
        QueueSizeValue(QueueSize("30p")));
```

需要注意的是,以上设置作用于所有 RedQueueDisc 对象实例。

## 5.3.3  仿真示例

### 1. 多流 TCP 拥塞控制的同步解除

基于第 5.2.3 小节的第 3 个仿真示例,用 RedQueueDisc 替代 FifioQueueDisc 调度仿真对象类,并相应调整 RED 的 2 个阈值,示例代码如下：

```
TrafficControlHelper bntch;
bntch.SetRootQueueDisc("ns3::RedQueueDisc");
bntch.Install(d.GetLeft()->GetDevice(0));
QueueDiscContainer qc;
qc = bntch.Install(d.GetRight()->GetDevice(0));
Ptr<QueueDisc> q = qc.Get(0);
q->SetMaxSize(QueueSize("20p"));
StaticCast<RedQueueDisc>(q)->SetTh(5,15);
```

其中,RED 的下阈值设为 5 个分组,上阈值设为 15 个分组。使用相同的仿真条件和跟踪统计方法,可得到如图 5.12 所示的结果。

　　从图 5.12 可以看到,初始慢启动到拥塞避免的变化,RED 与 FIFO 调度是相似的。但后续过程有较大差异。在 RED 调度中,没有出现 2 人以上业务流同时将 CWND 值降至 1 个 MSS 的情况。另外,所有业务流传送完成相同数量分组的时间小于 1 500 s,快于 FIFO 调度的情况。仿真实验说明,RED 在减轻拥塞控制同步现象的同时,可以在一定程度上提高系统的吞吐量。

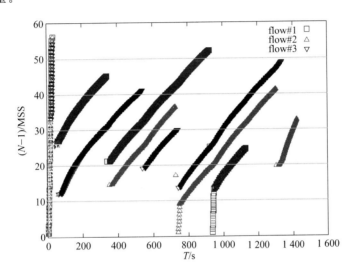

图 5.12　哑铃形拓扑使用 RED 调度的 TCP 拥塞窗口变化

### 2. 排列长度对比统计

以前一示例为基础,定义如下回调函数形式的跟踪宿:

```
void QueueTrace (Ptr < OutputStreamWrapper > s,\
    uint32_t oldVal, uint32_t newVal) {
    * s-> GetStream () << Simulator::Now ().GetSeconds () \
                << "\t" << newVal << std::endl;
}
```

跟踪回调函数与跟踪源的关联处理如下所示:

```
AsciiTraceHelper ascii;
Ptr < OutputStreamWrapper > of = \
            ascii.CreateFileStream("ql.dat");
q-> TraceConnectWithoutContext ("PacketsInQueue",\
            MakeBoundCallback (&QueueTrace, of));
```

其中,变量 $q$ 的类型为 QueueDisc,赋值参见前一示例。图 5.13 给出仿真结果。

　　在图 5.13 的 RED 部分中,为方便对比,其队列上阈值设为 10。从图 5.13 可清楚看到,FIFO 一定会出现队列长度到达 20 个分组的上限,而 RED 调度在达到上限前就启动了分组丢失处理,从而减小了拥塞发生的概率。

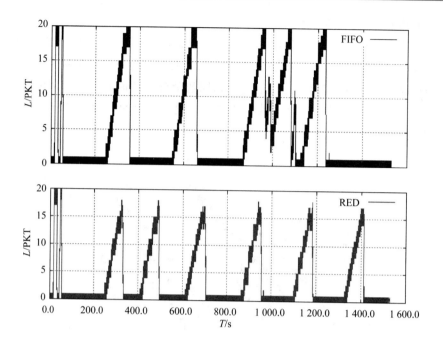

图 5.13　RED 与 FIFO 调度的排队长度变化

### 3. 队列长度及其平均

对象类 RedQueueDisc 定义的私有变量成员 m_qAvg 是丢弃概率计算的关键,它是队列长度的平滑平均,涉及较为复杂的计算处理。但 NS-3 并未提供该变量的跟踪功能。为仿真观测平均队长与即时队长的关系,可在 RedQueueDisc 中定义一公有的取值函数,形式如下:

```
class RedQueueDisc : public QueueDisc {
public:
    ...
    double GetQavg (void) {
        return m_qAvg;
    }
private:
    ...
    double m_qAvg;
}
```

参考范例~/src/traffic-control/examples/red-tests.cc 在其定时读取队列长度的事件处理函数 CheckQueueSize(Ptr<QueueDisc> queue)中,添加如下代码:

```
std::ofstream fPlotRedQueueAvg (\
    filePlotRedQueueAvg.str ().c_str (),\
    std::ios::out|std::ios::app);
fPlotRedQueueAvg << Simulator::Now ().GetSeconds () \
    << " "
    << StaticCast<RedQueueDisc>(queue)-> GetQavg()\
```

```
                        << std::endl;
    fPlotRedQueueAvg.close ();
```

其中,filePlotRedQueueAvg 为全部的记录文件名,在配置定时事件之前预定义,如下所示:

```
    if (writeForPlot){
        ...
        filePlotRedQueueAvg << "red-queue_qavg.plotme";
        remove (filePlotRedQueueAvg.str ().c_str ());
        Ptr < QueueDisc > queue = queueDiscs.Get (0);
        Simulator::ScheduleNow (&CheckQueueSize, queue);
    }
```

其中,变量 queueDiscs 是使用 TrafficControlHelper 对点到点链路配置时得到的结果,文件名 red-queue_qavg.plotme 参考了该范例使用的命名格式。

在图 5.14 给出仿真的实验结果中,Q-LEN 对应于即时队长,E-LEN 为按时间统计的平均队长,R-qAvg 是 RED 计算的平滑平均队长。

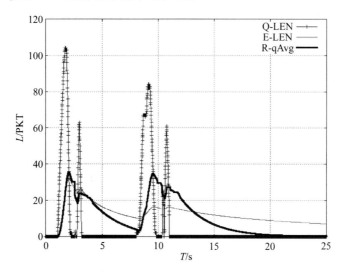

图 5.14　RED 平均队长、即时队长和长期平均值

从图 5.14 可见:当队列长时间空闲时(图中 3~8 s 和 11~25 s),RED 平均队长更快地减小;在相近突发峰值之间(图中 2~3 s 和 10 s 前后),RED 平均队长表现出一定的平稳性。

## 5.4　拥塞控制的对比仿真

### 5.4.1　延时受控的队列调度

**1. 调度机制**

CoDel 是延时受控(Controlled Delay)的缩写,它采用了与 RED 不同的主动管理措施。

该调度比较队列中分组的逗留时长与预定阈值,当逗留时长超过阈值时,丢弃该分组,有益于时延敏感的实时性业务流。

调度算法使用了 2 个基本控制参数:延时控制目标(TARGET)和控制周期(INTERVAL)。队列的缓存分组逗留时长小于 TARGET 时,不被丢弃;反之,即丢弃状态。若其持续时长超过 INTERVAL,则丢弃分组。为此,需要引入一个状态参数 first_above_time,用于记录前一次逗留时长大于 TARGET 的时刻。一旦分组逗留时长小于 TARGET,则退出丢弃状态。

丢弃状态中,如果队列中没有后继分组,即空闭,同样退出丢弃状态。队列中有后继分组时,CoDel 设置了另一个状态参数 drop_next,用于控制下一次执行分组丢弃的周期。当后继分组出队时间小于 drop_next 时,则不被丢弃。每一次分组丢弃,都要重新计算 drop_next。具体控制逻辑是,drop_next 反比于丢弃数的平方根,即丢弃数越多,丢弃周期越小。

基本参数 TARGET 和 INTERVAL,一般设置为 5 ms 和 100 ms,它们反映了绝大多数的网络接入场景。CoDel 算法简单易行,但对长延时、低带宽的环境存在适用问题。

**2. 仿真对象类**

对象类 CoDelQueueDisc 派生于 QueueDisc,除了重载了父类的纯虚函数 DoEnqueue()和 DoDequeue()之外,主要定义了判定分组逗留时长是否超限的私有成员函数 OkToDrop(),它在 DoDequeue()中被调用,以便按 CoDel 算法要求进行处理。

对象类 CoDelQueueDisc 的变量成员,主要包括:

- uint32_t m_minBytes;                    //短队列长条件
- Time m_interval;                        //CoDel 算法控制参数
- Time m_target;                          //CoDel 算法控制参数
- TracedValue<uint32_t> m_count;          //丢弃分组计数
- TracedValue<bool> m_dropping;           //丢弃状态
- uint32_t m_firstAboveTime;              //CoDel 算法状态参数
- TracedValue<uint32_t> m_dropNext;       //CoDel 算法状态参数
- uint32_t m_state1;                      //逗留超限计数
- uint32_t m_state2;                      //再次丢弃计算的计数
- uint32_t m_state3;                      //进入丢弃状态的计数
- uint32_t m_states;                      //以上 3 类计数的计数

其中:m_minBytes 用于判定是否将短队列视为不超限;m_count 用于 drop_next 的更新计算。

成员函数 DoDequeue()在丢弃分组时,不间断地从队列提取后继分组,所涉代码取自 IETF RFC 8289 规范文档。

**3. 属性与跟踪源**

变量成员 m_count、m_dropNext 和 m_dropping 是 CoDelQueueDisc 的跟踪源,可通过属性"Count""DropNext"和"DropState"连接跟踪宿。

此外,属性"MaxSize"对应于队列长度,缺省为 1 500×1 000 B;属性"MinBytes"对应于 m_minBytes,缺省为 1 500 B;属性"Interval"和"Target"对应于 CoDelt 算法的控制参数,缺省为 100 ms 和 5 ms。

CoDel 队列调度的配置,主要通过助手对象类完成,如下所示:

```
TrafficControlHelper tch;
tch.SetRootQueueDisc ("ns3::CoDelQueueDisc");
Config::SetDefault ("ns3::CoDelQueueDisc::MaxSize",
                    QueueSizeValue (QueueSize ("10p")));
```

其中,Config::SetDefault()将所有对象实例的最大队列长度设为 10 个分组。

## 5.4.2　比例积分增强的队列调度

### 1. 调度机制

比例积分增强(PIE,Proportional Integral Controller Enhanced)调度基于控制论有关稳态分析的手段来判定拥塞,并沿用了 RED 的随机丢弃方法。与 CoDel 相似,拥塞判决依赖分组在队列缓存的延时,而不是 RED 采用的队列长度。因此,PIE 对延时敏感业务是友好的。

调度算法使用状态参数 drop_prob 来随机丢弃新到分组。针对保守控制目标,在两个条件下不启用丢弃控制:第一个条件是 drop_prob 很小且排队延时采样值小于预定阈值(QDELY_REF)的一半;第二个条件是队列长度小于两个分组。

参数 drop_prob 采用固定周期(T_UPDATE)更新,按该参数的取值,或拥塞等级,按比例增加积分项和差分项,具体算式为:

```
p = alpha * (current_qdelay - QDELAY_REF) +
    beta * (current_qdelay - qdelay_old);
if (drop_prob < 0.000001) {
  p / = 2048;
} else if (drop_prob < 0.00001) {
  p / = 512;
} else if (drop_prob < 0.0001) {
  p / = 128;
} else if (drop_prob < 0.001) {
  p / = 32;
} else if (drop_prob < 0.01) {
  p / = 8;
} else if (drop_prob < 0.1) {
  p / = 2;
} else {
  p = p;
}
drop_prob + = p;
```

其中:控制参数 alpha 和 beta 对应于积分项和差分项的权重;qdelay_old 为前一次计算时使用的平均排队延时;current_qdelay 为当前测算的平均排队延时。

简单情况下,平均排队延时参考 Little 公式,表示为队列长度与链路带宽之商。实际实现时,可以通过探测得到链路带宽,或离去速率,并进行平滑平均,以达到零配置的效果。

**2. 仿真对象类**

对象类 PieQueueDisc 派生于 QueueDisc,除了重载了父类的纯虚函数 DoEnqueue()和 DoDequeue()之外,主要定义了分组随机丢弃的私有成员函数 DropEarly(),它在 DoEnqueue()中被调用。此外,针对定时更新丢弃率的要求,定义了成员函数 CalculateP(),通过定时事件回调。

对象类 PieQueueDisc 的变量成员主要包括:

- Time m_sUpdate;                               //丢弃率更新的启动时间
- Time m_tUpdate;                               //丢弃率更新周期
- Time m_qDelayRef;                             //对应 PIE 的 QDELY_REF
- double m_a;                                   //积分项权重
- double m_b;                                   //差分项权重
- uint32_t m_dqThreshold;                       //离去率测量的启动条件
- double m_dropProb;                            //对应 PIE 的丢弃率参数
- Time m_qDelayOld;                             //前次估算的排队延时
- Time m_qDelay;                                //当前估算的排队延时
- double m_avgDqRate;                           //平均离去率
- EventId m_rtrsEvent;                          //丢弃率更新事件
- Ptr<UniformRandomVariable> m_uv;              //用于随机丢弃处理

其中:变量 m_sUpdate 的缺省值为 0,是周期更新事件的首次启动时间;变量 m_rtrsEvent 是更新事件标识;一致分布随机数生成器 m_uv 用于 DropEarly(),如下所示。

```
bool PieQueueDisc::DropEarly (Ptr<QueueDiscItem> item,\
                          uint32_t qSize) {

   ...

   double p = m_dropProb;                       //有待优化的局部变量
   bool earlyDrop = true;
   double u =   m_uv->GetValue ();

   if ((m_qDelayOld.GetSeconds ()\
          <(0.5 * m_qDelayRef.GetSeconds ()))\
       && (m_dropProb < 0.2)) {
     return false;                              //延时小于阈值一半
   }
   else if (GetMode () == QUEUE_DISC_MODE_PACKETS\
          && qSize <= 2) {
     return false;                              //队列长度小于 2 个分组
   }

   if (u > p) {
```

```
    earlyDrop = false;                  //随机值小于丢弃概率
}
if (! earlyDrop) {                      //有待优化的源码段
   return false;
}


return true;
}
```

其中,形参 qSize 表示队列长度(省略了按字节计算的部分),标注为有待优化的变量及源码,仅就 C 编程而言,变量 m_qDelayRef 可通过属性配置进行修改。

**3. 属性与跟踪源**

变量成员 m_at 和 m_b 可通过属性“A”和“B”进行配置,缺省为 0.125 和 1.25,修改时需参考 IETF RFC 8033 的规范要求。

变量成员 m_sUpdate 和 m_tUpdate 可通过属性“Supdate”和“Tupdate”进行配置,缺省为 0.0 s 和 0.03 s。需要注意的是,m_tUpdate 与 IETF RFC 8033 给出的 15 ms 建议是有差别的。

此外:属性“MaxSize”对应于队列最大长度,缺省为 25 个分组;属性“QueueDelayReference”对应于 m_qDelayRef,缺省为 0.02 s,也与 IETF RFC8033 给出的 15 ms 建议是有差别的。

PIE 队列调度的配置同样主要通过助手对象类完成,如下所示:

```
TrafficControlHelper tch;
tch.SetRootQueueDisc ("ns3::PieQueueDisc");
Config::SetDefault ("ns3::PieQueueDisc::Tupdate",
                    TimeValue (Seconds (0.015)));
Config::SetDefault ("ns3::PieQueueDisc" +
                    "::ueDelayReference",
                    TimeValue (Seconds (0.015)));
```

其中,Config::SetDefault()将所有对象实例的丢弃概率更新周期和预定阈值均设为 15 ms。

# 5.4.3　TCP 拥塞控制变体算法的仿真

**1. Westwood 算法**

Westwood 算法的作用对象是拥塞发生时的窗口大小,与 Reno 算法将窗口值减半的处理不同,它依据带宽延时积(BDP)来调整窗口值,特征是加性增长加性减少(AIAD)。为此,Westwood 在收到 TCP 确认分组时估算带宽,改进的 Westwood＋在每次 RTT 更新的同时估算带宽。

NS-3 中,对象类 TcpWestwood 派生于 TcpNewReno,主要重载了成员函数 PktsAcked(),扩展定义了私有成员函数 EstimateBW()。PktsAcked()在 RTT 周期内对接收到的 TCP 确认分组进行计数,记录到变量成员 m_ackedSegments 中。而函数 EstimateBW()基于该

变量,直接或定时计算出有效带宽,具体如下:

```
m_currentBW = ackedSegments * tcb-> m_segementSize/rtt;
```

其中:tcb 是 TcpSocketBase 维护的变量成员 m_tcb;rtt 是 TcpSocketState 的变量成员 m_lastRtt。它们均在 ProcessAck() 中调用 PktsAcked() 显示传递。

对象类 TcpWestwood 定义了 3 个属性:

(1) FilterType,缺省为 EnumValue(TcpWestwood∷TUSTIN),表示采用平滑平均,可设置为 EnumValue(TcpWestwood∷NONE),表示使用即时值;

(2) ProtocolType,缺省为 EnumValue(TcpWestwood∷WESTWOOD),可设为 EnumValue(TcpWestwood∷WESTWOODPLUS),对应于估算方法;

(3) EstimatedBW,估计带宽的跟踪源,回调函数的参数类型为 ns3∷TracedValueCallback∷Double。

选用和配置 Westwood 算法的典型处理如下所示:

```
Config∷SetDefault ("ns3∷TcpL4Protocol∷SocketType",\
        TypeIdValue (TcpWestwood∷GetTypeId ()));
Config∷SetDefault ("ns3∷TcpWestwood∷ProtocolType",\
        EnumValue (TcpWestwood∷WESTWOODPLUS));
Config∷SetDefault ("ns3∷TcpWestwood∷FilterType",\
        EnumValue(TcpWestwood∷NONE));
```

其中,类型由 TcpWestwood∷GetTypeId() 得到,并对属性"ProtocolType"和"FilterType"的缺省值进行了修改。

### 2. BIC 算法

BIC 采用二分法控制拥塞窗口的增长,所以有其名 Binary Increase Congestion。二分法是指两个控制参数,其一是拥塞发生前的窗口值,记为 $W_{max}$,其二是拥塞发生时减半处理的值,记为 $W_{min}$。在拥塞避免阶段,即搜索区间 $[W_{min}, W_{max}]$ 之内,通过 TCP 的发送和确认,试探得到与传输路径相匹配的最佳窗口值。而搜索区间采用迭代二分控制,即:

$$CWND = (W_{max} + W_{min})/2$$

如果,其间没有发生分组丢失,则推高 $W_{min}$:

$$W_{min} = CWND$$

反之,

$$W_{max} = CWND$$

实际控制中,CWND 的增长依据接收到的 TCP 确认数,需引入平滑控制。另外,当 CWND 超过 $W_{max}$ 时,使用与慢启动相同的增长控制。

NS-3 中,对象类 TcpBic 派生于 TcpCongestionOps,主要重载了成员函数 IncreaseWindow() 和 GetSsThresh(),扩展了私有成员函数 Update()。

函数 Update() 依据所接到的 TCP 确认和 CWND 位于搜索内的位置,计算后继 CWND 的增长速率。函数 GetSsThresh() 在拥塞发生被调用之时,同时更新搜索区间的上界,记录在变量成员 m_lastMaxCwnd 中。函数 IncreaseWindow() 的主要功能如下:

```
void TcpBic::IncreaseWindow (Ptr<TcpSocketState> tcb,\
                             uint32_t segmentsAcked) {
  if (tcb->m_cWnd < tcb->m_ssThresh) {                      //慢启动
      tcb->m_cWnd + = tcb->m_segmentSize;
      segmentsAcked - = 1;
  }

  if (tcb->m_cWnd >= tcb->m_ssThresh && segmentsAcked > 0)
  {
      m_cWndCnt + = segmentsAcked;
      uint32_t cnt = Update (tcb);                          //BIC 增长速率
      if (m_cWndCnt > cnt) {
          tcb->m_cWnd + = tcb->m_segmentSize;               //慢启动
          m_cWndCnt = 0;
      }
      else {
          //推迟增长,累计在 m_cWndCnt 中
      }
  }
}
```

其中,BIC 增长速率的计算使用到 3 个整数型控制参数 m_b、m_smoothPart 和 m_maxIncr,它们可通过属性"BinarySearchCoefficient""SmoothPart"和"MaxIncr"进行配置,缺省值分别为:4、5 和 16。

选用和配置 BIC 算法的处理方法与前述 Westwood 相似,无须赘述。

**3. BBR 算法**

TCP 的 BBR 算法,取自反映算法特点的 3 个单词 Bottleneck、Bandwidth 和 Round-trip Time,它在 TCP 交互过程中不断探测瓶颈链路的可用带宽和端到端的来回时间,并依此来设置调控发送速率。BBR 由 Google 提出,已在很多应用场合下表现出相当好的控制性能。

BBR 在收到对端的 TCP 确认时进行探测计算,主要涉及两个状态参数:最大带宽(maxBW)和最小来回时间(minRTT)。带宽计算就是在两个相继 TCP 确认的时间间隔内,统计发送端发出的 TCP 数据总量,从相除得到的数值中选出最大者。而 minRTT 的计算,就是从历史记录中得到最小值。所以,BBR 的探测过程相当简单。

与其他拥塞控制算法不同的是,BBR 不仅控制拥塞窗口,还控制分组发送的步调(Pace)。这是因为,在带宽延时积(BDP)给定的条件下,业务流快速发送的结果是,大量分组堆积在瓶颈链路的输出缓存,极易产生过大的分组排队延时和抖动。

NS-3 的扩展类 TcpBbr(https://github.com/mark-claypool/bbr)派生于 TcpCongestionOps,为 TcpCongestionOps 新增了成员函数 Send()并重载用于记录分组发送的时间,重载了 PktsAcked()用于计算 maxBW、minRTT 和发送步调(pacing_rate);另外,形式上重载了纯虚函数 IncreaseWindow() 和 GetSsThresh(),但主要功能换用了其他函数。

BBR 算法的配置与 Westwood 和 BIC 相似，只不过没有属性需求配置。对象类 TcpBbr 还定义了一系列计算参数和状态类，但未定义相应的属性和变量跟踪源。如果期望了解控制过程，一个简单的方法是启动调试日志，如下所示：

```
LogComponentEnable("ns3∷TcpBbr", LOG_LEVEL_INFO);
```

需要注意的是，以上所述对象类 TcpBbr 是针对 NS-3.27 版本编写的，引入版本 NS-3.29 中时要对部分源码进行修改。

## 5.4.4 仿真示例

### 1. TCP 拥塞控制变化的对比仿真

范例～/examples/tcp/tcp-variants-comparison.cc 为不同 TCP 拥塞控制算法设计了一种星形拓扑，包含一个中心节点和多对端节点。一对节点的源端模拟本地链路（LocalLink）到中心，中心则模拟不可靠链路（UnReLink）连接到另一端的宿端。LocalLink 的带宽缺省为 10 Mbit/s，传播延时为 45 ms；UnReLink 的带宽缺省为 2 Mbit/s，传播延时为 0.01 ms。UnReLink 配置了 RateErrorModel，分组出错率缺省为 0.0。

源端配置连续业务流的应用（BulkSendApplication 对象实例），宿端配置简单的分组接收器（PacketSink 对象实例）。应用仿真的持续时间缺省为 100 s。仿真程序设置了 17 个命令行参数，对应于可调的仿真配置，包括：

（1）transport_prot，值为 TcpNewReno 或 TcpBic 或 TcpWestwood 等，指定 TCP 拥塞算法；

（2）error_p，值为 0.0～1.0 之间的实数，设定接收的平均分组出错率；

（3）tracing，值为 true 或 false，启用 TCP 状态参数的跟踪；

（4）prefix_name，值为字符串，指定跟踪记录文件的前缀。

例如，仿真 NewReno 算法，启动 TCP 状态参数跟踪，并要求跟踪文件名以 reno 起头，则 CLI 下的命令如下所示：

```
./waf --run "scratch/tcp-variants-comparision \
        --transport_prot = TcpNewReno\
        --tracing = true --prefix_name = reno"
```

其中，假设当前路径为～/ns-3.29，将范例程序 tcp-variants-comparision.cc 复制到临时路径～/ns-3.29/scratch 中，则仿真计算完成后，在当前路径生成如下 8 个文件：

（1）reno-cwnd.data，记录了 TCP 拥塞窗口的时变数据；

（2）reno-ssth.data，记录了 TCP 慢启动阈值的时变数据；

（3）reno-rtt.data，记录了测到的来回时间的时变数据；

（4）reno-rto.data，记录了计算出的超定时值的时变数据；

（5）reno-next-tx.data，记录了等待发送 TCP 段序号的时变数据；

（6）reno-inflight.data，记录了等待确认的 TCP 数据量的时变数据；

（7）reno-next-rx.data，记录了得到确认的 TCP 段序号的时变数据；

（8）reno-ascii.data，记录了所有收发分组的 ASCI 格式信息，包括发生时间。

这些跟踪数据，全都针对第一条业务流的源端。

为对比 NewReno、BIC 和 Westwood 3 种算法拥塞窗口的变化特点，更换 CLI 命令参数，并将数据文件前缀分别设为 reno、bic 和 west，可以得到 3 组跟踪文件。编写 Gnuplot 脚本，内容如下：

```
set terminal png enhanced font "Times"
set output './tcpvariant.png'  #图形文件名
set grid xtics ytics

f1 = 'reno-cwnd.data'
f2 = 'west-cwnd.data'
f3 = 'bic-cwnd.data'

set xrange [0:100]
set xlabel '{/Times-Italic T}(s)'
set ylabel '{/Times-Italic W}(B)'

plot f1 using 1:2 w l lt 3 lw 5 lc rgb "black" \
       title "  NewReno", \
     f2 using 1:2 w l lt 5 lw 3 lc rgb "red" \
       title " Westwood", \
     f3 using 1:2 w l lt 1 lw 1 lc rgb "blue" \
       title "       BIC"
```

将对应脚本文件作为命令 Gnuplot 的参数，可以得到如图 5.15 所示的曲线图。

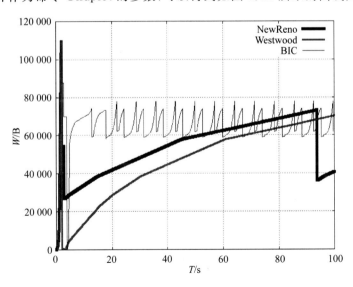

图 5.15　3 种 TCP 拥塞控制算法的拥塞窗口变化

从图 5.15 可见，NewReno 算法的拥塞窗口有较大幅度的时间变化，Westwood 的窗口呈现趋近饱和的状态，而 BIC 则在相对小的范围内随时间波动。就范例所设计的网络拓扑而言，BIC 算法的优势是显而易见的。

**2. 队列调度算法的对比仿真**

范例～/examples/traffic-control/queue-disc-benchmark.cc 是针对不同队列调度算法的仿真程序,定义了 3 个节点串接的简单拓扑,模拟接入链路(accessLink)和瓶颈链路(bottleneckLink)。接入链路的带宽设置为 100 Mbit/s,传播延时为 0.1 ms,输出队列使用 PfifoFastQueueDisc 调度算法。瓶颈链路的带宽缺省为 10 Mbit/s,传播延时为 5 ms,输出队列可通过运行参数 queueDiscType 选配以下 5 种算法:

(1) PfifoFast,配置 PfifoFastQueueDisc 仿真类;

(2) ARED,配置 RedQueueDisc 仿真类并启用自适应参数 ARED;

(3) CoDel,配置 CoDelQueueDisc 仿真类;

(4) FqCoDel,配置 FqCoDelQueueDisc 仿真类并为 IPv4 和 IPv6 分配不同流;

(5) PIE,配置 PieQueueDisc 仿真类。

运行参数 queueDiscSize 以分组为单位配置队列长度,缺省为 1 000。因此,对于队列长度为 100 个分组的 CoDel 调度,仿真计算命令如下所示:

```
./waf --run "scratch/queue-disc-benchmark \
              --queueDiscType = CoDel --queueDiscSize = 100"
```

其中,假设当前路径为～/ns-3.29,范例程序复制到临时路径～/ns-3.29/scratch 中。仿真计算完成后,在当前路径生成 4 个文件,包括:

(1) CoDel-upGoodput. txt,记录上行方向接收到的有效吞吐量随时间的变化;

(2) CoDel-flowMonitor. xml,记录了所有业务流的统计结果;

(3) CoDel-downGoodput. txt,记录下行方向接收到的有效吞吐量随时间的变化;

(4) CoDel-bytesInQueue. txt,记录中间节点 bottleneckLink 输出队列的缓存数量。

其中,中间节点是连接 accessLink 和 bottleneckLink 的节点,上行方向是 accesskLink 向 bottleneckLink 的方向,上下行各配置一条开关型业务流,同时在上行方向配置一个 V4Ping 检测端到端 RTT。针对 ARED、CoDel 和 PIE 的下行业务流,利用 Gnuplot 绘制的有效吞吐量变化曲线如图 5.16 所示。

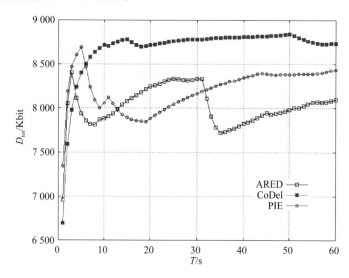

图 5.16　3 种队列调度算法的有效吞吐量

仅从图 5.16 可见,范例仿真说明 CoDel 算法有利于 TCP 业务流的平稳运行,可获更高的有效吞吐量。

**3. TCP 与 AQM 控制的关联仿真**

如前所述,TCP 拥塞控制立足于端到端的拥塞判定,而 AQM 则作用于发生拥塞的网络中间节点,它们对流入网络的业务量强度均有影响,但相互关系十分复杂。结合以上仿真示例,可以设计 TCP 与 AQM 关联性的仿真程序,并通过实验进行现象观察。

TCP 拥塞控制算法和 AQM 调度算法的种类繁多,作为方法说明,以下选取 TCP 的 NewReno 和 BIC 算法,以及 AQM 的 RED 和 CoDel 算法,交叉组合成 4 种配置。示例程序以范例 queue-disc-benchmark.cc 为基础进行改造。

图 5.17 针对 4 种组合场景,描绘了上行方向有效吞吐量的时变特点。

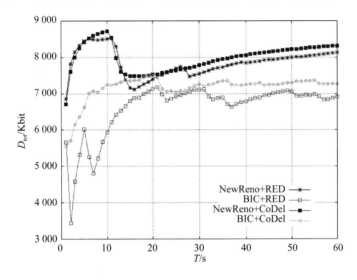

图 5.17 TCP 与 AQM 的算法关联性仿真结果

从图 5.17 可见,在示例的配置条件下,BIC 拥塞控制与 RED 队列调度组合的有效吞吐性能最低,而 NewReno 与 CoDel 组合的性能最高。

# 第 6 章 以太网仿真

## 6.1 以太网仿真范例说明

在源码文件目录～/ns3/csma/examples 内，附带 6 个以太网的仿真范例，分别模拟子网内通信、网间广播和子网互联。

### 6.1.1 子网内站点互通仿真

**1. 拓扑结构与网络应用说明**

范例程序～/ns3/csma/examples/csma-ping.cc 仿真以太网内的站点互通过程，将 4 个节点连接到一个广播式以太网网段，模拟总线形拓扑结构。程序第 17～24 行的注释如下：

```
// Network topology
//
//       n0     n1    n2    n3
//       |      |     |     |
//       =====================
//
// node n0,n1,n3 pings to node n2
// node n0 generates protocol 2 (IGMP) to node n3
```

其中，节点 n2 缺省装配了 ICMP 仿真模块，可以响应其他节点发出的 Ping 分组；同时，节点 n0 和 n3 之间模拟了 IGMP 分组的发送与接收功能。

ICMP(Internet Control Message Protocol)主要管控通信可达性，它封装在 IP 分组内，用协议号 1 标识。IGMP(Internet Group Management Protocol)主要用于建立和管理多播组，一般译作网络组管理协议。NS-3 将 IGMP 当作普通的 IP 分组，只需将协议类型置为 2 即可。

**2. 节点创建与协议栈配置**

以太网的节点创建，使用通用方法。范例第 61～62 行如下所列：

```
NodeContainer c;
c.Create (4);
```

其中，节点容器 NodeContainer 成员函数 Create()的实参指明创建的节点数目。

节点附接以太网的配置，就是创建 CsmaChannel 并关联到所有节点。助手对象类

CsmaHelper 用于简化创建和关联操作。范例第 66～70 行如下所列：

```
CsmaHelper csma;
csma.SetChannelAttribute("DataRate",\
              DataRateValue (DataRate (5000000)));
csma.SetChannelAttribute ("Delay", TimeValue (MilliSeconds (2)));
csma.SetDeviceAttribute ("EncapsulationMode", StringValue ("Llc"));
NetDeviceContainer devs = csma.Install (c);
```

其中：属性"DataRate"和"Delay"是通信总线的数据速率和传输延时；"EncapsulationMode"是以太网帧的封闭格式，可选的"Llc"表示关联站使用 IEEE 802.2 规定的 LLC 格式，可选的"Dix"表示 DIX 工业标准格式。

对象类 CsmaHelper 的成员函数 Install()为实参指定的节点容器或节点装配以太网网卡，并注册到 CsmaChannel，以便能在总线上收发分组。该函数返回包含所有网卡的容器。

节点 IP 协议栈配置使用助手对象类 InternetStackHelper 同样可以大幅简化编码，范例第 74～75 行如下所列：

```
InternetStackHelper ipStack;
ipStack.Install (c);
```

节点 IP 地址配置使用助手对象类 Ipv4AddressHelper，范例第 79～81 行如下所列：

```
Ipv4AddressHelper ip;
ip.SetBase ("192.168.1.0", "255.255.255.0");
Ipv4InterfaceContainer addresses = ip.Assign (devs);
```

子网内站点的 IP 地址有相同子网号，需要注意 IP 网络地址掩码的取值。范例使用容量为 256 的掩码可以满足 4 节点的配置要求。助手对象类 Ipv4AddressHelper 成员函数 Assign()为网卡分配地址，返回为 IP 地址的容器。

**3. 网络应用配置**

如前所述，节点 n0 装配 IGMP 业务源，目标为节点 n3。范例 84～93 行如下所列：

```
Config::SetDefault ("ns3::Ipv4RawSocketImpl::Protocol",\
               StringValue ("2"));
InetSocketAddress dst = InetSocketAddress (addresses.GetAddress (3));
OnOffHelper onoff = OnOffHelper ("ns3::Ipv4RawSocketFactory", dst);
onoff.SetConstantRate (DataRate (15000));
onoff.SetAttribute ("PacketSize", UintegerValue (1200));
ApplicationContainer apps = onoff.Install (c.Get (0));
apps.Start (Seconds (1.0));
apps.Stop (Seconds (10.0));
```

其中：IGMP 由 IP 层收发，所以选 RawSocket 套接口；业务源可配置统计源，包括开关型业务源 OnOffApplication；助手类 OnOffHelper 用于简单编码；成员函数 Install()以节点为实参。范例使用了节点容器的成员函数 Get()获取指定序号的节点。Install()返回网络应用的容器，对应的成员函数 Start()和 Stop()设置网络应用的启停时间。

IP 分组的目标地址是业务源的配置参数。以上代码中，变量 dst 取 IP 地址容器

addresses 内序号为 3 的值,它对应于节点序号为 3 的网卡。节点 n3 装配业务宿,范例 96~99 行如下所列:

```
PacketSinkHelper sink = \
        PacketSinkHelper ("ns3::Ipv4RawSocketFactory", dst);
apps = sink.Install (c.Get (3));
apps.Start (Seconds (0.0));
apps.Stop (Seconds (11.0));
```

其中:网络应用 PacketSink 只接收分组;助手类 PacketSinkHelper 用于简化编码。

范例第 102~109 行,为节点 n0、n1 和 n3 配置了 Ping 应用仿真模块,使用了助手类 V4PingHelper,如下所示:

```
V4PingHelper ping = V4PingHelper (addresses.GetAddress (2));
NodeContainer pingers;
pingers.Add (c.Get (0));
pingers.Add (c.Get (1));
pingers.Add (c.Get (3));
apps = ping.Install (pingers);
apps.Start (Seconds (2.0));
apps.Stop (Seconds (5.0));
```

其中,对象类 V4PingHelper 成员函数 Install() 的实参为节点容器,因为不包含节点 n2,所以新定义了一个节点容器 pingers,并从全局节点容器 $c$ 提出了所需的 3 个节点。

**4. 仿真结果说明**

范例第 113 行启动分组跟踪功能,如下所列:

```
csma.EnablePcapAll ("csma-ping", false);
```

其中,上述函数调用的第 2 个实数指示关闭混杂模式(Promiscuous Mode),即不同网卡的收发分组单独记录。

范例第 116 行和第 119 行关联了跟踪变量和回调函数,如下所列:

```
Config::ConnectWithoutContext (\
        "/NodeList/3/ApplicationList/0/$ns3::PacketSink/Rx",
        MakeCallback (&SinkRx));
Config::Connect ("/NodeList/*/ApplicationList/*/$ns3::V4Ping/Rtt",
        MakeCallback (&PingRtt));
```

第 42 行和第 47 行定义的函数 SinkRx() 和 PingRtt() 的 CLI 提示信息被注释了。所以,范例运行后会在当前目录下的文件 csma-ping-x-0. pcap 中记录所有的收发分组,其中 $x$ 可取 0~3,对应于范例的 4 个站点。

以上 4 个文件中,节点 3 和节点 0 各有 30 条记录,节点 2 有 31 条记录,节点 1 有 15 条记录。这是因为节点 3 与节点 0 有 IGMP 交互,节点 1 只与节点 2 有 ICMP 交互。这些记录的解读,可使用系统工作 tcpdump 和 wireshark 进行,详见本书第 3 章的说明。

## 6.1.2　子网间广播仿真

### 1. 拓扑结构与网络应用说明

范例程序～/ns3/csma/examples/csma-broadcast.cc 仿真两个以太网子网间的广播，模拟总线形拓扑的广播可达性。程序第 21～28 行的注释如下：

```
// Network topology
//      ==============
//      |           |
//      n0    n1    n2
//      |     |
//      =========
//
// n0 originates UDP broadcast to 255.255.255.255/discard port, which
// is replicated and received on both n1 and n2
```

其中，节点 n0 连接到 2 个网段，发出 UDP 广播，可以送到节点 n1 和 n2 所在的两个网段。

以上注释中，端口号"discard port"对应于一个特殊的网络服务，IETF RFC863 将其值定义为 9。UDP 中，服务端就是将接收到的分组丢弃，且不做任何响应[①]。

### 2. 节点创建与协议栈配置

以太网的节点创建使用通用方法，但针对两个子网定义了相应的集合。范例第 61～62 行如下所列：

```
NodeContainer c;
c.Create (3);
NodeContainer c0 = NodeContainer (c.Get (0), c.Get (1));
NodeContainer c1 = NodeContainer (c.Get (0), c.Get (2));
```

其中，c0 和 c1 是两个子网站点的节点容器。

子网配置使用助手类 CsmaHelper，只需一次配置，分别装配到两个节点容器。范例第 68～72 行如下所列：

```
CsmaHelper csma;
csma.SetChannelAttribute ("DataRate",\
        DataRateValue (DataRate (5000000)));
csma.SetChannelAttribute ("Delay", TimeValue (MilliSeconds (2)));
NetDeviceContainer n0 = csma.Install (c0);
NetDeviceContainer n1 = csma.Install (c1);
```

其中，变量 n0 和 n1 是两个子网所连接站点的网卡容器，其名不是范例注释中的节点。

协议栈的部署使用助手类 InternetStackHelper 配置到所有节点，如下所列：

---

[①]　TCP 中，端口号 9 对应的服务端，除了连接控制功能外，同样丢弃所有收到数据分组，且不做任何响应。

```
InternetStackHelper internet;
internet.Install (c);
```

范例中 IP 地址的分配针对两个子网设置两个子网号,第 78～82 行如下所列:

```
Ipv4AddressHelper ipv4;
ipv4.SetBase ("10.1.0.0", "255.255.255.0");
ipv4.Assign (n0);
ipv4.SetBase ("192.168.1.0", "255.255.255.0");
ipv4.Assign (n1);
```

其中:第 0 号和第 1 号节点对应的 $n0$ 配置的子网地址为 10.1.0.0/24;第 0 号和第 2 号节点所在子网 $c0$ 配置为 192.168.1.0/24。

**3. UDP 应用配置**

如前所述,第 0 号节点分配一个 UDP 业务源,第 1 号和第 2 号节点各安装一个分组宿,范例第 93～108 行如下所列:

```
OnOffHelper onoff ("ns3::UdpSocketFactory", Address (\
    InetSocketAddress (Ipv4Address ("255.255.255.255"), port)));
onoff.SetConstantRate (DataRate ("500kb/s"));
ApplicationContainer app = onoff.Install (c0.Get (0));
app.Start (Seconds (1.0));
app.Stop (Seconds (10.0));
PacketSinkHelper sink ("ns3::UdpSocketFactory",
    Address (InetSocketAddress (Ipv4Address::GetAny (), port)));
app = sink.Install (c0.Get (1));
app.Add (sink.Install (c1.Get (1)));
app.Start (Seconds (1.0));
app.Stop (Seconds (10.0));
```

其中:UDP 业务源使用 OnOffApplication 的助手类 OnOffHelper,它以全 1 的广播地址为目标;分组宿使用助手类 PacketSinkHelper,成员函数 Install () 被调用二次,分别装入第 1 号和第 2 号节点。

**4. 仿真结果说明**

范例第 113～120 行配置了两种方式分组跟踪,如下所列:

```
AsciiTraceHelper ascii;
csma.EnableAsciiAll (ascii.CreateFileStream ("csma-broadcast.tr"));
csma.EnablePcapAll ("csma-broadcast", false);
```

执行结果,得到 5 个文件,分别对应于 4 个网卡的分组收发和以 ASCII 文本格式记录的分组流。从文件 csma-broadcast-2-0.pcap 和 csma-broadcast-1-0.pcap 可观察到两个子网内的 UDP 分组源地址分别使用了相应的子网地址。

在范例的基础上,将 UDP 业务源安装到序号为 1 的节点,并去除分组宿的配置。原程序的第 93 行修改如下:

```
ApplicationContainer app = onoff.Install (c0.Get (1));
```

并在第 105 行首增加注释符,结果可以观察到,只在序号为 1 的节点所在的子网内有 UDP 广播分组,而另一个子网内没有记录到任何分组。这个实验说明,以太网内 IP 广播不能跨子网传输。

## 6.1.3　子网间多播仿真

### 1. 拓扑结构与网络应用说明

范例程序～/ns3/csma/examples/csma-multicast.cc 仿真两个以太网子网间的多播,主要模拟多播转发的配置。程序第 17～30 行的注释如下:

```
// Network topology
//
//                      Lan1
//                  ==========
//                  |    |    |
//      n0   n1   n2   n3     n4
//      |    |    |
//      ==========
//            Lan0
//
// - Multicast source is at node n0;
// - Multicast forwarded by node n2 onto LAN1;
// - Nodes n0, n1, n2, n3, and n4 receive the multicast frame.
// - Node n4 listens for the data
```

其中:节点 n2 同时连接子网 Lan0 和 Lan1;多播源部署在节点 n0,其他节点均可接收,只有 n4 收取多播分组。

与广播一样,源自节点 n0 的多播分组不会自行从 Lan0 转发到 Lan1,除非在节点 n2 施加有关多播的路由配置。

### 2. 拓扑创建与路由配置

范例第 66～92 行按计划目标创建 5 个节点和 2 个以太网子网,并为节点配置了 IP 协议栈。Lan0 子网地址配置为 10.1.1.0/24,Lan1 子网地址配置为 10.1.2.0/24。范例第 101～102 行为多播定义了 3 个地址,如下所列:

```
Ipv4Address multicastSource ("10.1.1.1");
Ipv4Address multicastGroup ("225.1.2.4");
```

其中:multicastSource 为节点 n0 的地址;multicastGroup 为多播目标的地址。

多播路由的配置对象是节点 n2,使用助手类 Ipv4StaticRoutingHelper,范例第 109～117 行如下所列:

```
Ipv4StaticRoutingHelper multicast;
Ptr<Node> multicastRouter = c.Get (2);      // The node in question
Ptr<NetDevice> inputIf = nd0.Get (2);       // The input NetDevice
NetDeviceContainer outputDevices;           // A container of output NetDevices
outputDevices.Add (nd1.Get (0));            // (we only need one NetDevice here)
```

其中:节点容器 c 包含所有节点,序号为 2 的节点对应于 n2;容器 nd0 和 nd1 分别为 Lan0 和 Lan1 内的所有节点网卡;nd0.Get(2)得到 n2 连接 Lan0 的网卡,nd1.Get(0)得到 n2 连接 Lan1 的网卡。

范例第 118 行配置多播静态路由,如下所列:

```
multicast.AddMulticastRoute (multicastRouter, multicastSource,
                              multicastGroup, inputIf, outputDevices);
```

其中, Ipv4StaticRoutingHelper 成员函数 AddMulticastRoute( ) 为指定的路由节点 (multicastRouter)生成一条路由记录,将来自指定输入网卡(inputIf)的多播分组向指定的 输出网卡(outputDevices)转发,多播组标识包括多播源(multicastSource)和多播目标地址 (multicastGroup)。

对源节点 n0 配置相似的缺省路由,范例第 121～123 行如下所列:

```
Ptr<Node> sender = c.Get (0);
Ptr<NetDevice> senderIf = nd0.Get (0);
multicast.SetDefaultMulticastRoute (sender, senderIf);
```

其中,缺省路由不区分多播目标地址,全部由指定的网卡(senderIf)发送。

**3. 仿真结果说明**

范例第 131～170 行与前 2 小节的应用配置类同,在 n0 装配了 OnOffApplication,在 n4 装配置了 PacketSink,然后设置了分组跟踪及记录文件。仿真执行结果得到 7 个文件,分别 对应 5 个节点中 6 个网卡的收发分组,以及 ASCII 文本格式记录的分组事件。此范例的业 务源的发送速率较小,文件中记录到 2 个多播分组的收发和事件。

如果将多播源宿节点对换,即将 OnOffApplication 配置到 n4,将 PacketSink 配置到 n0,仿真结果显示没有一个分组产生。究其原因是,节点 n4 无法确定多播的发送网卡。

参考范例,将多播源地址修改为节点 n4 的 IP 地址,并为 n4 配置缺省路由,如下所示:

```
Ipv4Address multicastSource ("10.1.2.3");
Ptr<Node> sender = c.Get (4);
Ptr<NetDevice> senderIf = nd1.Get (2);
multicast.SetDefaultMulticastRoute (sender, senderIf);
```

重复仿真得到 Lan1 对应的网卡捕获文件和分组事件记录,显示有 2 个多播分组发送,但 Lan0 对应于网卡捕获文件,未记录到任何分组。这是因为,Lan0 与 Lan1 的互联节点 n2 不 能反向转发多播分组。

# 6.2　CSMA 功能及仿真

## 6.2.1　以太网技术功能

**1. 局域网技术类型**

依据空间覆盖范围,可将计算机网络分为局域网(LAN)和广域网(WAN)。LAN 主要指办公室或校园区域内计算机设备的组网结构,以太网是其中得到最广泛应用的技术类型。实际上,正是以太网的发展催生了以 LAN 为主要应用领域的 IEEE 802 标准化组织。

历史上,最早的以太网技术采用了总线形的网络拓扑结构,它与以环形拓扑为特征的 LAN,比如令牌环等,在一定时期内相互竞争发展。IEEE 将以太网标准纳入 802.3,将令牌环纳入 802.5,将 LAN 共性部分抽取,分列到 802.1 和 802.2,同时为令牌技术与总线技术相结合的方案预留了 802.4。

自 1983 年至 2016 年,IEEE 802.3 标准化工作组累计发布了 50 多个与以太网直接相关的技术规范或增补规范,涵盖了同轴电缆、双绞线、光纤各类有线传输媒质及网络拓扑结构,传输带宽也从最初的 10 Mbit/s 演进到 400 Gbit/s,传输距离从 2 500 m 延伸至数百千米的广域网。相比而言,802.4 和 802.5 等其他 LAN 技术趋于停滞或终止。

随着技术的发展与应用,IEEE 802 标准化组织进一步制定了针对无线通信的局域网技术标准,包括沿用至今的 802.11 和 802.15 等。IEEE 802.11 一般称为 WLAN,IEEE 802.15 称为 ZigBee。NS-3 软件的 CSMA 模块主要针对总线形以太网。

**2. 以太网工作机制**

以太网之所以得到广泛应用,与技术发明人 Robert Metcalfe 所设计的名为"带冲突检测的载波侦听(CSMA/CD)"的媒质访问控制(MAC)机制有很大关系。载波侦听(CS)是指,通信站对传输线路实施信号监测,在无信号时才可传输数据分组。冲突检测(CD)是指,通信站在收送信号的同时,不断比对接收信号,依此判定线路是否发生了多站占用和冲突。

CS 和 CD 都需要用到专门的物理器件,涉及模拟信号和数字信号处理过程。基于这两个物理功能的 CSMA/CD 完全位于逻辑控制层面。为此,以太网将站点功能一分为二,形成物理层和 MAC 层的两层结构。MAC 层规定了以太网信息承载的数据结构和线路控制的开销功能,形成以太网 MAC 帧。不同技术类型的以太网,其物理层功能和 MAC 机制存在相当大的差异,但都采用了一致的 MAC 帧结构。

图 6.1 以发送站为例描述了 CSMA/CD 的典型控制流程,包括 3 个基本过程,即 CS、CD 和指数退避(EB)。

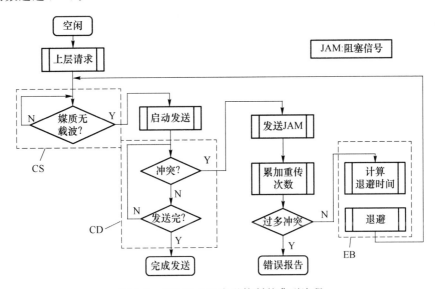

图 6.1　CSMA/CD 发送控制的典型流程

CS 的逻辑过程较为简单,作用于数据单元(即 MAC 帧)的发送之前。CD 是一个持续过程,作用于 MAC 帧发送的全部过程,直到发送完成为止。在 CD 检测到冲突之时,发送站中止发送,通告阻塞并启动 EB 处理。

EB 依据冲突次数确定退避时间的取值范围,该范围称作冲突窗口(CW)。退避时间在 CW 之内随机选择,其主要作用是减小其后重传时发生再次冲突的概率。重传的处理,同样要经历 CS 和 CD 的控制过程。而接二连三的冲突,则主要通过重传次数这一参数来记录。当重传次数过多时,视作网络错误,并中止当前的发送请求。

图 6.1 描述的阻塞信号(JAM)的作用是通告共享媒质的其他站点,特别是那些可能未监测到冲突、位于发送站近邻的站点,以便快速、明确地告知冲突情况,避免漏判。

**3. 10BASE-5 的吞吐性能**

通常,共享传输媒质的 10BASE-5 以太网的站点接入具有随机性。在考虑平稳条件的统计平均时,一种合理假设是,单位时间内站点以概率 $p$ 发送具有泊松分布特性的分组或 MAC 帧。若站点总数为 $N$,则流入负载为 $\lambda = pN$。

分析表明,在不考虑 CD 措施时,总线形以太网的归一化吞吐量近似为:

$$S = Ge^{-aG} / [G(1+2a) + e^{-aG}] \tag{6.1}$$

其中:$G = \lambda T_P$ 为归一化流入负载;$T_P$ 为分组传输时长;$a = T_{CW}/T_P$,$T_{CW}$ 为 CW 时长。

IEEE 802.3 规定 $T_{CW}$ 为 51.2 $\mu$s,对应于 64 B 分组经 10 Mbit/s 传输接口的发送时长。如果分组长度正好为 64 B,则上式中 $a = 1$,对应的最大归一化吞吐量约为 0.29。

# 6.2.2  NS-3 仿真模型

**1. LAN 仿真的框架结构**

NS-3 源码目录～/src/csma 定义了 4 个对象类:模拟共享信道的 CsmaChannel、网卡的 CsmaNetDevice、冲突退避状态的 Backoff 和配置助手类 CsmaHelper。它们的相互关系如图 6.2 所示。

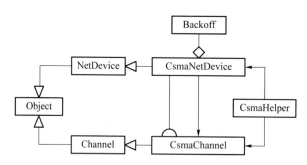

图 6.2  以太网仿真的基本对象类及关系

图 6.2 中,助手类 CsmaHelper 主要对 CsmaChannel 设置传输属性,为 LAN 节点装配 CsmaNetDevice。CsmaNetDevice 发出的分组交由 CsmaChannel,后者复制多份后交由 LAN 内其他节点的 CsmaNetDevice 接收。

**2. 载波侦听仿真**

对象类 CsmaChennel 的变量成员 m_state 被定义为枚举类型 WireState,可取值为

IDLE、TRANSMITTING 和 PROPAGATING,分别表示信道空闲、分组发送和转播。成员函数 GetState()返回 m_state 值。因此,载波侦听就是由 CsmaNetDevice 判定信道的状态是否为 IDLE。

CsmaNetDevice 的成员函数 Send()被网络上层 IP 协议调用时,通过成员函数 SendFrom()构造一个 MAC 帧,并进入输出缓存。随后,在判定信道空闲时从输出缓存取出分组,通过 TransmitStart()交由 CsmaChennel∷TransmitStart()发送。如果信道不空闲,则 CsmaNetDevice 进入定义退避状态,主要流程如下所列:

```
void CsmaNetDevice∷TransmitStart (void) {
    ...
    if (m_channel->GetState () != IDLE) {              //信道有载波
        m_txMachineState = BACKOFF;
        if (m_backoff.MaxRetriesReached ()) {          //连续退避超限
            TransmitAbort ();                          //中止发送
        }
        else {
            m_backoff.IncrNumRetries ();
            Time backoffTime = m_backoff.GetBackoffTime ();
            Simulator∷Schedule (backoffTime,\          //定义重传
                    &CsmaNetDevice∷TransmitStart, this);
        }
    }
    else {                                             //信道无载波
        m_phyTxBeginTrace (m_currentPkt);
        if (m_channel->TransmitStart (\                //发送异常
                m_currentPkt, m_deviceId) == false) {
            m_currentPkt = 0;
            m_txMachineState = READY;
        }
        else {                                         //发送正常
            m_backoff.ResetBackoffTime ();             //可能连续退避计数清 0
            m_txMachineState = BUSY;                    //阻止后续发送
            Time tEvent = \                            //发送完成时长
                    m_bps.CalculateBytesTxTime (m_currentPkt->GetSize ());
            Simulator∷Schedule (tEvent,\               //发送完成事件
                    &CsmaNetDevice∷TransmitCompleteEvent, this);
        }
    }
}
```

其中,CsmaNetDevice 状态变量 m_txMachineState 是枚举型 TxMachineState,可取值为

READY、BUSY、GAP 和 BACKOFF，分别表示空闲、发送、帧间隙等待和退避状态。

**3. 退避仿真**

对象类 Backoff 仅用于 CsmaNetDevice 的退避计算，主要变量成员包括：

- uint32_t m_minSlots;                     //退避下界
- uint32_t m_maxSlots;                     //退避上界最大值
- uint32_t m_ceiling;                      //指数计算上界
- uint32_t m_maxRetries;                   //连续退避最大数
- Time m_slotTime;                         //退避单位时长
- uint32_t m_numBackoffRetries;            //连续退避计数
- Ptr<UniformRandomVariable> m_rng;        //退避计算的随机数生成器

其中，m_rng 用于在退避下界和退避上界之间产生一致分布的随机数。

成员函数 GetBackOffTime() 依据退避计数产生退避时长，主要功能如下所列：

```
Time Backoff::GetBackoffTime (void) {
  uint32_t ceiling;                        //随机数上界
  if ((m_ceiling > 0) &&(m_numBackoffRetries > m_ceiling)) {
      ceiling = m_ceiling;
  }
  else {
      ceiling = m_numBackoffRetries;
  }


  uint32_t minSlot = m_minSlots;
  uint32_t maxSlot = (uint32_t)pow (2, ceiling) - 1;
  if (maxSlot > m_maxSlots) {              //退避上界限制
      maxSlot = m_maxSlots;
  }
  uint32_t backoffSlots = \
          (uint32_t)m_rng->GetValue (minSlot, maxSlot);
  Time backoff = Time (backoffSlots * m_slotTime);
  return backoff;
}
```

其中：成员变量 m_ceiling 初始时固定为 10，对应退避上界最大为 1 023；m_maxSlots 缺省为 1 000；m_maxRetries 缺省为 1 000；m_minSlots 缺省为 1。

第 1 次退避时，m_numBackoffRetries＝1，所以计算返回在[0,1]区间内随机选取以 m_slotTime 为单位的退避时长。连续 2 次退避时，随机选取范围扩大到[0,3]。连续 10 次退避时，范围扩大到[0,1 000]。

## 6.2.3　10BASE-5 仿真示例

### 1. 仿真需求分析

使用 NS-2 的 CSMA 功能模块对 10BASE-5 网络开展仿真实验,分析吞吐性能随流入负载的变化关系,并与理论预期进行比对,验证仿真的可信度。

为此,需要考虑 10BASE-5 的传输特性,修改"CsmaChannel"属性,包括线路传输宽带和传播延时。IEEE 802.3 规定,10BASE-5 总线最长为 2 500 m,信号传播速率按 5 $\mu s$/km 计,最大延时为 12.5 $\mu s$。相应的,仿真配置如下所列:

```
int mbps = 100000;
CsmaHelper csma;
csma.SetChannelAttribute("DataRate",\
                DataRateValue (DataRate (10 * mbps)));
csma.SetChannelAttribute ("Delay",\
                TimeValue (MicroSeconds (12.5)));
```

其中:变量 mbps 的定义为简化参数配置;属性"Delay"的值以微秒($\mu s$)为单位。

网络流入负载是所有站点分组发送速率的总和,虽可利用一个站来模拟流入负载,但共享总线的冲突得不到反映,因此需要配置 2 个以上的发送站。吞吐量是实际通过网络传输的分组速率,简单情况下可以设置一个接收站以便统计。针对实验的随机性要求,发送站数可由仿真程序的运行参数动态配置。基于此,参考范例 second.cc 设置如下变量:

```
uint32_t nCsma = 3;
CommandLine cmd;
cmd.AddValue ("nCsma", "Number of CSMA nodes", nCsma);
cmd.Parse (argc,argv);
nCsma = nCsma > 3 ? nCsma : 3;
```

其中:序号为 0 的节点可配置为接收节点,为其装配 PacketSink;其他节点则配置随机性业务源。

### 2. 变量跟踪与统计

流入负载是仿真实验的运行条件,分摊到各个随机业务流。吞吐量取决于接收节点正确收到的分组数,为此,需要定义回调函数并关联到接收节点中应用模块的跟踪变量"Rx",并在仿真计算完成后输出累计值。参考范例~/src/csma/examples/csma-ping.cc,定义如下变量和函数:

```
int pkts = 0;
static void SinkRx (Ptr<const Packet> p, const Address &a){
  pkts + = 1;
}
```

其中,设所有分组等长,则吞吐量可以分组为单位计算。

跟踪回调函数与跟踪变量的关联如下所列:

```
Config::ConnectWithoutContext (\
        "/NodeList/0/ApplicationList/0/$ns3::PacketSink/Rx",
        MakeCallback (&SinkRx));
```

其中,预设应用模块对象 PacketSink 配置在序号为 0 的节点。

**3. 仿真代码简单说明**

仿真程序基于范例～/src/csma/examples/csma-ping. cc,主要修改针对节点的网络应用配置,如下所列:

```
onoff.SetConstantRate (DataRate (load * mbps/(nCsma-1)));
...
ApplicationContainer apps
for (int idx = 1; idx < nCsma; idx ++ ) {
  apps.Add (onoff.Install (c.Get (idx));
}
apps.Start (Seconds(0.0));
PacketSinkHelper sink = PacketSinkHelper (\
        "ns3::Ipv4RawSocketFactory", dst);
apps = sink.Install (c.Get (0));
apps.Start (Seconds (0.0));
```

其中:load 为以 Mbit/s 为单位的流入负载;onoff 为配置助手 OnOffHelper 的类对象;c 为节点容器;dst 为序号为 0 的节点的 IP 地址。

仿真程序无须跟踪分组,执行完成后仅需向 CLI 输出 pkts 值,如下所列:

```
std::cout << load << "\t" \
        <<(pkts * 1200 * 8.0/mbps)/stime << std::endl;
```

其中:变量 stime 由命令行参数解析,是计划执行的仿真时间;吞吐量按 1 200 B 长分组计算,以 Mbit/s 为单位。

**4. 重复实验控制与结果分析**

执行以上仿真示例的 CLI 命令如下:

```
./waf --run "scratch/csma-th --load = 1.0"
```

其中,设当前目录为～/ns-3,源程序 csma-th. cc 位于子目录 scratch,结果得到一行提示,形如:

```
1   0.9984
```

其中,空格分隔的第 1 列为流入负载,第 2 列为吞吐量,单位均为 Mbit/s。

为方便重复实验,可编写 bash 脚本循环执行,文件主要内容如下所列:

```
#! /bin/sh
LOAD = "0.1 0.5 2.0 4.0 10.0 20.0 40.0"
for load in $ LOAD
do
  ./build/scratch/csma-th -load = $ load >> csma-th. dat
done
```

执行该脚本程序之前,需要调用 waf shell 命令运行 waf 环境。结果存储在文件 csma-th. dat 中,图 6.3 给出以上数据的曲线图,作为对比同时描绘了式(6.1)的数值计算曲线($a=0$)。

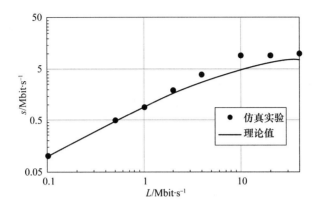

图 6.3　CSMA 吞吐量仿真实验结果(圆点)与理论值对比(实线)

从图 6.3 可见,流入负载接近最大带宽时,仿真实验与理论计算存在一定的差距。这是因为 NS-3 提供的 CSMA 模块未提供冲突检测功能,相应的冲突占用被漏计了。

# 6.3　网 桥 仿 真

网桥(Bridge)是 LAN 的二层互联设备,在采用直通工作模式时也称为交换机。除了网桥外,IP 路由器也具备 LAN 互联功能,但其协议功能位于第三层,即网络层。NS-3 的网桥仿真模块源码位于 ~/src/bridge 目标,主要针对二层端口的转发控制。

## 6.3.1　功能需求

**1. 功能结构**

网桥的体系结构中,通常包括一个连接各端口的 MAC 中继实体、端口(至少 2 个)和高层管理实体(至少含有生成树协议实体),如图 6.4 所示。

中继实体在不同的网桥端口之间进行 MAC 帧中继传送、帧过滤处理以及过滤信息的学习等,这些处理功能不依赖具体的 MAC 算法,但是 MAC 中继实体要用到各端口 MAC 实体提供的内部子层服务。

网桥的端口可从所联结的 LAN 收取帧,也可向后者发送帧。端口各自拥有独立的 MAC 实体,这些实体为帧的发送和收取提供了相应的内部子层服务。MAC 实体所处理的功能,都与具体的 MAC 算法有关,包括 MAC 协议和过程的规范要求等。

生成树协议实体计算得到并配置实际工作的逻辑拓扑,它与其他高层协议(包括网桥管理、GARP 应用)一样,要利用分立于各端口上的 LLC 过程。所谓现行拓扑,是一组通过转发端口互联 LAN 和网桥的通信路径,工作于物理拓扑之上,通过生成树算法和协议构造而成,避免了转发回路。

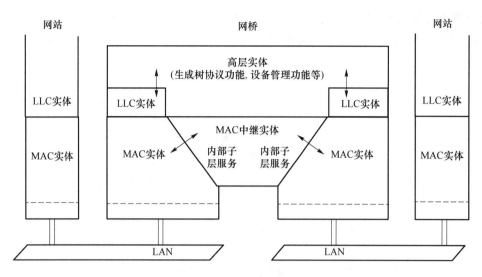

图 6.4 IEEE 802.1D 网桥的功能结构

**2. 中继转发**

MAC 中继实体在进行帧中继时,涉及端口的帧接收发送功能实体,以及内部的端口状态信息、转发处理功能和过滤数据库。过滤处理库是利用 MAC 中继实体的学习功能,通过观测网络业务流而分析建造起来的。网桥的中继实体功能,可以分为 3 个工作模型:中继转发模型、过滤模型和学习模型。图 6.5 给出了 MAC 帧中继转发和学习功能的工作模型。

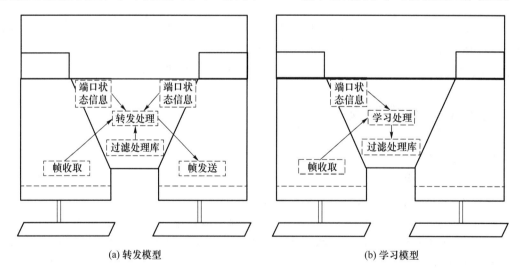

(a) 转发模型　　　　　　　　　　　　　　　　(b) 学习模型

图 6.5 中继实体的转发模型和学习模型

高层协议实体的工作过程主要涉及 LLC 的通信功能,以及 MAC 中继实体也涉及的端口状态信息、过滤处理库和端口上的帧发送和收取功能等。

帧收取功能在收到数据帧后,依据帧类型和 MAC 目标地址,传送给转发及学习处理功能模块或本端口对应的 LLC。转发处理的过程受到拓扑的强制限制以及过滤数据库的影响,还可能需要进行帧缓冲处理、优先级映射和调度,以及 FCS 的重新计算等。

**3. 地址学习**

图 6.5(a)中,过滤数据库接受转发处理功能的查询要求,从特定端口收到的帧依据其目标 MAC 地址而得到可以转发的出口。过滤信息可以通过管理操作进行静态配置,也可以在网桥及协议的正常工作期间动态、自动地加入过滤数据库。

过滤数据库以抽象表来表示,相应的过滤信息称为过滤条目或过滤入口(Entry)。针对静态配置和动态学习功能,过滤条目分为静态和动态两种类型,但它们的内容均包括:

(1) 一个指定的 MAC 地址;

(2) 端口映射表,其中每个输出端口设置一个控制元素,以决定转发还是作过滤处理。

对于静态条目,其 MAC 地址可以是个体地址,也可以是组播地址;对于动态条目,MAC 则只能为个体地址,而端口映射表只包含一个输出端口。

动态条目由图 6.5(b)中的学习处理功能进行动态添加,受老化时间(Aging Time)约束。学习处理功能,就是将新收到的 MAC 帧中的源 MAC 地址和收取到的该帧的端口号作为条目内容,添加到过滤数据库中。标准规定,老化时间缺省为 300.0 s,在 10.0~1 000 000.0 s 可调。

**4. 管理功能**

桥接 LAN 中的 MAC 实体均采用 48 bit 的地址格式(与以太网情况相同),可以是全局分配地址或全局分配与局部分配相结合的地址。个体地址用于标识单个端站点,广播和组播地址则适用于整个桥接 LAN。如果网桥未设置静态的组播过滤条目,则目标地址为广播和组播的 MAC 帧将被中继到整个桥接 LAN。

表 6.1 列出了已保留分配的 MAC 地址及用法,其中网桥组播地址用于发送 BPDU 帧。而网桥管理组播地址用于向网桥的管理功能发送管理信息,它由网桥内的 LLC 实体传送给高层管理实体。

表 6.1 IEEE 802.1D 保留分配的 MAC 地址

| MAC 地址值 | 用途 |
|---|---|
| 01-80-C2-00-00-00 | 网桥组播地址 |
| 01-80-C2-00-00-01 | 802.3x 的全双工 PAUSE 操作 |
| 01-80-C2-00-00-02 | 802.3ad 中慢协议组播地址 |
| 01-80-C2-00-00-03 | 802.1X 的 PAE 地址 |
| 01-80-C2-00-00-04 ... 01-80-C2-00-00-0F | 为新标准保留 |
| 01-80-C2-00-00-10 | 网桥管理组播地址 |

图 6.4 的高层协议,包括生成树协议(STP)和通用属性注册协议(GARP)。GARP 规范了一种机制,用于在交换机之间分发、传送和注册某种信息(如 VLAN、组播地址等)。GARP 本身不能作为一个实体存在于交换机中,只有遵循 GARP 协议的应用(称为 GARP 应用)才能实体化。比如,GVRP(GARP VLAN Registration Protocol)和 GMRP(Generic Multicast Registration Protocol)是 GARP 的 2 种应用,均基于 GARP 的工作机制,分别用于维护交换机中 VLAN 动态注册信息和组播注册信息,并将该信息传送到其他交换机。因此,准确说来,交换机可以支持 GVRP、GMRP,但不应等同于 GARP。

STP 通过网桥之间发送配置消息来传递拓扑信息,通过生成树算法选取网桥端口,按避免环路的要求置于转发状态或丢弃状态,构造一致的实际使用的逻辑拓扑。RSTP 是 STP 的第 2 版,前者通过桥间握手机制来控制拓扑的变更。在不出现临时环路的前提下,RSTP 可以使端口尽快进入转发状态,可以极大提高故障发生后的网络恢复时间。

**5. 转发工作模式**

从协议分层功能的角度看,交换机与网桥一样,在数据链路层提供互联支持。交换机与网桥的差别主要在处理能力方面。交换机提供更高的端口密度、更高的吞吐性能和更好的组网灵活性。也有人把交换机看作为网桥技术的新产品。

交换机进行交换的依据也和网桥一样是 MAC 地址,但与网桥不同的是,交换机不仅支持存储转发的处理方式,还支持直通处理方式。

直通的含义是指不需要收到完整 MAC 帧数据后再进行转发处理。在直通方式中,交换机在没有收到帧结尾部分的校验字段就已开始发送帧的前部,因此无法鉴别出错帧,只有在网络误码性能较好的环境中才能有效发挥其效能。为此,新开发的交换机增加了自适应功能,即在交换过程中监测帧的出错率,若出错率在可以接受的范围内,则启动直通功能,而在误码性能下降时回到存储转发工作方式。

# 6.3.2　NS-3 仿真对象类

**1. 对象类功能**

NS-3 仿真类包括 BridgeNetDevice、BridgeChannel 和 BridgeHelper。图 6.6 描述了网仿真类及相关对象类。

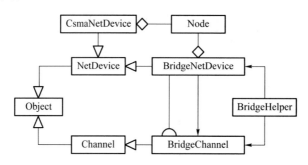

图 6.6　网桥对象类及相互关系

对象类 BridgeChannel 派生于 Channel,其作用是记录互联端口信道并提供查询接口,并不进行物理信道的信号传播,因此无须配置带宽等属性。BridgeChannel 可视作网桥的内部信息。

对象类 BridgeNetDevice 派生于 NetDevice,其作用是模拟网桥端口进行以太网帧的收发,同时进行以太网地址的学习。BridgeNetDevice 从属于一般节点,该节点无须进行 Internet 协议域和 IP 地址配置。BridgeNetDevice 可视为网桥的软端口。

对象类 BridgeHelper 是配置助手,其作用是简化网桥与终端站的互联配置。

**2. 桥接收发功能仿真**

如图 6.6 所示,节点 Node 自 CsmaNetDevice 接收 CSMA 数据帧,调用了成员函数

ReceiveFromDevice()处理,该函数依协议类型分配给相应的处理函数。而对象类 BridgeNetDevice 在配置到节点时,调用 Node::RegisterProtocolHandler()注册了相应的回调函数 BridgeNetDevice::ReceiveFromDevice(),实际接收到来自站点的以太网帧。

对象类 BridgeNetDevice 的成员函数 ReceiveFromDevice()检查目标 MAC 地址类型,若为广播或多址则调用成员函数 ForwardBroadcast(),若为单播则调用成员函数 ForwardUnicast()。理论上,BridgeNetDevice 也可以作为目的接收 MAC 帧,但作为无功能的网桥,NS-3 的形式化代码并未得到使用。

函数 ForwardBroadcast()的功能包括 MAC 地址学习和 MAC 帧再发送。地址学习由成员函数 BridgeNetDevice::Learn()将输入帧的 MAC 源地址关联到 CsmaNetDevice 实例。MAC 帧再发送就是除输入端口外的所有其他 CsmaNetDevice 端口,调用 SendFrom() 向附接的 CsmaChannel 发送 MAC 帧。图 6.7 描述了网桥的一般处理流程。

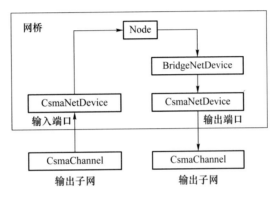

图 6.7  网桥收发 MAC 帧的一般流程

图 6.7 描述的 MAC 帧处理流程,同样适用于 ForwardUnicast()。所不同的是,单播转发时需要从学习到的 MAC 地址记录查出相应的输出端口。依据 MAC 目标地址查询不到确定的输出端口时,则向除输入端口外的所有端口进行转发。

学习到的 MAC 地址以字典格式存放在变量成员 m_learnState 中,其类型为 std::map < Mac48Address,LearnedState >,其中结构体 LearnedState 的定义为:

```
struct LearnedState
{
  Ptr< NetDevice > associatedPort;
  Time expirationTime;
};
```

其中:associatePort 为收到 MAC 帧的端口;expirationTime 为记录的失效时间。

**3. 配置助手的使用**

对象类 BridgeHelper 提供了 BridgeNetDevice 属性设置和节点配置功能。成员函数 SetDeviceAttribute()可用于配置属性,包括:

(1) Mtu,网桥端口的最大传输单元(MTU),并无实际作用;

(2) EnableLearning,是否启用地址学习,缺省为 Boolean(true);

(3) ExpirationTime,地址记录的有效时长,缺少为 300 s。

成员函数 Install(Ptr < Node > node, NetDeviceContainer c)为节点 node 创建 BridgeNetDevice 实例,将指定的一组网桥端口 c 当作端口,并返回该实例。需要注意的是, 参数 c 是已配置安装在节点 node 的 CSMA 网卡。

## 6.3.3 仿真示例

### 1. 单网桥仿真示例

范例～/src/bridge/examples/csma-bridge.cc 模拟网桥直连 4 台主机终端的拓扑,第 17～30 行给的配置结构说明如下所列:

```
// Network topology
//
//           n0      n1
//           |       |
//         -----------
//         | Switch |
//         -----------
//           |       |
//           n2      n3
//
//
// - CBR/UDP flows from n0 to n1 and from n3 to n0
```

其中:名为 Switch 的矩形实质上是一个普通节点,但无须配置 IP 协议;而主机节点 n0～n3 可配置同一网段的 IP 地址。

范例第 68～72 行分配创建网桥和主机,如下所列:

```
NodeContainer terminals;
terminals.Create (4);
NodeContainer csmaSwitch;
csmaSwitch.Create (1);
```

相应地,在网桥主机之间创建 4 个独立的 CSMA 网段,第 75～89 行如下所列:

```
CsmaHelper csma;
csma.SetChannelAttribute ("DataRate", DataRateValue (5000000));
csma.SetChannelAttribute ("Delay", TimeValue (MilliSeconds (2)));
NetDeviceContainer terminalDevices;
NetDeviceContainer switchDevices;
for (int i = 0; i < 4; i++) {
    NetDeviceContainer link = csma.Install (\
        NodeContainer (terminals.Get (i), csmaSwitch));
    terminalDevices.Add (link.Get (0));
    switchDevices.Add (link.Get (1));
}
```

其中,容量 switchDevices 包含了 4 个端口,用于创建网桥节点的 BridgeNetDevice。

范例第 92～94 行为网桥节点配置网桥仿真功能,如下所列:

```
Ptr<Node> switchNode = csmaSwitch.Get (0);
BridgeHelper bridge;
bridge.Install (switchNode, switchDevices);
```

范例的其他配置功能,包括协议配置、业务配置和仿真进度配置,均为常规过程。从仿真结果得到的分组跟踪文件可见,跨网桥的主机可以完成转发。此处从略。

**2. 网桥互联仿真**

范例～/src/bridge/examples/csma-bridge-one-hop.cc 模拟了一台中间路由器互联 2 个 LAN 的拓扑,每个 LAN 直连 2 台主机终端。该范例同时验证了 LAN 内通信等效为一跳链路的仿真功能。

范例第 17～67 行以 ASCII 文本格式描述了仿真网络的拓扑示意,主要内容是 2 个 LAN 分别对应仿真代码中的变量 topLan 和 bottomLan,主机节点 n0 和 n1 直连 topLan, n3 和 n4 直连 bottomLan,中间路由节点 n5 互连 topLan 和 bottomLan。

范例第 123～143 行配置 topLan,如下所列:

```
NetDeviceContainer topLanDevices;
NetDeviceContainer topBridgeDevices;
NodeContainer topLan (n2, n0, n1);
for (int i = 0; i < 3; i++) {
    NetDeviceContainer link = csma.Install (\
                NodeContainer (topLan.Get (i), bridge1));
    topLanDevices.Add (link.Get (0));
    topBridgeDevices.Add (link.Get (1));
}
BridgeHelper bridge;
bridge.Install (bridge1, topBridgeDevices);
```

其中:csma 为助手类 CsmaHelper 的实例,预先配置了带宽和延时属性;bridge1 为 topLan 的网桥节点。

范例第 151～160 行配置 bottomLan,代码功能类似于 topLan,此处从略。第 164～168 行配置 IP 地址,如下所列:

```
Ipv4AddressHelper ipv4;
ipv4.SetBase ("10.1.1.0", "255.255.255.0");
ipv4.Assign (topLanDevices);
ipv4.SetBase ("10.1.2.0", "255.255.255.0");
ipv4.Assign (bottomLanDevices);
```

其中,变量 bottomLanDevices 是配置 bottomLan 得到的除网桥外的网卡容器。范例第 175 行对静态路由进行了常规配置,如下所列:

```
Ipv4GlobalRoutingHelper::PopulateRoutingTables ();
```

以上函数采用二步处理,包括路由节点库的建造和路由条目的计算。由于网桥不具有路由器的功能,因此不加入路由节点库。范例余下代码配置了应用和跟踪功能,此处从略。

在范例基础上,将 topLan 内节点 IP 地址分配到不同子网,如下所列:

```
ipv4.SetBase ("10.1.1.0", "255.255.255.0");
ipv4.Assign (topLanDevices.Get(0));
ipv4.SetBase ("10.1.3.0", "255.255.255.0");
ipv4.Assign (topLanDevices.Get(1));
ipv4.SetBase ("10.1.4.0", "255.255.255.0");
ipv4.Assign (topLanDevices.Get(2));
```

则在仿真运行时出现包含以下提示的错误:

```
GlobalRouter::ProcessSingleBroadcastLink(): Network number confusion
```

这说明,全局静态路由计算时强制要求同一 LAN 的节点必须配置同一子网的 IP 地址。

# 6.4 广播风暴仿真

## 6.4.1 广播风暴产生机制

### 1. MAC 广播的作用

地址解析协议(ARP)是 IP 协议簇一个不可或缺的功能。它的作用是在 LAN 中为目标 IP 地址找到一个合适的接收节点,以及该节点对应的 MAC 地址。当目标节点与源节点位于同一 LAN 内时,对应的 MAC 地址就是目标节点。当目标节点不在源节点所在的 LAN 内时,通常由路由器转发,因此目标 MAC 地址对应于该路由器。

ARP 需要通过 MAC 广播在 LAN 内发出以上解析请求分组,合适的接收节点或路由器返回 MAC 单播给出应答。同一 LAN 网段内,物理信号可达所有节点。网桥互联的多网段中,MAC 广播也必须可达所有节点。这正是网桥仿真的一个基本需求。

网桥在接收到 MAC 广播后,会向除接收端口外的所有其他端口进行复制转发。如果两个网桥通过两条链路直连,则会形成一个广播回路,其间 MAC 广播不停止转发。

### 2. 冗余拓扑的广播回路

实际应用中,两台网桥的双链路直连的情况并不常见。但图 6.8 表示的在实际中存在的冗余拓扑却是可能的,尤其是图 6.8(b)的双归属结构更为常见。

图 6.8(a)中,直连的网桥 B1 和 B2,通过共同上级网桥 B0 间接互连。这种结构的一个作用是,当 B1 直连 B2 的链路发生中断故障,经由 B0 的备用路径可以维持网络的可达性。同样,在图 6.8(b)中,末端的 B0 通过两条链路连接到上级网桥,后者同样以这种双归属连接到上其上级网桥,目的也是提升网络的可靠性。

以图 6.8(a)为例,设 B1 从端口(1,0)发出 MAC 广播,到达 B2 后复制转发到端口(2,1)。后一个广播由 B0 转发到 B1 的端口(1,1)。对于 B1 而言,区分不了来自 B0 的广播是否是其最早发出的副本,因此会向端口(1,0)复制转发。如此,在(B1,B2,B0,B1)的回路中,

MAC 广播帧会永不终止地复制转发。

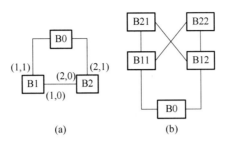

图 6.8　两种网桥冗余互连结构

### 3. 回路广播帧的时间特性

图 6.8(a)中,设直连链路长度为 1 km,对应的传输延时为 5 μs,再设链路传输宽带为 1 Mbit/s,则对于常规的 1 500 B 分组,发送延时为 12 ms。回路的逆时针方向上,每个网桥间隔 12.5×3 = 37.5 ms 时长一定会收到一个重复的 MAC 广播。考虑双向因素,网桥每 18.75 ms 就会收到一个 MAC 广播。结果是,网络中充斥了重复且无意义的广播帧,通常被阻断。这个不正常现象也与大气风暴类似,会对网络产生破坏。

图 6.8(b)中的拓扑存在多条广播回路,比如:(B0, B12, B21, B11, B0);(B0, B12, B22, B11, B0);(B12, B21, B11, B22, B12);(B11, B22, B12, B21, B11)。

因此,广播风暴的现象会更加严重。

广播风暴产生的 MAC 广播不仅影响网桥,也传输到所有接入网桥的主机节点和路由节点。

## 6.4.2　广播风暴仿真示例

### 1. 拓扑设计

以图 6.8(a)表示的简单拓扑和范例～/src/bridge/examples/csma-bridge.cc 为蓝本,在网桥 B1 和 B2 分别接入主机节点 n1 和 n2,拓扑创建代码如下所列:

```
NodeContainer terminals;
terminals.Create (2);
NodeContainer csmaSwitch;
csmaSwitchs.Create (3);
NetDeviceContainer csmaDev;
NetDeviceContainer b0, b1, b2;
// Create b0 subnet
NetDeviceContainer link = csma.Install (
    NodeContainer (csmaSwitchs.Get (0), csmaSwitch.Get (1)));
b0.Add (link.Get (0));
b1.Add (link.Get (1));
link = csma.Install (
    NodeContainer (csmaSwitchs.Get (0), csmaSwitch.Get (2)));
```

```
b0.Add (link.Get (0));
b2.Add (link.Get (1));
BridgeHelper bridge;
bridge.Install (csmaSwitchs.Get (0), b0);
```

其中：terminals 包含 2 个主机节点；csmaSwitchs 包含 3 个网桥；csmaDev 包含 2 个主机的网卡；b0～b2 分别包含 3 个网桥的端口。

以上示例代码只给出了 b0 的配置，b1 和 b2 的配置类同。

**2. 协议栈与应用配置**

IP 协议栈仅需配置到主机节点，示例代码如下所列：

```
InternetStackHelper internet;
internet.Install (terminals);
Ipv4AddressHelper ipv4;
ipv4.SetBase ("10.1.1.0", "255.255.255.0");
ipv4.Assign (csmaDev);
```

需要注意的是，两台主机的 IP 地址应当配置在同一子网内。

针对仿真做任务，只需要源节点发送一个 IP 分组，即 terminals 序号为 0 的节点，其应用仿真模块限制发送的数据总量，具体代码如下所列：

```
uint16_t port = 9;   // Discard port (RFC 863)
OnOffHelper onoff ("ns3::UdpSocketFactory",
        Address (InetSocketAddress (Ipv4Address ("10.1.1.2"), port)));
onoff.SetConstantRate (DataRate ("500kb/s"));
onoff.SetAttribute ("MaxBytes",UintegerValue (512));
ApplicationContainer app = onoff.Install (terminals.Get (0));
app.Start (Seconds (1.0));
app.Stop (Seconds (2.0));
PacketSinkHelper sink ("ns3::UdpSocketFactory",
        Address (InetSocketAddress (Ipv4Address::GetAny (), port)));
app = sink.Install (terminals.Get (1));
app.Start (Seconds (0.0));
app.Stop (Seconds (2.0));
```

其中，助手类 OnOffHelper 的成员函数 SetAttribute()参考缺省的分组长，设置为 1 个分组大小。

仿真跟踪配置，记录所有网络接口的分组收发。仿真时间限定于 2 s 之内。

**3. 仿真结果说明**

以上示例仿真完成后，得到所有网络接口的分组捕获文件，一共 10 个文件。其中文件名序号"-3-1"对应于 b0 与 n1 的接口，使用如下命令：

```
tcpdump -r csma-bridge-storm-3-0.pcap | wc -l
```

得到共 802 行解析结果，对应于 802 个分组收发。前 3 条记录如下所列：

```
08:00:01.011708 ARP, Request who-has 10.1.1.2 (Broadcast) tell 10.1.1.1, length 50
08:00:01.013259 ARP, Request who-has 10.1.1.2 (Broadcast) tell 10.1.1.1, length 50
08:00:01.014762 ARP, Request who-has 10.1.1.2 (Broadcast) tell 10.1.1.1, length 50
```

可见,1 个 MAC 广播在网络中被重复发送,而且相隔时间小于 2 ms。仿真呈现了 MAC 广播风暴现象。

如果对 b0 与 b1 的直连链路配置代码进行注释,即将手工解除广播回路,重复仿真,可以观察到 PCAP 文件中只存在 2 条记录,广播风暴得到抑制。这正是网桥生成树协议 (STP)需要完成的功能,但 NS-3 并未提供 STP 的仿真功能。

## 6.4.3　生成树协议的仿真扩展

### 1. STP 工作机制

生成树协议(STP,Spanning Tree Protocol)的一个主要功能是,通过网桥间的消息通告建立无环的逻辑拓扑,抑制广播风暴。STP 消息封装在网桥协议数据单元(BPDU)中,以 MAC 组播地址为目标,在网桥间周期性地产生和转发,具有一定的故障恢复能力。

STP 的主要处理流程包括 3 个同时执行的功能:第一是竞选根网桥;第二是选定根端口;第三是竞选指定端口。

根网桥是生成树拓扑的根节点,它是 BPDU 组播可达范围内 MAC 地址值最小的网桥。根网桥竞选是一个分布式的动态过程,初始时每个网桥先将自身视作为根,向邻接网桥发送 BPDU,内容包括网桥的 MAC 地址,称为 Hello 消息。相互交换 Hello 消息的一对网桥通过 MAC 地址判定,结果只有一个会成为根。成为非根的网桥,后续只转发来自根的 BPDU,如此,经一般时间的 BPDU 扩散,最终只有 MAC 地址值最小的网桥不断产生 BPDU,其他网桥将退出竞选。

非根网桥在转发 BPDU 时,要附加接收端口的路径成本,以反映到达根网桥的逻辑距离或权值。对于一个有多条路径到达根的网桥而言,在接收到多个 BPDU 时,很容易判定出到达根网桥的最短路径,该路径对应的接收端口即为网桥的根端口。在一个网桥中,根端口具有唯一性,将非根端口置于阻断状态,就可以避免广播回路。

与根端口互连的父节点端口,就是指定端口。指定端口既用于收发子节点的 MAC 广播,也用于转发相应子网的 MAC 广播。当一个子网连接到多网桥时,这些网桥通过 BPDU 的分析,可以判定出哪一个到达根网桥最近,从而竞选出指定端口。

### 2. STP 仿真需求

STP 要求根网桥周期性产生 BPDU,并在网桥间扩散。根网桥的所有端口均为指定端口。非根网桥在接收到来自根的 BPDU 时,需要判定非根端口,并将其置于阻断状态。所以,STP 仿真模块需要管理端口的转发状态。

出于简单性考虑,仿真扩展模块可预先配置网桥是否为根网桥,略去根网桥的竞选过程。因此,只有非根网桥需要接收和处理 BPDU。

仅就广播风暴抑制而言,可对 STP 处理逻辑进一步简化。非根网桥将首次接收到 BPDU 的端口当作根端口,后继从其他端口再次接收到 BPDU 时,可将这些端口置为阻断状态。如此,对 BPDU 消息内容的仿真也可得到简化。

处于阻断状态的端口不进行 MAC 帧收发,包括单播和多址帧。

**3. 对象类设计**

如图 6.6 所示,NS-3 定义的对象类 BridgeNetDevice 模拟以太网子网间的 MAC 帧转发,助手对象类 BridgeHelper 为网桥配置提供了统一的接口。参照此模型,定义派生对象类 BridgeStp 和 BridgeStpHelper,如图 6.9 所示。

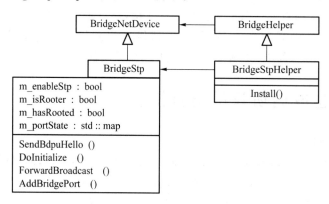

图 6.9　STP 仿真扩展对象类

图 6.9 中,对象类 BridgeStp 的变量成员 m_enableStp 表示是否启用 STP 仿真功能,m_isRooter 标记当前网桥是否是根,m_hasRooted 表示根端口已确定,m_portState 记录 CSMA 端口的 STP 状态。

对象类 BridgeStp 的成员函数 SendBdpuHello()构造一个空分组,并以 BPDU 多播 MAC 地址为目标,调用 BridgeNetDevice 的分组发送函数 Send(),如下所列:

```
void BridgeStp::SendBpduHello () {

  if (m_enableStp && m_isRooter)
    m_sendHello = Simulator::Schedule (
         Simulator::Now () + m_helloPeriod,
         &BridgeStp::SendBpduHello, this);


  Ptr < Packet > pkt = Create < Packet >(1501);


  Address dest = GetBpudMulticast();
  Send (pkt, dest, 1501);
}
```

其中:变量成员 m_helloPeriod 为 BPDU 的产生周期,是可配置属性;空分组长度设为 1 501,是绕过 BridgeNetDevice 源码在处理 IP 分组时的不完备逻辑;附加定义的静态成员函数 GetBpudMulticast()按 IEEE 802.1D 标准定义返回网桥多播地址。

成员函数 DoInitilize()定义调用 SendBpduHello(),完成 BPDU 周期的启动。成员函数 AddBridgePort()重载了 BridgeNetDevice 的同名函数,以便将每个 CSMA 端口记录到变量成员 m_portState 中。

成员函数 ForwardBroadcast()同样重载了 BridgeNetDevice 的同名函数,并将原函数的申明改为 virtual,以便得到动态调用。该函数的功能是,将第一个接收到 BPDU 的端口置为根端口,将其他端口置为阻断,如下所列:

```
void BridgeStp::ForwardBroadcast (Ptr<NetDevice> incomingPort,\
    Ptr<const Packet> packet, uint16_t protocol,\
    Mac48Address src, Mac48Address dst) {
  stpState &s = m_portState[incomingPort];
  if (m_enableStp && ! m_isRooter && dst == GetBpudMulticast())
  {
    if (m_hasRooted) {
      NS_LOG_LOGIC ("To set incomingPort blocked");
      if (s! = ROOT)
        s = BLOCKED;
    } else {
      s = ROOT;
      m_hasRooted = true;
    }
  }
  if (m_enableStp && m_isRooter && dst == GetBpudMulticast())
    return;
  if (s ! = BLOCKED)
    BridgeNetDevice::ForwardBroadcast (incomingPort,
        packet, protocol, src, dst);
}
```

其中:m_hasRooted 为 false,表示第一次接收到 BPDU;再次收到 BPDU 时,除根端口外,其他端口置为阻断;stpState 为枚举类型,定义了值 ROOT、BLOCKED 和 UNKOWN。对于根网桥,所有 BPDU 多播都不进行转发。

图 6.9 中对象类 BridgeStpHelper 只需在 Install()中将 BridgeNetDevice 类型修改为 BridgeStp 即可。

**4. 测试用例及实验**

以 6.4.2 的广播风暴仿真示例为基础,用 BridgeStpHelper 替代 BridgeHelper,同时将 B0 的属性配置为根网桥,如下所列:

```
BridgeStpHelper bridge;
bridge.SetDeviceAttribute("SetRooter", BooleanValue(true));
bridge.Install (csmaSwitch.Get(0),b0);

...

bridge.SetDeviceAttribute("SetRooter", BooleanValue(false));
bridge.Install (csmaSwitch.Get(1),b1);

...

bridge.Install (csmaSwitch.Get(2),b2);
```

其中,属性"SetRooter"预先定义在对象类 BridgeStp 静态成员函数 GetTypeId()中,关联到变量成员 m_isRooter。

为方便观测 STP 作用过程和分组流,将业务流启动时间后延至 STP 启动之后,并以 ASCII 格式记录所有分组事件。图 6.10 描述了事件过程。

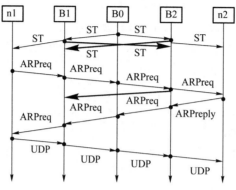

注: ST表示BPDU分组

图 6.10　STP 仿真实验的分组事件流图

从 6.10 可见,STP 计算过程中,在 B1 与 B2 直连链路上存在多播分组的转发,对应图中粗箭头线表示的部分。主机 n1 发出的广播型 ARPreq(解析请求)也存在多端口转发的情况。但 n2 发出的单播 ARPreply(解析响应)和 n1 发出的 UDP 分组不再发生多端口转发的情况。

图 6.10 中以粗箭头线表示的 ARPreq 多端口转发问题,是由于仿真扩展模块只对端口接收进行了阻断处理,缺省了端口发送的阻断而导致的。另外,该仿真扩展未提供根网桥的竞选仿真,也未通过最短路径计算来确定根端口。这些功能的引入,需要对 BPDU 帧结构做进一步设计和仿真功能开发。

# 6.5　虚拟网桥仿真

## 6.5.1　虚拟网络接口

### 1. 用户空间与内核空间

通常,中央处理器(CPU)和操作系统将其上运行的计算机程序分为内核和用户两类。所谓内核,是指具有最高特权、经过认证的一组程序或模块,它们可以执行所有 CPU 指令,访问所有内存空间和外围设备。相比而言,用户程序是受限的,它只能通过操作系统提供的软中断暂时调用内核提供的计算处理功能。

网络协议栈和网卡,一般由内核模块管理和维护。网络应用程序通过 Socket 接口访问网络协议栈及网络接口,如图 6.11 所示。

以作者所用的 Linux 操作系统为例,网络接口设备命名为 en01,可通过系统命令

ifconfig 进行 IPv4 地址、网关等参数的配置。Intel 网卡设备驱动模块名为 e1000e,TCP/IP 协议栈模块名为 xt_tcpudp,它们均为内核模块,在操作系统启动时自行加载。

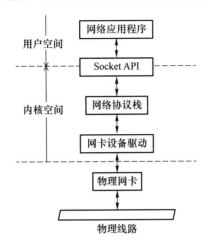

图 6.11  物理网卡访问的一般结构

**2. 虚拟网桥及网络接口**

取名于搭接(TAP)的虚拟网桥和取名于隧道(TUN)的虚拟网口,分别在第二层和第三层模拟网络接口,可以实现网络应用和中间应用程序之间的分组收发,如图 6.12 所示。

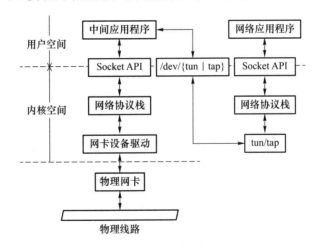

图 6.12  虚拟网口的一般结构

图 6.12 的中间应用程序在网络应用程序与物理网络之间起到中转作用,比如 VPN 隧道服务等。其中,tun/tap 和物理网卡在逻辑上是等价的,代表了一个网络接口,通过文件 /dev/tun(或/dev/tap)与中间应用程序相连。网络应用程序对网络协议栈的访问无须任何改变。

tun/tap 所代表的虚拟网卡与物理网卡一样,需要进行 IP 地址等网络参数的配置。

**3. 虚拟主机**

虚拟化技术能在物理宿主机上为用户提供独立透明的逻辑运行环境,模拟产生与物理机相同感受的 CPU、操作系统和内外存设备,包括前述虚拟网络接口。提供虚拟化环境的软件包括 VMware、VirtualBox 和 LXC(Linux Container,Linux 容器),其中前两者采用全虚拟化技术,为用户建立独立的系统内核。LXC 采用半虚拟化手段,不同用户共享同一个 Linux 内核,但有相互隔离的用户空间。

LXC 依赖 Linux 内核的支持,通过一组系统命令管理虚拟机,包括:

(1) lxc-create,用于创建一个容器;

(2) lxc-destroy,用于完全清除或销毁容器;

(3) lxc-start,用于在容器中执行给定命令;

(4) lxc-stop,用于终止容器的运行;

(5) lxc-attach,用于接入容器控制台(CLI);

(6) lxc-ls,用于列出系统中的所有容器。

由 lxc-create 创建的容器需要使用 lxc-destory 删除。由 lxc-start 启动的容器需要使用 lxc-stop 停止。lxc-attach 进入容器工作的命令行接口。lxc-ls 显示所示容器及工作状态。需要注意的是,容器通常有独立的文件系统,使用前需要使用 chroot 和 passwd 设置用户及口令。

**4. 虚拟网络配置**

NS-3 范例～/src/tap-bridge/tap-csma-virtual-machine.cc 完成两个虚拟主机间通过仿真网桥互联的功能,如图 6.13 所示。

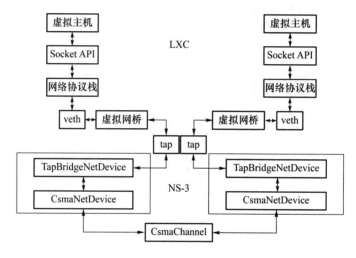

图 6.13　虚拟网络与主机的配置结构

在 Linux 操作系统中,命令 brctl 和 tunctl 分别用于配置虚拟网桥和虚拟以太网端口。针对图 6.13 所示结构,操作如下:

```
$ sudo brctl addbr br-left
$ sudo tunctl -t tap-left
```

其中:br-left 和 tap-left 对应于网桥和端口的名称;sudo 要求以 root 用户角色调用命令。可以用同样的方法创建图 6.13 中右侧的网桥和端口。

启用以上端口并装配到相应网桥,操作命令如下所列:

```
$ sudo ifconfig tap-left 0.0.0.0 promisc up
$ sudo brctl addif br-left tap-left
$ sudo ifconfig br-left up
```

以同样方法处理图 6.13 中右侧的网桥和端口。使用如下命令可检查网桥状态：

```
$ sudo brctl show
bridge name     bridge id              STP enabled     interfaces
br-left         8000.XXXXXXXXXXXX      no              tap-left
br-right        8000.YYYYYYYYYYYY      no              tap-right
```

其中，回显第 2 列的 $X^*$ 和 $Y^*$ 表示系统分配的序号，不同环境下该值有所不同。

**5. 虚拟主机安装**

LXC 容器，即虚拟机的创建，缺省时使用记录在脚本文件/usr/share/lxc/templetes/lxc-xxx 中的容器资源地址（URL），也可通过-t 选择速度更快的镜像服务器，如下所列：

```
$ sudo lxc-create -f < conf > -t download -n left \
        -- -dubuntun --server < mirror-url >
```

其中，参数< conf >为预定义的配置文件名，比如 NS-3 范例～/src/tap-bridge/examples/lxc-left.conf；< mirror-url >为镜像服务器，可用以下镜像地址替代：

```
mirrors.cloud.tencent.com/lxc-images
mirrors.tuna.tsinghua.edu.cn/lxc-images
```

容器创建时长取决于实际网络的可用带宽，正确安装后得到提示信息，建立配置 SSH 和修改用户口令。就仿真而言，只需对容器的 root 用户口令执行命令 passwd，如下所列：

```
$ sudo chroot /var/lib/lxc/left/rootfs/ passwd
```

其中，chroot 的作用是切换命令 passwd 执行的根文件目录环境，以便操作容器。

启动、使用和检查容器的工作状态，可执行以下命令：

```
$ sudo lxc-start -n left
$ sudo lxc-attach -n left
$ ip addr show dev eth0
```

其中：第 2 条命令进入容器运行环境；第 3 条命令显示容器网络接口 eth0 的配置结果。以同样方法创建图 6.13 右侧的虚拟主机。

## 6.5.2　NS-3 虚拟网桥仿真

**1. 虚拟网络接口连接**

从应用程序的角度观察，Linux 虚拟网络接口，即 6.5.1 所述的 TUN/TAP，是操作系统提供的设备。因此，NS-3 通过特定设备读写来仿真网桥接口的连接，涉及模块 tap-bridge 的源程序 tcp-create.cc，tap-encode-decode.{h,cc}和 tap-bridge.{h,cc}。

tcp-create.cc 实现了可独立执行的扩展命令，作用是创建新的 TAP 或连接预定义的 TAP。NS-3 编译后，在目录～/build/src/tap-bridge 下，生成可执行程序 ns-3.xx-tap-creator[-debug]，并 NS-3 执行环境定义了宏 TAP_CREATOR 指向该程序。

tap-bridge.{h,cc}定义了类 TapBridge 的成员函数 CreateTap()，其主要功能就是为

TAP_CREATOR 提供命令执行参数。为避免长期占用 root 的访问权限,该成员函数使用子进程分支调用 TAP_CREATEOR,并在 TAP 连接后由父进程完成 TapBridge 实例的配置。

进一步,TapBridge 对 TAP 设备的访问使用了独立线程以实现异步读写功能。为此,从 FdReader 派生了对象类 TapBridgeFdReader,其作用是监听 TAP 设备,在有数据可读时存入缓存,并由线程执行函数 run()以回调方式调用 TapBridge 的成员函数 ReadCallback(),后者以 DES 方式调用 ForwardToBridgedDevice()。

**2. 对象类结构**

NS-3 的虚拟网桥仿真仅定义对象类 TapBridge 和配置助手类 TapBridgeHelper,结构上与 BridgeNetDevice 和 BridgeHelper 很相似。

TapBridge 的主要功能是从 Linux 的 TAP 设备接收 MAC 帧,并根据 MAC 地址类型向 Bridge 的其他端口,包括仿真的 CSMA 端口或其他 TAP 设备转发。通常,TapBridge 本身不产生分组或 MAC 帧。通过 TapBridge,NS-3 仿真程序类似于图 6.12 中的应用程序。但与诸如 VPN 的网络应用相比,NS-3 程序可以模拟有一定规模的仿真网络。

TapBridge 成员函数 ReceiveFromBridgedDevice()是仿真分组向 TAP 发送的入口函数,成员函数 ForwardToBridgedDevice()是接收 TAP 输入的真实分组并向 NS-3 的 CSMA 转发的处理函数。

助手类 TapBridgeHelper 的配置函数

```
Install(Ptr<Node> node, Ptr<NetDevice> nd);
```

为指定的 NS-3 节点(node)装配 TapBridge 实例,并为其连接到一个 NS-3 的 CSMA 网络端口(nd),该端口将接收来自 TAP 的真实分组。

助手类 TapBridgeHelper 的另一个配置函数

```
Install(Ptr<Node> node, Ptr<NetDevice> nd, const AttributeValue &v1);
```

为 TapBridge 实例互连名为 v1 的 TAP。属性配置函数 SetAttribute()在指定属性名为"DeviceName"时便可完成相同功能。

TapBridge 定义的可配置属性还包括:

(1) Gateway,TAP 网口网关地址;

(2) IpAddress,TAP 网口 IPv4 地址;

(3) MacAddress,TAP 网口 MAC 地址;

(4) Netmask,TAP 网口子网掩码;

(5) Start,TAP 网口读取真实分组的启动时间;

(6) Stop,TAP 网口读取真实分组的停止时间;

(7) Mode,TAP 网口配置方式,可选 ConfigureLocal 或 UseLocal 或 UseBridge。

在 TAP 网的配置方式中,ConfigureLocal 指示由 NS-3 来创建 TAP 设备,UseLocal 指示 NS-3 直接使用由 Linux 预配置的 TAP 设备,UseBridge 指示 NS-3 直接使用由 Linux 预配置的虚拟网桥及 TAP 设备。Mode 缺省为 UseLocal。

Mode 不是 ConfigureLocal,以上前 4 个属性将被 TAP 的实际值替代,它们是 Linux 中通过命令 ifconfig 可以修改的属性。

**3. 仿真范例说明**

范例～/src/tap-bridge/examples/tap-csma-virtaul-machine. cc 提供了一个互连 2 台 LXC 虚拟机的仿真网桥,其拓扑结构如图 6.13 所示,其中左侧 TAP 设备名为 tap-left,右侧名为 tap-right,虚拟网桥和虚拟机命名方法相同。

范例第 84 行和第 85 行,针对虚拟系统与仿真系统的互联要求,选配实时调度器和分组校验字段的功能,如下所列:

```
GlobalValue::Bind ("SimulatorImplementationType",\
                StringValue ("ns3::RealtimeSimulatorImpl"));
GlobalValue::Bind ("ChecksumEnabled", BooleanValue (true));
```

其中,RealtimeSimulatorImpl 的时间按实时钟计量。

范例第 92～103 行,配置 NS-3 的 CSMA 网络,如下所列:

```
NodeContainer nodes;
nodes. Create (2);
CsmaHelper csma;
NetDeviceContainer devices = csma. Install (nodes);
```

其中,CsmaHelper 的功能是为 2 个仿真节点建立仿真的 CSMA 网络。

范例第 112～122 行配置 Linux 的 TAP 设备互联,如下所列:

```
TapBridgeHelper tapBridge;
tapBridge. SetAttribute ("Mode", StringValue ("UseBridge"));
tapBridge. SetAttribute ("DeviceName", StringValue ("tap-left"));
tapBridge. Install (nodes. Get (0), devices. Get (0));
tapBridge. SetAttribute ("DeviceName", StringValue ("tap-right"));
tapBridge. Install (nodes. Get (1), devices. Get (1));
```

其中,tap-left 和 tap-right 是预先配置的 2 个虚拟网卡,分别通过虚拟网桥连接 2 台 LXC 虚拟机。

范例第 127～129 行设置了仿真执行时间,如下所列:

```
Simulator::Stop (Seconds (600.));
Simulator::Run ();
Simulator::Destroy ();
```

其中,仿真程序运行时间为实时钟的 600 s,或 10 min。

范例仿真之前,需要按 6.5.1 的要求,预先配置虚拟网桥、网卡和虚拟机,并启动虚拟机。在虚拟机"left"启动后,在范例仿真前、仿真中和仿真后,通过 ping 测试虚拟机"right"的结果,如下所列:

```
abc@abc:～ $ sudo lxc-attach -n left
root@left:/# ping 10.0.0.2 -c 3
PING 10.0.0.2 (10.0.0.2) 56(84) bytes of data.
From 10.0.0.1 icmp_seq = 1 Destination Host Unreachable
From 10.0.0.1 icmp_seq = 2 Destination Host Unreachable
From 10.0.0.1 icmp_seq = 3 Destination Host Unreachable

--- 10.0.0.2 ping statistics ---
```

```
3 packets transmitted, 0 received, + 3 errors, 100% packet loss, time 2015ms
pipe 3
root@left:/# date
Sat Oct   3 07:14:26 UTC 2020
root@left:/# ping 10.0.0.2 -c 3
PING 10.0.0.2 (10.0.0.2) 56(84) bytes of data.
64 bytes from 10.0.0.2: icmp_seq = 1 ttl = 64 time = 2.40 ms
64 bytes from 10.0.0.2: icmp_seq = 2 ttl = 64 time = 1.14 ms
64 bytes from 10.0.0.2: icmp_seq = 3 ttl = 64 time = 1.23 ms


--- 10.0.0.2 ping statistics ---
3 packets transmitted, 3 received, 0% packet loss, time 2002ms
rtt min/avg/max/mdev = 1.141/1.595/2.408/0.576 ms
root@left:/# date
Sat Oct   3 07:15:48 UTC 2020
root@left:/# date
Sat Oct   3 07:26:14 UTC 2020
root@left:/# ping 10.0.0.2 -c 3
PING 10.0.0.2 (10.0.0.2) 56(84) bytes of data.


--- 10.0.0.2 ping statistics ---
3 packets transmitted, 0 received, 100% packet loss, time 2016ms


root@left:/#
```

从以上 CLI 执行结果可以看到,在时间"Sat Oct 3 07:14:26 UTC 2020"之前,范例未启动,left 容器解析不到 10.0.0.2 所对应的 MAC 地址,回显为目标不可达。在时间"Sat Oct 3 07:15:48 UTC 2020"之前,范例启动后,Ping 命令得到正确响应。而范例执行约 10 min 后,在时间"Sat Oct 3 07:26:14 UTC 2020"之后,Ping 发出的 ICMP 未得到响应。这说明,范例所仿真的 CSMA 网络可以互连 2 台真实宿主机内的虚拟机。

NS-3 仿真网络与物理实机的互连在 NS-3 模块 fd-net-device 中得以实现,基本方法与 CSMA 互连类似,此处从略。

# 第7章　无线局域网仿真

## 7.1　WLAN 仿真范例详解

### 7.1.1　无线局域网技术的特点

**1. 技术标准与规范**

由 IEEE 802.11 标准组制定的无线局域网(WLAN)是针对 WiFi 无线频段的计算机局域网技术。截至 2016 年 7 月,该标准组主要发布了数十个国际规范或增补标准。IEEE 802.11g 和 802.11b 选择了相同的 2.4 GHz ISM 频段,前者是后者的高速率延展版本。而 802.11n 主要延展了 802.11a 的技术方法,特别是其 OFDM 物理层技术。

参照 ISO OSI-RM 的协议分层模型,WLAN 技术内容主要涵盖了针对无线传输媒质的物理层功能,以及数据链路层的媒质访问控制(MAC)子层功能。NS-3 仿真软件包针对 IEEE 802.11b/g/n 标准,对 MAC 和部分物理层进行了重点模拟。

在 WLAN 支持的诸多 MAC 机制中,都以分布式协调功能(DCF)为基础。DCF 用于解决无集中控制点(即 AP)组网的共享信道争用问题,是诸如点协调功能(PCF)、混合协调功能(HCF)等 MAC 机制的技术出发点。

**2. DCF 控制的一般过程**

DCF 是所有 WLAN 站点(包括终端站和 AP)都必须支持的基本功能,它采用了名为"具有冲突避免的载波侦听多址接入(CSMA/CA)"的随机多址接入控制方法,包括三个控制过程:

(1) 延迟接入,通过载波侦听和虚载波通告,避免对在用信道的站点产生干扰;

(2) 窗口退避,在冲突窗口之内随机倒计时,解除站点之间的同步冲突;

(3) 交互控制,为数据帧传送提供交互式确认。

其中,交互控制有两种模式:采用两步握手的基本接入和采用四步握手的 RTS/CTS 控制接入。CSMA 大致对应于延时接入和窗口退避,CA 对应于四步握手控制。

DCF 所强调的分布式是指,其控制过程由所有参与节点共同执行,通过相互协调来避免冲突。DCF 具有较好的公平性和一定的灵活性,后者主要反映在延时接入的时间长短的选择上,以控制接入的优先级。

**3. 延迟接入控制**

延迟接入包括三个具体过程,即:载波侦听、DCF 间隔推迟和虚载波通告推迟。

（1）载波侦听

当两个无线站点在时间上前后收到来自应用的数据发送请求时，如果前一站尚未完成发送过程，那么后一站需要等候直至信道空闲，以免与在用信道发生冲突。信道空闲的物理条件是，站点监测不到载波信号。这种名为载波侦听（CS）的功能，既是候时访问也是随机退避的前提条件。

（2）DCF 间隔推迟

DCF 间隔（DIFS）是人为设计的 MAC 帧之间的保护性时间间隙，其技术来源与最小帧间隔（SIFS）有关。由于 WLAN 采用半双工的工作模式，站点的物理层不具有同时进行信号接收和发送的功能。SIFS 是两个 MAC 帧之间的最小时间间隔，便于简化发送信号泄露到本地接收端的过滤处理。

在数据值上，DIFS 大于 SIFS。信道空闲的监测条件是指 DIFS 时长内均无有效的载波信号。因此，DIFS 推迟可以避免 SIFS 期间的 CS 误判。

（3）虚载波通告推迟

CS 及 DIFS 推迟主要由 WLAN 物理层实体执行。相比而言，虚载波通告推迟由 MAC 执行。虚载波信息由源站在所发 MAC 帧开销内传送，利用信道的广播特性，在向目标站传输帧的同时，也通告相邻的其他站点源站后续占用信道的时长。

如果一个无线站与目标站相互之间信号不可达，但与源站相互可见，则该站与目标站相互隐藏。在源站与目标站的通信过程中，隐藏站因监测不到载波信号而进行的帧发送会产生失效的信道占用。依据虚载波通告进行推迟访问，可以解决这种站点隐藏问题。

**4. 窗口退避控制**

窗口退避包含三个相关的计算过程，即冲突窗口（CW）尺寸计算、随机退避计数及倒计冻结处理。

（1）冲突窗口尺寸计算

冲突窗口是以预定时隙为单位的正整数，表示退避时长的最大取值。冲突窗口的尺寸随冲突次数而呈指数增长，以便在冲突发生后快速扩大退避时长的选择范围，其数学表示为：

$$CW = \min(CWmin \times 2^n, CWmax)$$

其中：CWmin 为冲突窗口的最小值，也是无线站启动时的初始值；CWmax 为指数增长的上限；$n$ 为连续发生的冲突次数。

（2）随机退避计数

不同的无线站采用同一个窗口退避时长计算方法，具体就是在[0，CW−1]区间内随机选择一个整数，再以预定的时隙为定时单位进行倒计数。当计数为 0 时，发送站正式启动帧传送的交互控制。如果同步争用的无线站选择了不同的退避计数，则可实现相互避让，避免信道冲突。退避时长的数学表示为：

$$b = aSlotTime \times rand(0, CW-1)$$

其中：aSlotTime 表示预定的时隙值；rand(0，$a$)表示[0，$a$]内一致分布的伪随机数生成函数。

（3）倒计冻结处理

无线站以 aSlotTime 为定时单位，对随机退避计算进行累减计算。计算的前提条件是，

CS 未监测到物理信道的载波信号,即信道处于空闲状态。如果有侦听到载波,则暂停累减直至信道再次空闲。这一处理称为倒计冻结,或退避冻结。

倒计冻结的作用是,避开争用已被占用的信道,同时为做出避让处理的站点保留较高的后续接入优先级,达到公平接入的目的。

## 7.1.2　WiFi 接入的仿真示例

### 1. 源程序说明

文件~/examples/wireless/wifi-ap.cc 给出 2 个无线终端接入 1 个 AP 节点的仿真示例。源程序的第 122～136 行代码和说明如下:

```
Packet::EnablePrinting ();               //开启分组元数据回显功能

WifiHelper wifi;                         //无线节点配置的助手
MobilityHelper mobility;                 //节点移动性配置的助手
NodeContainer stas;                      //无线终端的容器
NodeContainer ap;                        //无线AP的容器
NetDeviceContainer staDevs;              //无线终端的网络接口容器
PacketSocketHelper packetSocket;         //分组套接口的助手

stas.Create (2);                         //创建2个无线终端
ap.Create (1);                           //创建1个无线AP

// give packet socket powers to nodes.
packetSocket.Install (stas);             //无线终端配置分组的套接口
packetSocket.Install (ap);               //无线AP配置分组的套接口
```

以上代码的主要功能是创建 3 个普通节点。第 138～152 行为无线接口的配置代码,具体说明如下:

```
WifiMacHelper wifiMac;                                //无线 MAC 配置的助手
YansWifiPhyHelper wifiPhy = \
        YansWifiPhyHelper::Default ();                //物理层配置助手
YansWifiChannelHelper wifiChannel = \
        YansWifiChannelHelper::Default ();            //无线信道配置的助手
wifiPhy.SetChannel (wifiChannel.Create ());           //物理层关联到信道
Ssid ssid = Ssid ("wifi-default");                    //AP 服务名定义
wifi.SetRemoteStationManager ("ns3::ArfWifiManager"); //无线站管理
wifiMac.SetType ("ns3::StaWifiMac",                   //无线终端类型
            "ActiveProbing", BooleanValue (true),     //主动探测
            "Ssid", SsidValue (ssid));                //AP 服务名
```

```
staDevs = wifi.Install (wifiPhy, wifiMac, stas);          //终端无线接口配置
wifiMac.SetType ("ns3::ApWifiMac",                       //AP 类型
               "Ssid", SsidValue (ssid));               //AP 服务名
wifi.Install (wifiPhy, wifiMac, ap);                     //AP 无线接口配置
```

以上代码中：AP 服务名为服务集标识（SSID，Service Set Identifier），终端和 AP 的配置须相同；ns3::ArfWifiManager 为同名对象类，作用是管理同一空间区域内的所有无线节点。第 155～158 代码为节点移动性配置功能。

```
mobility.Install (stas);                                 //无线终端配置移动性功能
mobility.Install (ap);                                   //AP 配置移动性功能

Simulator::Schedule (Seconds (1.0), &AdvancePosition,\
                     ap.Get (0));                        //AP 移动事件
```

以上代码中，AdvancePosition 为函数指针，对应的事件发生在 1.0 s，节点对象为 AP。函数 AdvancePosition 的定义在第 102～114 行，具体代码如下：

```
static void AdvancePosition (Ptr<Node> node) {
    Vector pos = GetPosition (node);                     //pos 为 3D 矢量，对应空间位置
    pos.x + = 5.0;                                       //X 方向前跳 5
    if (pos.x >= 210.0)                                  //X 方向位置超限，不再移动
        return;
    SetPosition (node, pos);                             //设置节点的新位置
    Simulator::Schedule (Seconds (1.0), \
                    &AdvancePosition, node);//间隔 1 秒再移动
}
```

以上代码中，GetPosition()和 SetPoistion()已预先定义在第 88～100 行。仿真范例的第 160～170 行为业务应用的配置，具体代码及说明如下：

```
PacketSocketAddress socket;                              //客户端套接字地址
socket.SetSingleDevice (staDevs.Get (0)->GetIfIndex ());
                                                        //终端 0
socket.SetPhysicalAddress (staDevs.Get (1)->GetAddress ());
                                                        //终端 1
socket.SetProtocol (1);                                 //协议标号

OnOffHelper onoff ("ns3::PacketSocketFactory", \
                    Address (socket));                 //套接口应用
onoff.SetConstantRate (DataRate ("500kb/s"));           //分组发送速率

ApplicationContainer apps = \
                onoff.Install (stas.Get (0));          //应用配置到终端 0
apps.Start (Seconds (0.5));                             //应用启用时间
apps.Stop (Seconds (43.0));                            //应用停止时间
```

以上代码中,套接字地址的函数 SetSingleDevice()和 SetPhysicalAddress()的功能参见本书第 2 章。范例的第 174～179 行配置了分组收发事件跟踪的回显处理函数,具体代码及说明如下:

```
Config::Connect ("/NodeList/ * /DeviceList/ * /Mac/MacTx",   \
    MakeCallback (&DevTxTrace));            //所有节点 MAC 发送事件回显
Config::Connect ("/NodeList/ * /DeviceList/ * /Mac/MacRx",\
    MakeCallback (&DevRxTrace));            //所有节点 MAC 接收事件回显
Config::Connect ("/NodeList/ * /DeviceList/ * /Phy/State/RxOk", \
    MakeCallback (&PhyRxOkTrace));          //所有节点物理层接收正常事件回显
Config::Connect ("/NodeList/ * /DeviceList/ * /Phy/State/RxError",\
    MakeCallback (&PhyRxErrorTrace));       //所有物理层接收出错事件回显
Config::Connect ("/NodeList/ * /DeviceList/ * /Phy/State/Tx",\
    MakeCallback (&PhyTxTrace));            //所有物理层发送事件回显
Config::Connect ("/NodeList/ * /DeviceList/ * /Phy/State/State",\
    MakeCallback (&PhyStateTrace));         //所有物理层状态变化回显
```

以上代码的回调函数已预定义。比如,第 39～46 行定义了 DevTxTrace(),具体代码和说明如下:

```
void DevTxTrace (std::string context, Ptr < const Packet > p) {
  if (g_verbose)  {   //回显启用变量
    std::cout << " TX p: "
            << * p << std::endl;   //标准输出口显示分组内容
    }
}
```

**2. 仿真结果分析**

仿真程序执行后,在命令行回显了大量跟踪信息,前 5 行的内容如下:

```
PHYTX mode = OfdmRate6Mbps\
  ns3::WifiMacHeader (\
      MGT_PROBE_REQUEST ToDS = 0, FromDS = 0, MoreFrag = 0, Retry = 0, \
      MoreData = 0 Duration/ID = 0us, DA = ff:ff:ff:ff:ff:ff, SA = 00:00:00:00:00:02,\
      BSSID = ff:ff:ff:ff:ff:ff, FragNumber = 0, SeqNumber = 0) \
  ns3::MgtProbeRequestHeader (\
      ssid = wifi-default, rates = [6mbs 9mbs 12mbs 18mbs \
        24mbs 36mbs 48mbs 54mbs],\
      Extended Capabilities = 0 , HT Capabilities = \
            0|0|0|0|00000000000000000000000000000000000\
            000000000000000000000000000000000000\
            00000000000000  ,\
            VHT Capabilities = 0|281470681808895 ,\
            HE Capabilities = 0|0|0|0|0)\
```

```
    ns3::WifiMacTrailer ()
state = IDLE start = +0.0ns duration = +79000.0ns
  state = TX start = +79000.0ns duration = +96000.0ns
  state = IDLE start = +0.0ns duration = +79000.0ns
  state = IDLE start = +0.0ns duration = +79000.0ns
```

其中,第1行内容为分组元数的详细内容,为方便显示进行了换行处理,第2~5行为物理层状态,对应于该分组发送前后的变化。

从以上分组发送跟踪可以观察到,MAC地址为 00:00:00:00:00:02 的站点发出一个广播,类型是管理探测请求(MgtProbeRequest)。后继2个物理层接收到的回显信息对应于网络中另外2个站点,同时增加了信噪比(snr)的监测值。

时间在 254 000.0 ns 时,MAC地址为 00:00:00:00:00:03 的站点回复了应用类型为MGT_PROBE_RESPONSE 的分组,具体内容如下:

```
PHYTX mode = OfdmRate6Mbps\
   ns3::WifiMacHeader (\
       MGT_PROBE_RESPONSE ToDS = 0, FromDS = 0, MoreFrag = 0, Retry = 0,\
       MoreData = 0 Duration/ID = 60us, DA = 00:00:00:00:00:02, SA = 00:00:00:00:00:03,\
       BSSID = 00:00:00:00:00:03, FragNumber = 0, SeqNumber = 0) \
   ns3::MgtProbeResponseHeader (\
       ssid = wifi-default, rates = [ * 6mbs 9mbs * 12mbs 18mbs * 24mbs \
           36mbs 48mbs 54mbs],
       ...
```

其中,分组的后半部分进行了省略。

从以上分组内容可观察到,MAC地址为 00:00:00:00:00:03 的站点选择了3个速率,分别为 6 Mbit/s,13 Mbit/s 和 24 Mbit/s,供请求者选择。后继分组包括 CTL_ACK、MGT_BEACON、MGT_ASSOCIATION_REQUEST、MGT_ASSOCIATION_RESPONSE 等一系交互过程,完成无线终端到 AP 的接入。

时间在 427 336 000.0 ns 时,跟踪记录到如下分组发送:

```
PHYTX mode = OfdmRate6Mbps\
   ns3::WifiMacHeader (\
       DATA ToDS = 1, FromDS = 0, MoreFrag = 0, Retry = 0, MoreData = 0\
       Duration/ID = 60us, DA = 00:00:00:00:00:02, SA = 00:00:00:00:00:01,\
       BSSID = 00:00:00:00:00:03, FragNumber = 0, SeqNumber = 2)\
   ns3::LlcSnapHeader (type 0x1) \
   Payload (size = 512)\
   ns3::WifiMacTrailer ()
```

从以上分组内容可以观察到,MAC地址为 00:00:00:00:00:01 的站点向 MAC 地址为00:00:00:00:00:02 的站点发送了 DATA 帧,表现为 LLC 的 SNAP 消息。

后续分组详细记录了应用层与 MAC 层的分组发送、接收和转发过程。

## 7.1.3　DCF 与 PCF 对比仿真示例

**1. 示例说明**

文件～/src/examples/wireless/wifi-pcf.cc 完成了 DCF/PCF 仿真,命令行参数 nWifi 指定无线终端数,缺省值为 1。

源代码第 158～162 行创建无线节点,包括终端和 AP,具体如下:

```
NodeContainer wifiStaNodes;
wifiStaNodes.Create (nWifi);
NodeContainer wifiApNode;
wifiApNode.Create (1);
```

源代码第 164～167 行创建无线物理层,具体如下:

```
YansWifiChannelHelper channel = \
        YansWifiChannelHelper::Default ();
YansWifiPhyHelper phy = YansWifiPhyHelper::Default ();
phy.SetPcapDataLinkType (\
        YansWifiPhyHelper::DLT_IEEE802_11_RADIO);
phy.SetChannel (channel.Create ());
```

其中,YansWifiPhyHelper::DLT_IEEE802_11_RADIO 为分组捕获格式。源代码第 169～180 行配置无线终端,具体如下:

```
WifiHelper wifi;
WifiMacHelper mac;
Ssid ssid = Ssid ("wifi-pcf");
wifi.SetRemoteStationManager (\
        "ns3::ConstantRateWifiManager",\
        "DataMode",\
        StringValue ("OfdmRate54Mbps"),\
        "ControlMode",\
        StringValue ("OfdmRate24Mbps"));
NetDeviceContainer staDevices;
mac.SetType ("ns3::StaWifiMac",
        "Ssid", SsidValue (ssid),
        "ActiveProbing", BooleanValue (false),
        "PcfSupported", BooleanValue (enablePcf));
staDevices = wifi.Install (phy, mac, wifiStaNodes);
```

其中,无线站管理器将无线信道配置为固定速率,MAC 层配置 PCF 支持功能。同样在第 182～189 行为 AP 配置了 MAC 层,所不同的是类型为 ns3::ApWifiMac。

其他有关协议栈、地址和应用的配置与常规仿真程序相似。源程序第 255 行配置了跟踪回调函数，具体如下：

```
Config::Connect ("/NodeList/ * /DeviceList/ * /
        n3::WifiNetDevice/Phy/ $ ns3::WifiPhy/PhyTxBegin",
        MakeCallback (&TxCallback));
```

其中，回调函数 TxCallback()响应所有站点物理层，开始发生事件，该函数预先定义在源程序第 75～124 行中，主要功能是依据发送分组的头部信息，对 9 种类型的分组进行统计，包括：

- uint64_t m_countBeacon;　　　　　　　　//BEACON 帧
- uint64_t m_countCfPoll;　　　　　　　　//PCF 轮询
- uint64_t m_countCfPollAck;　　　　　　//PCF 应答
- uint64_t m_countCfPollData;　　　　　//PCF 数据
- uint64_t m_countCfPollDataAck;　　　//PCF 数据应答
- uint64_t m_countCfEnd;　　　　　　　　//PCF 周期结束
- uint64_t m_countCfEndAck;　　　　　　//PCF 周期结束应答
- uint64_t m_countDataNull;　　　　　　//非数据帧
- uint64_t m_countData;　　　　　　　　//数据帧

源代码第 265～282 行在计算结束后，统计了吞吐量，并在命令行加显以上计数吞吐量的结果。

### 2. 仿真结果及分析

应用的发送速率使用缺省配置 50 Mbit/s，在单无线终端的情况下，仿真计算得到的吞吐量为 34.983 Mbit/s。分组发送的统计如下：

```
Beacons：108
CF-END：9
CF-END-ACK：98
CF-POLL：6548
CF-POLL-ACK：20407
CF-POLL-DATA：1
CF-POLL-DATA-ACK：0
CF-DATA-NULL：6361
CF-DATA：29708
```

通过命令行参数"--enablePcf ＝ false"关闭 PCF 功能，结果显示，吞吐量为 29.567 2 Mbit/s，说明一对无线节点之间的 DCF 降低了有效吞吐量。

### 3. 多终端的吞吐性能实验

通过命令行参数"--nWifi ＝ <n>"可以开展系列实验，观测系统吞吐量与无线终端数量的变化。实验结果见表 7.1，吞吐性能与终端数的变化如图 7.1 所示。

表 7.1　DCF 与 PCF 仿真实验结果

| nWifi | S/(Mbit · s⁻¹) | |
| --- | --- | --- |
| | PCF | DCF |
| 1 | 34.983 | 29.567 2 |
| 2 | 34.045 4 | 29.725 |
| 5 | 34.318 8 | 28.089 3 |
| 10 | 33.247 2 | 26.043 8 |
| 20 | 31.478 4 | 23.713 3 |
| 100 | 25.744 7 | 16.400 4 |

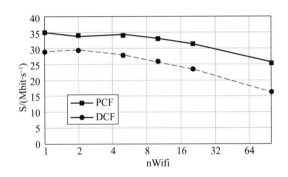

图 7.1　DCF 与 PCF 的吞吐性能实验结果

从图 7.1 可以明确地观察到,在单个 AP 接入的情况下,DCF 的吞吐性能总是劣于 PCF,且随终端数的增长,PCF 的技术优势更为显著。

# 7.2　无线节点移动性仿真

## 7.2.1　移动性模型对象类

**1. 对象类结构**

对象类 PositionAllocator 用于分配初始位置,它是派生于 Object 的纯虚类。对象类 MobilityModel 用于记录和管理位置随时间的变化,也是派生于 Object 的纯虚类。图 7.2 描述了这些对象类的相互关系。

图 7.2 的对象类 ListPositionAllocator 是具体化类,以链表方式存储与分配初始位置。其他具体类包括:

(1) GridPositionAllocator,以平面格状分配初始位置;

(2) RandomRectanglePositionAllocator,以随机方式分配二维平面位置;

(3) RandomBoxPositionAllocator,以随机方式分配三维空间位置;

(4) RandomDiscPositionAllocator,以指定随机分布分配圆内位置;

（5）UniformDiscPositionAllocator，以一致性随机分布分配圆内位置。

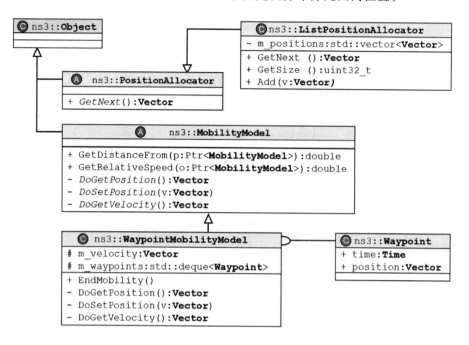

图 7.2　无线系统的一般结构

图 7.2 的对象类 WaypointMobility 是具体化类，它以定时航点方式控制位置更新。其他具体类包括：

（1）ConstantAccelerationMobilityModel，按固定加速度的移动；

（2）ConstantPositionMobilityModel，不移动；

（3）ConstantVelocityMobilityModel，按固定速度的移动；

（4）GaussMarkovMobilityModel，按 Gauss Markov 模型的三维空间移动；

（5）HierarchicalMobilityModel，以类型车内乘客与车各自独立的复合式移动；

（6）RandomDirection2dMobilityModel，以随机方向和速度在有界二维平面内的移动；

（7）RandomWaypointMobilityModel，以固定速率随机起停的航点移动；

（8）SteadyStateRandomWaypointMobilityModel，速度、起停和位置均为一致性随机分布的航点移动。

NS-3 使用三维（3D）笛卡儿坐标系表示节点位置及时变，多数情况下主要关心 2D 坐标值。移动性模型的功能实体，一般以对象聚合方式配置在 ns3::Node 对象之内，可用 GetObject < MobilityModel >()接口函数取得 MobilityModel 实例对象。

位置分配器对象 PositionAllocator 为节点分配初始位置。仿真启动后，节点位置的变化需要使用移动模型对象 MobilityModel。移动性助手对象类综合了移动模型和位置分配器，以便为节点建立移动性计算功能。

**2. 位置表示类**

笛卡儿坐标系的基类是 ns3::Vector，用 3 个 double 型变量成员 $x$、$y$、$z$ 表示 3D 坐标。成员函数 GetLength（）计算得到向量长度，即 3 个坐标值平方和的平方根。成员函数

CalculateDistance(const Vector a，const Vector a)用于计算 2 个向量的间距，即向量差的长度。

在一些移动模型中，使用了 Rectangle、Box 和 Waypoint 表示位置的对象类，其中Waypoint 主要包含一系列的 Time 和 Vector 序偶。

对象类 Rectangle 包含 4 个变量成员，xMin、xMax、yMin、yMax 表示一个平面矩形。成员函数 IsInside (const Vector &position)决定 position 是否在该矩形之内。

对象类 Box 包含 6 个变量成员，比 Rectangle 多出 zMin 和 zMax，表示一个三维立方。成员函数 IsInside (const Vector &position)决定 position 是否在该立方之内。

此外，NS-3 还定义了对象类 GeographicPositions，包含 2 个静态成员函数。其中函数：

```
Vector GeographicToCartesianCoordinates (
            double latitude,
            double longitude,
            double altitude,
            EarthSpheroidType sphType);
```

依地球同步轨道参数纬度 latitude、经度 longitude 和高度 altitude，以及 sphType 指明的地球坐标系，转换为 3 维空间位置。形参 sphType 是枚举类，其值可选：

（1）SPHERE，对应于球面坐标系；

（2）GRS80，对应于椭球形地面的坐标系；

（3）WGS84，对应于 GPS 使用的坐标系。

对象类 GeographicPositions 在频谱聚合仿真中得到应用。

## 7.2.2  移动性模型的使用方法

### 1. 助手类的使用

以范例～/examples/tutorial/third.cc 为参考，说明仿真程序的使用方法。首先，用户初始化 MobilityHelper 对象，并设置一些属性来控制位置分配器的功能。该范例的第 119～127 行给出的典型过程如下：

```
MobilityHelper mobility;
mobility.SetPositionAllocator(
        "ns3::GridPositionAllocator",
        "MinX", DoubleValue (0.0),
        "MinY", DoubleValue (0.0),
        "DeltaX", DoubleValue (5.0),
        "DeltaY", DoubleValue (10.0),
        "GridWidth", UintegerValue (3),
        "LayoutType", StringValue ("RowFirst"));
```

其中：函数 SetPositionAllocator 配置具体的位置分配器类和字符串格式的属性参数；ns3::

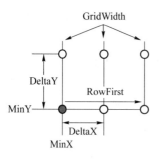

图 7.3　范例 third. cc 配置的
二维位置分配说明

GridPositionAllocator 为二维网格分配器类名;属性"MinX"和"MinY"对应于第一网格点的平面坐标;属性"DeltaX"和"DeltaY"为网格上后续点坐标值的增量;属性"GridWidth"为网格横向或纵向的位置数量;属性"LayoutType"为二维网格的分配方式;值 RowFirst 指明先行后列。

图 7.3 描述了以上配置所指定的位置分布,第 1 个位置为(0.0, 0.0),第 2 个位置为(5.0, 0.0),第 5 个位置为(5.0, 10.0)。

以上二维网格初始分配器可为网络节点按序分配初始位置。下一步,仿真程序可以指定移动模型。范例第 129~130 行的代码如下:

```
mobility.SetMobilityModel(
  "ns3::RandomWalk2dMobilityModel",
    "Bounds", RectangleValue (Rectangle ( -50,50, -50,50)));
```

其中:对象类 ns3∷RandomWalk2dMobilityModel 指定具体的移动模型;属性"Bounds"指定该随机行走的二维平面区域,即 -50 至 +50 的正方形。一旦助手对象 MobilityHelper 配置完成,典型用法是安装到节点或节点容器,代码如下:

```
mobility.Install (wifiStaNodes);
```

其中,wifiStaNodes 是预先创建的节点容器。

一个 MobilityHelper 对象所使用的分配器和移动模型,可以重新配置,以用于具有不同移动特性的网络节点。

**2. 随机变量解耦控制**

NS-3 伪随机数由统一的对象类进行管理,在种子值固定的情况下,所产生的随机数序列是固定的。为解除随机运动模型之间以及运动模型与位置分配之间可能存在的耦合,可为它们设置独立的随机数序列流(Stream)。

类 MobilityModel 和类 PositionAllocator 定义了如下接口函数来指定序列流的索引,形式为:

```
int64_t AssignStreams (int64_t stream);
```

其中,stream 取值 -1 时由伪随机数管理对象自动分配序列流,取值大于 0 小于 $2^{63}$ 时对应于专用的序列数索引。

助手类 MobilityHelper 也提供了同名接口函数,其典型用法是:

```
int64_t streamIndex = 1;                        //大于 0 的整数
MobilityHelper mobility;
...                                             //分配器和移动模型
mobility.Install (wifiStaNodes);
int64_t streamsUsed = mobility.AssignStreams (
                       wifiStaNodes, streamIndex);
```

其中,streamsUsed 返回当前已使用过的序列流索引值。

# 7.2.3　移动性仿真示例

**1. 随机分布拓扑**

程序～/src/mobility/examples/main-random-topology.cc 给出 10 000 个节点在 100×100 平面碟形区域内随机分布的配置示例,主要功能代码如下:

```
MobilityHelper mobility;
mobility.SetPositionAllocator ("ns3::RandomDiscPositionAllocator",
                    "X", StringValue ("100.0"),
                    "Y", StringValue ("100.0"),
                    "Rho",\
    StringValue ("ns3::UniformRandomVariable[Min = 0|Max = 30]"));
mobility.SetMobilityModel ("ns3::ConstantPositionMobilityModel");
mobility.Install (c);
```

其中:变量 $c$ 是节点容器;RandomDiscPositionAllocator 是碟形随机分布的功能对象类;碟形半径是[0,30]内一致性分布的随机数。

**2. 网格分布拓扑**

程序～/src/mobility/examples/main-grid-topology.cc 给出 120 个节点网格状分布的配置示例,主要功能代码如下:

```
MobilityHelper mobility;
mobility.SetPositionAllocator ("ns3::GridPositionAllocator",
                    "MinX", DoubleValue (-100.0),
                    "MinY", DoubleValue (-100.0),
                    "DeltaX", DoubleValue (5.0),
                    "DeltaY", DoubleValue (20.0),
                    "GridWidth", UintegerValue (20),
                    "LayoutType", StringValue ("RowFirst"));
mobility.SetMobilityModel (\
                    "ns3::ConstantPositionMobilityModel");
mobility.Install (nodes);
```

其中:变量 nodes 是节点容器;GridPositionAllocator 是格状分布的功能对象类,起点为(−100,−100),按行分配,一行最多 20 个位置,列间隔 5 m,行间隔 20 m。

**3. 随机行走移动**

程序～/src/mobility/examples/main-random-walk.cc 给出 100 个节点在 100×100 平面中碟形随机分布,以及在 200×200 区域内随机行走的配置示例,主要功能代码如下:

```
MobilityHelper mobility;
mobility.SetPositionAllocator ("ns3::RandomDiscPositionAllocator",
                    "X", StringValue ("100.0"),
                    "Y", StringValue ("100.0"),
```

```
                              "Rho",\
        StringValue ("ns3::UniformRandomVariable[Min = 0|Max = 30]"));
mobility.SetMobilityModel ("ns3::RandomWalk2dMobilityModel",
                        "Mode", StringValue ("Time"),
                        "Time", StringValue ("2s"),
                        "Speed",\
        StringValue ("ns3::ConstantRandomVariable[Constant = 1.0]"),
                        "Bounds", StringValue ("0|200|0|200"));
mobility.InstallAll ();
```

其中,节点随机分布在碟形区域内,节点移动采用了 RandomWalk2dMobilityModel,每 2s
更新一次,移动速率固定为 1.0 m/s,移动范围为 200×200 的二维平面。

## 7.2.4　LEO 卫星位置仿真

NS-3 对象类 GeographicPositions 定义了球坐标转换为笛卡儿坐标的 2 个静态函数,
此外再无任何与卫星移动性有关的仿真功能。以下讨论参考了开源的近地轨道(LEO)卫
星移动的扩展模块,并作简要机理说明。

**1. LEO 卫星的几何模型**

近似情况下,LEO 卫星在圆形轨道面上做周期运动,如图 7.4 所示。

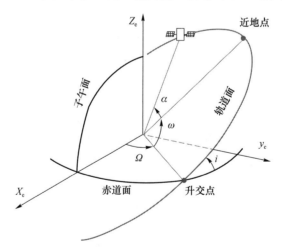

图 7.4　LEO 卫星轨道与地心球坐标的关系示意

图 7.4 中,轨道面相对赤道面的夹角 $i$ 为倾角(Inclination),轨道面与赤道的交点为升
交点,$\Omega$ 为升交点的经度(Longitude),$\omega$ 为近地点相对于升交点在轨道面的夹角,$\alpha$ 为卫星
相对于近地点在轨道面内的夹角,近地点相对于地面的高度称为 Altitude。这里的 5 个参
数,可以唯一性地表示卫星瞬时坐标,也称为星座根数。

以铱星系统为例,在轨卫星总数为 66 颗,高度均为 780 千米左右,均分到 6 个轨道面,$\omega$
值均为 0。每个轨道面内,有 11 颗卫星平均分布,因此,相邻卫星的 $\alpha$ 相差 360/11 度。相
邻轨道面内序号相同卫星的 $\alpha$ 相差 180/11 度,相邻面 $\Omega$ 的差约为 180/6 度。针对 NS-3 采

用的笛卡儿坐标系,仿真模块需要对此进行转换。

**2. 坐标转换**

参考图 7.4,在轨道面内,以地心到近地点的连线为 $x$ 轴,则卫星位置为

$$x = r\cos\alpha, \; y = r\sin\alpha, \quad z = 0 \tag{7.1}$$

其中,$r$ 为高度与地球半径之和。

考虑近地点在轨道面内以顺时针方向旋转到升交点,则有:

$$x=r\cos(\alpha+\omega), \quad y=r\sin(\alpha+\omega), \quad z=0 \tag{7.2}$$

再考虑轨道面相对于地心至升交点连续的旋转,转角为 90°与倾角之差,即轨道面垂直于赤道面的情况,则有:

$$x=r\cos(\alpha+\omega), \; y = r\sin(\alpha+\omega)\cos i, \; z=r\sin(\alpha+\omega)\sin i \tag{7.3}$$

最后,考虑赤道面内顺时针旋转经度,则有:

$$x = r[\cos(\alpha+\omega)\cos\Omega - \sin(\alpha+\omega)\cos i\sin\Omega]$$
$$y = r[\sin(\alpha+\omega)\sin\Omega + \sin(\alpha+\omega)\cos i\cos\Omega]$$
$$z = r\sin(\alpha+\omega)\sin i \tag{7.4}$$

为此,可以定义 LEO 星座移动对象类,如下所示:

```
class LeoMobilityModel : public MobilityModel {
public:
    static TypeId GetTypeId (void);
private:
    double altitude;            //相对于地面的高度
    double longitude;           //升交点经度
    double inclination;         //轨道面倾角
    double omiga;               //近地点相对于升交点的旋转角
    double alpha;               //相对于近地点的旋转角

    static Vector convert (const LeoMobilityModel& e);
};
```

其中,函数 convert 的返回类型 Vector 是 NS-3 预定义的 3 维向量,其功能是按式(7.4)计算得到笛卡儿坐标值。

**3. LEO 移动的对象类**

参考 NS-3 基类 MobilityModel,重载以下私有成员函数:

```
virtual Vector DoGetPosition (void) const;
virtual void DoSetPosition (const Vector &position);
```

其中,函数 DoSetPosition()在 NS-3 中用于设置笛卡儿坐标值,针对有规律的卫星移动性而言,其功能不作实质响应。函数 DoGetPosition()调用 convert()进行坐标变换并返回。

针对实始配置,定义字符串属性:

(1) Altitude,对应于 altitude;

(2) Longitude,对应于 logitude;

(3) Inclination,对应于 inclination;

（4）Perigee Angle，对应于 omiga；

（5）Mean Anomaly，对应于 alpha；

（6）Plane Index，对应于轨道面索引；

（7）Constellation Index，对应于轨道面内的星座索引。

定义构造函数，如下所列：

```
LeoMobilityModel::LeoMobilityModel () {
    ObjectBase::ConstructSelf (AttributeConstructionList ());
    m_orbitIndex = g_orbits;
    m_satelliteIndex = g_satellites++ % m_satellitesInOrbit;
    if(! (g_satellites % this->m_satellitesInOrbit))
        g_orbits++;

    m_alpha *= (m_satelliteIndex + 0.5 * (m_orbitIndex % 2));
    m_longitude *= (m_orbitIndex + 1);
}
```

其中：全局变量 g_orbits 记录当前轨道平面的序号；全局变量 g_satellites 记录当前星座数量；m_alpha 按 Iridium 规则计算，且初始由属性"Mean Anomaly"设置；m_longitude 的初始也由属性"Longitude"设置。

另外，定义如下仿真跟踪的调用函数：

```
void LeoMobilityModel::DoInitialize (void) {
    NotifyCourseChange (); //该函数将调用 DoGetPosition()。
}
```

星座随时间变化的仿真计算，此处从略。

**4. 仿真示例**

参考文件～/src/mobility/examples/mobility-trace-example.cc，修改其移动性助手类，代码如下：

```
NodeContainer nodes;
nodes.Create (33);                //前 33 颗星
MobilityHelper mobility;
mobility.SetMobilityModel (\
    "ns3::LEOSatelliteMobilityModel");
mobility.Install (nodes);
```

仿真程序执行得到初始位置跟踪文件，首行内容如下：

```
now = + 0.0ns node = 0\
  pos = 6192947.662:3575500.000:0.000\
  vel = 0.000:0.000:0.000
```

其中：now 表示跟踪记录的仿真时间；node 对应星座序号；pos 对应坐标位置；vel 对应运行速度。

经简单处理，使用 Gnuplot 可以绘制得如图 7.5 所示的三维位置表示。

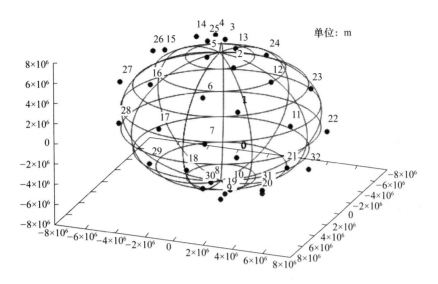

图 7.5　Iridium 33 个星座的初始位置

# 7.3　WLAN 无线仿真模型

## 7.3.1　无线系统总体结构

NS-3 无线仿真模块包含无线节点和无线信道两部分。前者向后者发送无线分组或数据帧,后者复制多份后交由其他节点接收,如图 7.6 所示。

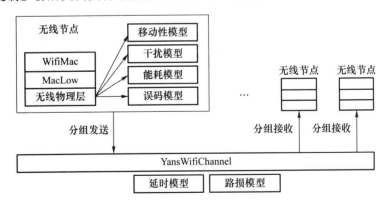

图 7.6　无线系统的一般结构

典型的无线节点的 MAC 层又分为两个功能类,分别由 WifiMac 和 MacLow 完成共享媒质的访问控制和 MAC 帧的收发控制。无线节点的物理层主要模拟 PLCP 功能,同时集成了空间位置和信道传输等 PMD 相关的仿真功能。

从图 7.7 可见,共享传输媒质由 YansWifiChannel 对象类仿真,主要包含延时计算和信号功率传输路径损耗计算。在仿真中,一个无线节点的分组发送就是将分组交由 YansWifiChannel 处理。而 YansWifiChannel 按无线信道模型将分组交由其他无线节点接收处理。

## 7.3.2 物理层模型

在 ISO OSI 分层协议架构中,网络节点通过物理层联系到传输媒质,为其上 MAC 层提供数据传输服务。NS-3 仿真器的物理层模块派生于对象类 ns3::WifiPhy,关联到 ns3::YansWifiChannel。

**1. 无线信道对象类**

无线信道 ns3::YansWifiChannel 派生于 ns3::Channel,后者是派生于 Object 的纯虚类,也被 PointToPointChannel 继承,如图 7.7 所示。

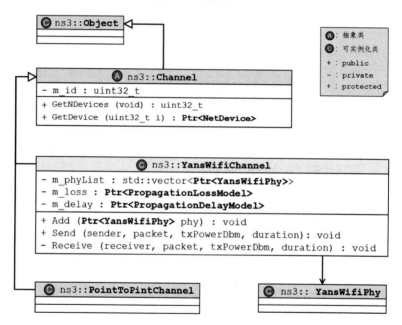

图 7.7 信道的类派生结构

无线信道的属性变量包括:

(1) m_phyList,以 std::vector 形式记录了所有接入信道的节点物理层,即 YansWifiPhy 对象实例;

(2) m_loss,信号传播的路损计算模型,通常在信道创建时通过属性字符串 PropagationLossModel 来配置;

(3) m_delay,信号传播的延时计算模型,通常在信道创建时通过属性字符串 PropagationDelayModel 来配置。

无线信道的函数方法包括:

(1) Add(),将参数指定的节点物理层接入该信道;

(2) Send(),由物理层对象 sender 调用以指定的发射功率,txPowerDbm 发送分组

packet,参数 duration 指明该分组的发送时长;

（3）Receive(),在对象内部被 Send() 调用,模拟无线信道的广播功能,其间涉及分组丢失和传播延时的模拟。

函数 YansWifiChannel∷Send() 遍历所有接入该信道的物理层对象,将发送分组复制一份,并调用 Simulator∷SechduleWithContext() 安排对 Receive() 的回调,对应分组接收事件,其中回调时间由 m_delay 计算得到,接收功率由 m_loss 计算得到。

路损计算对象类 ns3∷PropagationLossModel 是继承于 ns3∷Object 的纯虚类,具体功能有 17 个派生类可选。这些派生类分别对应于不同的信道模型。类似的,延时计算类 ns3∷PropagationDelayModel 也是继承于 ns3∷Object 的纯虚类,但只有 2 个派生类可选。助手类 ns3∷YansWifiChannelHelper 的信道对象创建函数 default() 选配了以下信道计算模型:

（1）路损对象类为 ns3∷ConstantSpeedPropagationDelayModel;

（2）延时对象类为 ns3∷LogDistancePropagationLossModel。

**2. 物理层对象类**

WLAN 物理层仿真对象类主要是 YansWifiPhy,它由纯虚类 WifiPhy 派生得到。类 WifiPhy 包含一个集中管理状态的 WififPhyStateHelper,主要模拟 PLCP 子层功能和部分 PMD 子层功能,仅将与信道有关的数据帧发送函数留给具体的派生类重载实现。

WifiPhy 派生于 Object,它通过变量成员 m_device 与 WifiNetDevice 相关联,通过 m_state 与 WifiPhyStateHelper 相关联,如图 7.8 所示。其他相关对象类还包括:

（1）WifiRadioEnergyModel,耗能计算类,通过变量 m_wifiRadioEnergyModel 关联;

（2）InterferenceHelper,干扰计算类,通过 m_interference 关联;

（3）MobilityModel,节点位置类,通过 m_mobility 关联;

（4）FrameCaptureModel,捕获效应的仿真类,通过变量 m_frameCaptureModel 关联;

（5）UniformRandomVariable,内部随机数生成类,通过 m_random 关联。

图 7.8 中,WifiPhy∷SendPacket() 是上层协议仿真类的调用接口,功能是发送指定分组。参数 txVector 是 WifiTxVector 实例,它封装了各类物理参数,包括发射信号功率、数据速率和物理帧前导长度等。参数 mpdutype 是 MpduType 实例,它指明封装分组的 MAC 帧是否为 A-MPDU(聚合帧),以及 A-MPDU 的中间帧或最后帧。函数 SendPacket() 需要调用 StartTx() 向信道发出分组,而后者由派生类 YansWifiPhy 重载实现。

函数 WifiPhy∷StartRecevePreambleAndHeader() 是物理层提供给信道的调用接口,它需要调用 StartReceivePacket() 开始接收 MAC 帧,并在 MAC 帧接收完成之后,通过 EndReceive() 的事件回调 WifiPhyStateHelper 的变量成员 m_rxOkCallback 所记录的上层协议实体,通常就是 MAC 层对象。

函数 WifiPhy∷GetChannel() 是纯虚函数,具体实现由派生类 YansWifiPhy 重载。实际上,变量成员 m_channel 和成员函数 SetChannel() 在 WifiPhy 中均未申明,完全由派生类定义。

**3. 编码调制的仿真类型**

图 7.8 中,变量成员 m_standard 的类型是枚举类 WifiPhyStandard,定义了物理层所支持的编码调制类型,取值包括:

（1）WIFI_PHY_STANDARD_80211a,对应 IEEE 802.11a 规范；

（2）WIFI_PHY_STANDARD_80211b,对应 IEEE 802.11b 规范；

（3）WIFI_PHY_STANDARD_80211g,对应 IEEE 802.11g 规范；

（4）WIFI_PHY_STANDARD_80211_10MHZ,对应 IEEE 802.11g 子类型；

（5）WIFI_PHY_STANDARD_80211_5MHZ,对应 IEEE 802.11g 子类型；

（6）WIFI_PHY_STANDARD_holland,对应 IEEE 802.11g 子类型；

（7）WIFI_PHY_STANDARD_80211n_2_4GHZ,对应 IEEE 802.11n 规范；

（8）WIFI_PHY_STANDARD_80211n_5GHZ,对应 IEEE 802.11n 规范；

（9）WIFI_PHY_STANDARD_80211ac,对应 IEEE 802.11ac 规范；

（10）WIFI_PHY_STANDARD_80211ax_2_4GHZ,对应 IEEE 802.11ax 规范；

（11）WIFI_PHY_STANDARD_80211ax_5GHZ,对应 IEEE 802.11ax 规范。

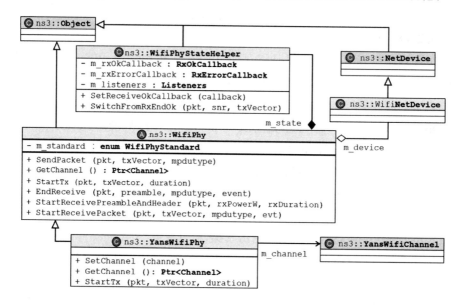

图 7.8　WLAN 物理层的仿真类结构

函数 WifiPhy∷ConfigureStandard(WifiPhyStandard standard)依据指定类型配置变量成员 m_deviceRateSet 和 m_deviceMcsSet,这是 2 个 WifiMode 的向量容器,记录了物理层所支持的数据速率和调制编码方案(MCS)。

举例来说:配置为 IEEE 802.11a 标准时,物理层变量 m_deviceRateSet 加入了 6 Mbit/s～43 Mbit/s 八种 OFDM 速率和 5 GHz 的中心频率;配置为 IEEE 802.11ac 时,会在 IEEE 802.11n 的基础上,为变量 m_deviceMcsSet 加入 9 种 MCS 模式。

在收发分组时,物理层仿真类在发送分组时,主要依据不同类型的无线参数计算分组发送时长。而在接收分组时,则需要匹配收发两端的无线参数,以判定可否接收。

**4. 状态监听对象类**

物理层状态助手类 WifiPhyStateHelper 所包含的变量成员 m_listeners 是 WifiPhyListener 的向量容器。物理层状态发生变化时,调用这些监听对象的相应接口函数。WifiPhyListener 是一个纯虚基类,主要接口有:

- NotifyRxStart (duration); 　　　　　　　//物理层收到分组的第一个比特
- NotifyRxEndOk (void); 　　　　　　　　//物理层收完分组的最后一个比特
- NotifyRxEndError (void) ; 　　　　　　//物理层收到的分组误码
- NotifyTxStart (duration, txPowerDbm); 　//物理层开始发送
- NotifyMaybeCcaBusyStart (duration); 　//物理层检测到信号
- NotifySwitchingStart (duration); 　　　//物理层状态发生切换
- void NotifySleep (void); 　　　　　　　//进入节点休眠状态
- void NotifyOff (void); 　　　　　　　　//物理层进入关机状态
- NotifyWakeup (void); 　　　　　　　　//进入唤醒状态
- NotifyOn (void); 　　　　　　　　　　//物理层进入开机状态

NS-3 定义了两个具体的派生类:WifiRadioEnergyModelPhyListener 和 PhyMacLowListener。前者用于能耗计算,后者用于 MAC 层的信道状态判定。

**5. 变量与事件跟踪**

对象类 ns3∷WifiPhy 在成员函数 GetTypeId()中定义了两类跟踪源:一类为分组收发事件;一类为分组的跟踪变量。分组收发事件的字符串名包括:

(1) PhyTxBegin,表示分组开始发送事件;

(2) PhyTxEnd,表示分组完成发送事件;

(3) PhyTxDrop,表示分组发送被丢弃事件;

(4) PhyRxBegin,表示分组接收的开始事件;

(5) PhyRxEnd,表示分组接收的完成事件;

(6) PhyRxDrop,表示接收分组被丢弃事件。

分组跟踪变量的字符串名,包括:

(1) MonitorSnifferRx,表示接收的分组;

(2) MonitorSnifferTx,表示发送的分组。

以上两类跟踪函数的定义所涉参数格式有所不同。第 1 类只有 1 个参数,类型为 Ptr<const Packet>。第 2 类有 5 个参数,跟踪函数定义格式为:

```
TracedCallback<
    Ptr<const Packet>,              //收发分组
    uint16_t,                       //信道频率,以 MHz 为单位
    WifiTxVector,                   //信道参数
    MpduInfo,                       //MAC 帧类型
    SignalNoiseDbm                  //信号与噪声参数,以 dBm 为单位
>
```

其中,除逻辑分组外,还包含载波、信号功率等无线信道相关的特性。

## 7.3.3　物理层仿真配置

**1. 信道创建助手**

对象类 YansWifiChannelHelper 用于创建 YansWifiChannel 对象实例,提供了 2 个接

口函数：

```
• static YansWifiChannelHelper Default (void);      //助手对象
• Ptr<YansWifiChannel> Create (void) const;         //助手对象函数
```

其中：第 1 个函数创建缺省配置的助手实例；第 2 个函数创建一个信道实例。

缺省助手类配置了延时计算模型 ConstantSpeedPropagationDelayMode 和路损计算模型 LogDistancePropagationLossModel，以下接口函数可进行重配：

```
• SetPropagationDelay (std::string name,
     std::string n0, const AttributeValue &v0, ...
     std::string n7, const AttributeValue &v7);
• AddPropagationLoss (std::string name)
     std::string n0, const AttributeValue &v0, ...
     std::string n7, const AttributeValue &v7);
```

其中，参数 name 是定义在相应对象类 GetTypeId() 中的字符串类名；参数 n0～n7 是其属性的字符串名；v0～v7 对应于属性值。

例如，路损计算模型类 ns3::FixedRssLossModel，其类型定义如下：

```
TypeIdFixedRssLossModel::GetTypeId (void) {
  static TypeId tid = TypeId ("ns3::FixedRssLossModel")
    .SetParent<PropagationLossModel> ()
    .SetGroupName ("Propagation")
    .AddConstructor<FixedRssLossModel> ()
    .AddAttribute ("Rss", "The fixed receiver Rss.",
        DoubleValue (-150.0),
        MakeDoubleAccessor (&FixedRssLossModel::m_rss),
        MakeDoubleChecker<double> ())
    ;
  return tid;
}
```

其中，属性名"Rss"为接收信号的功率阈值，缺省值为 $-150.0$ dBm。

以下示例将信道的路损计算模型配置为固定接收功率，其值为 $-50$ dBm：

```
std::string n;
YansWifiChannelHelper ch;
Ptr<YansWifiChannel> c;

n = "ns3::ConstantSpeedPropagationDelayModel";
ch.SetPropagationDelay (n);

n = "ns3::FixedRssLossModel";
ch.AddPropagationLoss (n,"Rss",DoubleValue (-50.0));
c = ch.Create ();
```

需要注意的是,路损模型可以串接方式叠加配置,所以函数名使用了以 Add 开头的命名格式。配置时,需按信道特性安排好添加顺序。

**2. 物理层创建助手**

对象类 YansWifiPhyHelper 用于创建无线物理层,派生于 WifiPhyHelper,后者继承于跟踪类 PcapHelperForDevice 和 AsciiTraceHelperForDevice。WifiPhyHelper 的成员函数 Create()是纯虚函数,YansWifiPhyHelper 重载的接口格式为:

```
Ptr < WifiPhy > Create (Ptr < Node > n, Ptr < NetDevice > d) const
```

其中:参数 d 指向节点网卡;n 指向节点。

静态函数 YansWifiPhyHelper∷Default()得到缺省助手类,配置了无线误码计算模型,名为 ns3∷ ns3∷NistErrorRateModel。函数 SetChannel()以 YansWifiChannel 对象实例为参数。所以,以下两行代码经常一起出现:

```
Ptr < YansWifiPhy > phy = YansWifiPhyHelper∷Default();
Phy-> SetChannel (YansWifiChannelHelper.Create ());
```

对象类 WifiPhyHelper 定义的物理层对象属性的接口函数 Set()的可选属性与物理层对象类有关。在 YansWifiPhyHelper 对象类中,属性取决于 WifiPhy,包括 20 多个可配置参数,主要有:

(1) ChannelWidth,对应信道频宽,取值在 5~160,单位为 MHz;

(2) ChannelNumber,对应信道数,取值在 0~196;

(3) EnergyDetectionThreshold,信号有效功率,缺省为 $-96.0$,单位为 dBm;

(4) CcaMode1Threshold,判定信道忙的信号功率,缺省为 $-99.0$ dBm;

(5) TxGain,发射增益,缺省为 0 dB;

(6) RxGain,接收增益,缺省为 0 dB;

(7) TxPowerStart,最小发射功率,缺省为 16.020 6 dB;

(8) TxPowerEnd,最大发射功率,缺省为 16.020 6 dB;

(9) TxPowerLevels,在发射功率区间的变化量,缺省为 1;

(10) RxNoiseFigure,接收噪声因子,缺省为 7;

(11) ChannelSwitchDelay,信道换频的延时,缺省为 250 $\mu$s;

(12) Antennas,天线数,缺省为 1;

(13) MaxSupportedTxSpatialStreams,最大发送空分流数,缺省为 1;

(14) MaxSupportedRxSpatialStreams,最大接收空分流数,缺省为 1;

(15) ShortGuardEnabled,HT/VHT 是否使用帧间短保护间隙,缺省为 false;

(16) GuardInterval,HE 的帧间短保护间隙,缺省为 3 200 ns;

(17) LdpcEnabled,是否支持 LDPC 编码,缺省为 false;

(18) STBCEnabled,是否支持 STBC 编码,缺省为 false;

(19) GreenfieldEnabled,是否启用 802.11n 的绿灯模式,缺省为 false;

(20) ShortPlcpPreambleSupported,是否启用 PLCP 短前导,缺省为 false。

同样需要注意不同类型的 WiFi 标准对以上参数有约束性限制,需要针对性配置。

**3. 无线流量统计助手**

对象类 AthstatsHelper 提供了无线流量的统计配置功能。Athstats 与开源 Linux 系统的扩展命令 athstats 有关,该命令可查出无线网卡流量的定时统计信息,功能与早期 WiFi 芯片的生产商 Atheros 公司有关,所以得其名。

AthstatsHelper 的成员函数关联统计记录文件名和跟踪节点,格式如下:

```
EnableAthstats (std::string f, uint32_t nid, uint32_t did);
EnableAthstats (std::string f, Ptr<NetDevice> nd);
EnableAthstats (std::string f, NodeContainer nc);
```

其中:f 为文件名;nid 为节点标号;did 为节点内网卡标号;nd 为网卡对象;nc 为节点容器。

以上 3 个函数,为统计跟踪创建了一个 AthstatsWifiTraceSink 对象,将该对象的计数函数关联到指定网卡的收发事件和差错事件,并以 1 s 为周期,将统计结果写入指定的文件名中。

NS-3.29 版本支持的统计信息主要包括 6 个项目,对应于 ashstats 格式的第 1 列、第 2 列和第 4～7 列,即发送分组、接收分组、短时重传分组、长时重传分组、重传超限分组和接收出错分组。

## 7.3.4 无线流量统计仿真示例

### 1. 仿真程序说明

文件～/src/examples/wireless/wifi-ap.cc 主要完成流量统计仿真,其命令行的运行参数"--verbose＝false"可用于关闭回显的分组内容。

该文件的第 32～79 行定义的 6 个函数用于跟踪无线分组发送状态。第 81～107 行定义的 3 个函数用于控制节点沿 $x$ 轴每秒移动 5 米。第 123～128 行的定义和说明如下:

```
WifiHelper wifi;                              //WiFi 配置助手
MobilityHelper mobility;                      //位置配置助手
NodeContainer stas;                           //无线站点容器
NodeContainer ap;                             //无线 AP 容器
NetDeviceContainer staDevs;                   //无线站点网卡容器
PacketSocketHelper packetSocket;              //分组套接口助手
```

第 130～135 行,创建节点并分配分组套接口,具体代码和说明如下:

```
stas.Create (2);              //2 个无线站点
ap.Create (1);                //1 个无线 AP
packetSocket.Install (stas);  //无线站点配置套接口
packetSocket.Install (ap);    //无线 AP 配置套接口
```

第 137～140 行,配置无线物理层,具体代码如下:

```
WifiMacHelper wifiMac;
YansWifiPhyHelper wifiPhy = YansWifiPhyHelper::Default ();
YansWifiChannelHelper wifiChannel = \
                    YansWifiChannelHelper::Default ();
wifiPhy.SetChannel (wifiChannel.Create ());
```

第 141～151 行,配置无线 MAC 层并安装到无线节点,具体代码如下:

```
Ssid ssid = Ssid ("wifi-default");
wifi.SetRemoteStationManager ("ns3::ArfWifiManager");
// setup stas.
wifiMac.SetType ("ns3::StaWifiMac",
              "ActiveProbing", BooleanValue (true),
              "Ssid", SsidValue (ssid));
staDevs = wifi.Install (wifiPhy, wifiMac, stas);
// setup ap.
wifiMac.SetType ("ns3::ApWifiMac",
              "Ssid", SsidValue (ssid));
wifi.Install (wifiPhy, wifiMac, ap);
```

其中,无线站点和无线 AP 的 MAC 类型略有不同,详见下节。第 154～157 行配置无线节点位置,具体代码和说明如下:

```
mobility.Install (stas);                    //缺省位于坐标原点
mobility.Install (ap);                       //缺省位于坐标原点
//以 1 秒为周期,调用预定义函数,移动无线 AP
Simulator::Schedule (Seconds (1.0),\
                    &AdvancePosition,ap.Get (0));
```

第 159～171 行配置应用,由标号为 0 的无线站点向标号为 1 的无线站点发送分组,应用开始于 0.5 s,终止于 43.0 s。具体从略。

第 180～182 行配置流量统计功能,具体代码和说明如下:

```
AthstatsHelper athstats;                               //助手对象
athstats.EnableAthstats ("athstats-sta", stas);       //无线站
athstats.EnableAthstats ("athstats-ap", ap);          //AP
```

其中,"athstats-sta"和"athstats-ap"是统计记录文件的前缀,仿真产生的文件附加了节点标识和网卡标识。

**2. 仿真跟踪文件分析**

仿真示例程序执行后,得到 3 个文件,名为 athstats-sta-000-000,athstats-sta-001-000 和 athstats-ap-000-000,分别记录了分组发送节点、目标节点和 AP 所记录到的流量统计。表 7.2 和表 7.3 列出了部分统计数据。

表 7.2　示例 wifi-ap.cc 发送节点的流量统计

| 行号 | 发送 | 接收 | — | 短时重传 | 长时重传 | 重传超限 | 接收出错 | — | — | — | — |
|------|------|------|---|----------|----------|----------|----------|---|---|---|------|
| 1 | 0 | 0 | 0 | 0 | 0 | 0 | 0 | 0 | 0 | 0 | 0 MB |
| ... | ... | ... | ... | ... | ... | ... | ... | ... | ... | ... | ... |
| 7 | 122 | 0 | 0 | 0 | 24 | 0 | 20 | 0 | 0 | 0 | 0 MB |
| ... | ... | ... | ... | ... | ... | ... | ... | ... | ... | ... | ... |
| 18 | 122 | 0 | 0 | 0 | 29 | 0 | 29 | 0 | 0 | 0 | 0 MB |

| 行号 | 发送 | 接收 | — | 短时重传 | 长时重传 | 重传超限 | 接收出错 | — | — | — | — |
|---|---|---|---|---|---|---|---|---|---|---|---|
| … | … | … | … | … | … | … | … | … | … | … | … |
| 22 | 122 | 0 | 0 | 0 | 139 | 1 | 114 | 0 | 0 | 0 | 0 MB |
| 23 | 122 | 0 | 0 | 0 | 461 | 65 | 7 | 0 | 0 | 0 | 0 MB |
| 24 | 122 | 0 | 0 | 0 | 459 | 66 | 10 | 0 | 0 | 0 | 0 MB |
| 25 | 122 | 0 | 0 | 0 | 165 | 24 | 10 | 0 | 0 | 0 | 0 MB |
| 26 | 122 | 0 | 0 | 0 | 0 | 0 | 9 | 0 | 0 | 0 | 0 MB |
| … | … | … | … | … | … | … | … | … | … | … | … |
| 44 | 122 | 0 | 0 | 0 | 0 | 0 | 0 | 0 | 0 | 0 | 0 MB |

表 7.3　示例 wifi-ap.cc 接收节点的流量统计

| 行号 | 发送 | 接收 | — | 短时重传 | 长时重传 | 重传超限 | 接收出错 | — | — | — | — |
|---|---|---|---|---|---|---|---|---|---|---|---|
| 1 | 0 | 0 | 0 | 0 | 0 | 0 | 0 | 0 | 0 | 0 | 0 MB |
| … | … | … | … | … | … | … | … | … | … | … | … |
| 7 | 0 | 122 | 0 | 0 | 0 | 0 | 19 | 0 | 0 | 0 | 0 MB |
| … | … | … | … | … | … | … | … | … | … | … | … |
| 17 | 0 | 122 | 0 | 0 | 0 | 0 | 18 | 0 | 0 | 0 | 0 MB |
| 18 | 0 | 122 | 0 | 0 | 0 | 0 | 32 | 0 | 0 | 0 | 0 MB |
| … | … | … | … | … | … | … | … | … | … | … | … |
| 22 | 0 | 121 | 0 | 0 | 0 | 0 | 134 | 0 | 0 | 0 | 0 MB |
| 23 | 0 | 0 | 0 | 0 | 0 | 0 | 6 | 0 | 0 | 0 | 0 MB |
| … | … | … | … | … | … | … | … | … | … | … | … |
| 44 | 0 | 0 | 0 | 0 | 0 | 0 | 0 | 0 | 0 | 0 | 0 MB |

表 7.2 和表 7.3 的行号对应于以秒为单位的仿真时间。对比这两张表可见,当 AP 移动了 22 s,即 $x = 22 \times 5 = 110$ m 后,发送分组出现了超长重传计数。26 s 后,因 AP 相对发送站不可达,再无分组经无线网卡发出。接收站点同样在 22 s 之后没有再收到任何分组。

示例的仿真结果反映了 WiFi 的有效覆盖距离为 110 m 左右。这个距离与 WiFi 技术规范是吻合的。作为仿真实验,可对无线物理层参数进行设置,改变其信号覆盖距离。比如:针对多输入多输出天线,可设置发收增益;针对 Chirp 扩频编,可添加处理增益。就示例而言,配置代码如下所示:

```
wifiPhy.Set ("RxGain", DoubleValue(20.0));
```

# 7.4　无线 MAC 层仿真模型

NS-3 的 MAC 层功能,包括 WifiMac 和 MacLow 两组对象类,分别模拟 MAC 节点与组织结构有关的上部和与媒质访问有关的下部。

# 7.4.1　MAC 上部仿真功能

**1. 对象类结构**

MAC 上层仿真主要针对节点的组网结构,包括:

(1) 对象类 ns3::ApWifiMac,用于模拟无线接入点;

(2) 对象类 ns3::StaWifiMac,用于模拟小区接入站点;

(3) 对象类 ns3::AdhocWifiMac,用于模拟独立基本服务集或 Ad-hoc 站点。

其中:AdhocWifiMac 的功能最为简单,无信标与关联功能;StaWifiMac 提供主动探测和关联处理;ApWifiMac 主要完成周期性信标发送和关联处理。

以上 3 个对象类均直接派生于基类 ns3::RegularWifiMac,后者经纯虚类 ns3::WifiMac 派生于 ns3::Object,如图 7.9 所示。

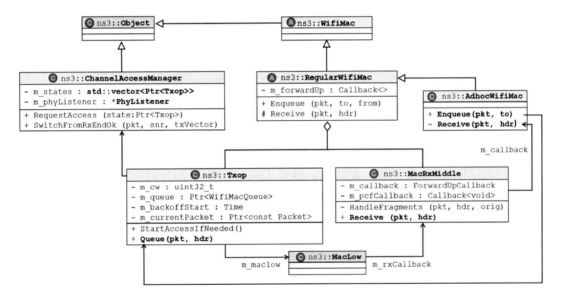

图 7.9　MAC 上部功能对象类及关系

图 7.9 中:对象类 Txop 主要管理输出缓存,并在 ChannelAccessManager 的指引下向 MacLow 发送分组;对象类 MacRxMiddle 主要处理接收到的 MAC 帧,并以回调方式转交 RegularWifiMac 的派生类接收;类 Txop 派生于 Object;类 MacRxMiddle 是模板类 SingleRefCount 的具体化;MacLow 是 MAC 下部功能的主要对象类。

类 Txop 也参与了类 ChannelAccessManager 的冲突退避处理。变量成员 m_backofStart 记录了开始退避时间,对应退避计数是[0,m_cw]之间取值的随机数。类 ChannelAccessManager 向物理层注册了一个 m_phyListener 对象,监测信道的收发状态,进而在退避结束时驱动 Txop 将其待发分组交由 MacLow 发送。

**2. 直连对象类 AdhocWifiMac**

AdhocWifiMac 模拟了独立组网(IBSS)的无线节点,成员函数 Enqueue(pkt,to)为分组 pkt 构造 MAC 帧,有 QoS 要求的分组使用 m_edca 指定的缓存,无 QoS 要求的分组交由 m_txop 缓存。父类 RegularWifiMac 的变量成员 m_edca 在初始化时定义 4 类 QoS 等级和

对应的 Txop 对象映射,具体包括:

(1) AC_VO,对应语音业务类型,按最高优先级调度;

(2) AC_VI,对应视频业务类型,按次高优先级调度;

(3) AC_BE,对应尽力(Best Effort)业务类型,按次低优先级调度;

(4) AC_BK,对应背景业务类型,按最低优先级调度。

类 ChannelAccessManager 在监测到信道可用时,由函数 DoGrantAccess()按序依次遍历,调用 Txop 对象发送分组。成员函数 Receive(pkt,hdr)从 hdr 取出源宿 MAC 地址,数据分组向上层协议转发。图 7.10 描述了无优先级的分组收发时序。

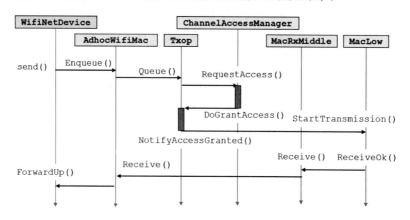

图 7.10　MAC 上部分组收发的主要流程

图 7.10 中,对象类 Txop 通过成员函数 Queue()缓存的分组,与该对象成员函数 NotifyAccessGranted()发出的分组不是同一分组。分组的收发,由对象类 MacLow 完成。

### 3. 小区组网对象类

对象类 ApWifiMac 和 StaWifiMac 均从 InfrastructureWifiMac 派生,分别仿真基站(或接入点)和终端站的 MAC 层功能。基类 InfrastructureWifiMac 派生于 RegularWifiMac,是点协调功能(PCF)的配置与访问接口。

有别于 AdhocWifiMac,ApWifiMac 首先是周期性地发送信标(Beacon)。为此,定义了以下变量成员:

```
Ptr<Txop> m_beaconTxop;                          //专用于信标发送
bool m_enableBeaconGeneration;                   //启或停信标
EventId m_beaconEvent;                           //信标事件
Ptr<UniformRandomVariable> m_beaconJitter;
bool m_enableBeaconJitter;                       //首个信标抖动启或停
```

此外,定义了以下成员函数,用于设置和获取信标周期:

```
void SetBeaconInterval (Time interval);
Time GetBeaconInterval (void) const;
```

需要注意的是,NS-3.29 的信标周期改由 MacLow 存储,仍由 ApWifiMac 配置。属性"BeaconInterval"的缺省值按 IEEE 802.11 规范设为 $102\,400\,\mu s$,或 102.4 ms。

ApWifiMac 第 2 个仿真功能是,接收 StaWifiMac 的关联请求。为此,定义了以下变量成员:

```
std::map<uint16_t, Mac48Address> m_staList;
```

其中:16 位无符号整数由 ApWifiMac 内部分配,表示关联标号,其值为 $1 \sim 2\,007$;Mac48Address 对应于无线站的 MAC 地址。该映射变量的成员添加和删除,即无线站的关联与解除,主要定义在重载的成员函数 Receive()中。

对象类 StaWifiMac 的首要功能是发起与基站的关联操作。NS-3.29 仿真了两种关联方式:其一为主动探测;其二为被动响应。

StaWifiMac 在初始化时,发出主动探测的 MAC 管理帧,在所有响应 AP 站中选取信噪比最大者作为关联 AP。为此,定义了变量成员:

```
MacState m_state;                          //关联状态
Time m_probeRequestTimeout;                //主动探测周期
Time m_assocRequestTimeout;                //关联操作周期
EventId m_probeRequestEvent;               //主动探测事件
EventId m_assocRequestEvent;               //关联操作事件
bool m_activeProbing;                      //主动探测启或停
std::vector<ApInfo> m_candidateAps
```

其中,activeProbing 由属性"ActiveProbing"初始化配置,缺省为 BooleanValue(false)。这是因为,NS-3 的主动探测未进行随机化处理,需要仿真程序额外地小心编制。

StaWifiMac 的被动关联依赖 AP 信标的接收记录。为此定义了变量成员:

```
Time m_waitBeaconTimeout;   //缺省配置为 120 ms
```

StaWifiMac 初始化时,以该值为周期检查 m_candidateAps,发现有效 AP 时调用以下成员函数,启动关联操作:

```
void SendAssociationRequest (bool isReassoc);
```

并在接收到关联响应时,创建配置用户数据发送的 Txop 对象。换言之,无线终端站在未进行关联之前,或者失去关联后,是不能发送用户数据的。这与实际中的 WiFi 连接特性是一致的。

**4. 仿真示例及说明**

以第 7.3.4 小节讨论的示例～/src/examples/wireless/wifi-ap.cc 为基础,修改和添加以下代码:

① 将第 131 行修改为:

```
ap.Create(2);
```

② 在第 156 行添加:

```
SetPosition(ap.Get(1),Vector(100.0, 0.0, 0.0));
```

其功能是,配置 SSID 相同的 2 个 AP 节点,将新增的第 2 个 AP 的 $x$ 坐标固定在 50 m。因此,无线站首次关联的 AP 仍然为第 1 个 AP。当第 1 个 AP 移动到信号覆盖范围外时,第 2 个 AP 经重关联接入了 2 个无线终端站。

对比统计跟踪文件 athstats-sta-001-000,可以观察到,第 $22\sim23$ s 接收终端未收到数据,但 24 s 后又可接收到数据分组。这说明重关联得到有效启用。

## 7.4.2　MAC 下部仿真功能

**1. 对象类结构**

WLAN 的 MAC 层下部仿真主要模拟 RTS/CTS/DATA/ACK 的交互过程,涉及对象类 MacLow 和 WifiRemoteManager,如图 7.11 所示。

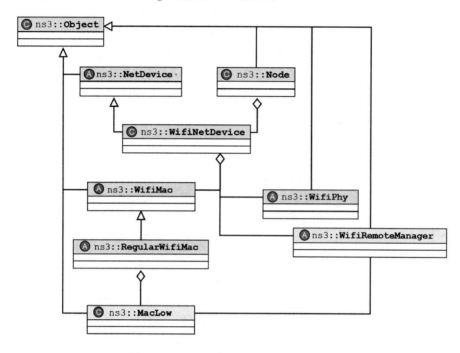

图 7.11　MAC 下部功能的对象类及关系

图 7. 11 中:对象类 MacLow 是由 RegularWifiMac 创建的,后者将 Txop、WifiPhy 和 ChannelAccessManager 等实例配置到 MacLow;而用于计算分组发送速率的对象类 WifiRemoteManager,由 WifiNetDevice 按仿真配置要求创建其派生类。NS-3.29 为纯虚类 WifiRemoteManager 定义了 14 个派生类,其中,功能较为简单的有:

(1) ConstantRateWifiManager,数据帧和控制帧使用相同的固定发送速率;

(2) IdealWifiManager,按站点间信噪比的计算结果调整发送速率。

图 7.12 描述了对象类 MacLow 的主要成员及相关对象类的访问关系。

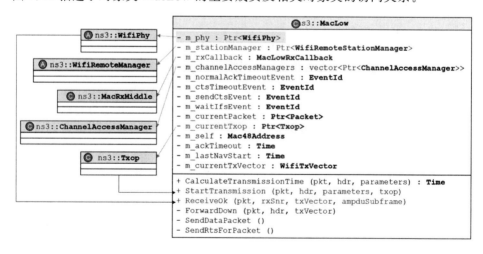

图 7.12　MacLow 对象类的成员及相关对象类

图 7.12 中：变量成员 m_phy 指向物理层,仿真数据帧的实际收发;变量成员 m_rxCallBack 配置为 MacRxMiddle 的接收函数,实现分组上报仿真;变量成员 m_currentTxop 指向 MAC 上部的发送实体,它在有数据帧发送时调用成员函数 StartTransmission()。

对象 MacLow 在仿真数据帧发送期间,根据 DCF 的配置要求,在判定信道空闲的条件下调用成员函数 SendRtsForPacket()发送 RTS 控制帧,并启动 CTS 接收超时的定时事件,记录在变量成员 m_ctsTimeoutEvent 中。同样,数据帧的发送函数 SendDataPacket()会按 m_ackTimeout 启动 ACK 接收超时的定时事件。数据帧和控制帧向 m_phy 的发送,由成员函数 ForwardDown()完成。其中,MAC 帧头的 NAV 参数计算,由成员函数 CalculateTransmissionTime()完成。

**2. 无 RTS 控制的仿真**

WiFi 的 MAC 广播,比如小区 AP 发出的信标帧,无须 RTS/CTS 交换过程。此外, IEEE 802.11 规定超长帧也可不经 RTS/CTS 控制。再者,点协调功能(PCF)的无冲突 (CF)阶段也不需要 RTS/CTS 交互。CF 的判定由 MacLow 的变量成员 m_cfpStart 记录, 在信标帧收发时启效,在 CF-END 帧收发时失效。

超长帧的判据由 WifiRemoteManager 的变量成员 m_rtsCtsThreshold 维护,由属性 "RtsCtsThreshold"配置,缺省为 Uintgervalue (65 535)。而 IEEE 802.11 的相关规范是, 该值的取值范围为 0～2 347。不过,NS-3 仿真优先由 WiFi 类型来决定 RTS/CTS 启用与否,所以该缺陷对仿真逼真度几乎没有影响。

针对一种 CTS 引导的访问保护方法,NS-3 还支持名为"CTS-to-Self"的功能的仿真,该功能等同于 CTS 控制帧,用于避免数据帧发送冲突。

图 7.13 描述了 MacLow 在无 RTS/CTS 交互时的数据帧收发流程。

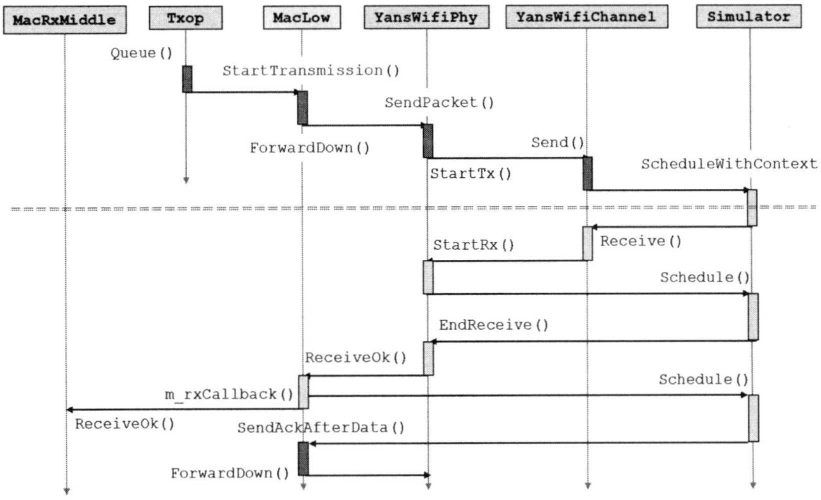

图 7.13　无 RTS/CTS 控制的 MacLow 收发流程

图 7.13 中,MacLow 接口函数 StartTrasmission()在判定为无 RTS/CTS 交互且 MAC 帧为数据帧时,调用了 ForwardDown()。成员函数 ForwardDown()针对数据帧调用物理层对象的 SendPacket(),并通过 StartTx()向信道发送。信道以事件回调方式,调用接收节

点物理层对象的 StartRx(),仿真数据帧的接收过程。

物理层对象通过事件回调,在接收完成时刻调用 MacLow 接口函数 ReceiveOk()。如图 7.14 所示,MacLow 的函数指针 m_rxCallback 指向 MAC 上部的对象 MacRxMiddle,用于仿真 MAC 帧的接收处理。

对象 MacLow 的接口函数 ReceiveOk(),在处理数据帧接收时,根据 MAC 工作机制,生成一系列定时事件。图 7.14 描述了 ACK 帧发送的事件回调流程,它经对象 Simulator 注册了延后 SIFS 时长的事件,调用了函数 SendAckAfterData(),作用是创建并发送 ACK 帧,启动与数据帧发送相似的处理过程。

**3. RTS/CTS 控制的仿真**

对象 MacLow 的接口函数 StartTransmission()在判定需要 RTS/CTS 交互时,通过 SendRtsForPacket()在数据帧正式发送前,创建并发送 RTS 帧。在接口函数 ReceiveOk() 判定接收到 CTS 帧时,通过注册事件延迟调用 SendDataAfterCts()来发送待发的数据帧,并在接到 ACK 帧时调用 MAC 上部 Txop 对象的 GotAck(),以便发送后续帧。

接口函数 SendRtsForPacket()在调用 ForwardDown()发送 RTS 帧之前,通过注册定时事件延迟调用 CtsTimeout(),模拟 CTS 接收超时。而具体的超时处理,由 MAC 上部 Txop 对象的函数 MissedCts()完成。接口函数 ReceiveOk()在处理 CTS 帧时,需要注销该定时事件。

同样,接口函数 SendDataAfterCts()也注册了一个定时事件,延迟调用了私有函数 StartDataTxTimers(),其作用是在 MAC 帧全部发送完成之时,根据帧类型和发送操作的类型创建新的定时事件。对于一般性的数据帧发送,第 2 个定时事件就是调用函数 NormalAckTimeout(),并最终由 MAC 上部 Txop 的函数 MissedAck()来处理。图 7.14 描述了相关的事件流程。

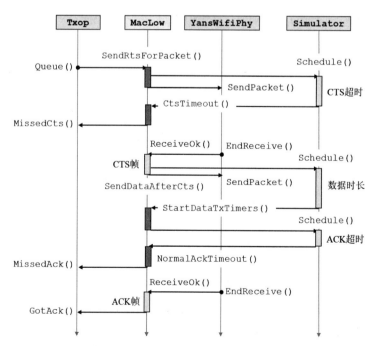

图 7.14　RTS/CTS 控制的 MacLow 发送流程

以上说明主要针对数据帧的发送方向，在数据帧的接收方向，涉及对象 MacLow 的 RTS 帧接收的 SendCtsAfterRts()，以及数据帧接收的 SendAckAfterData()，它们均由 ReceiveOk()调用。MacLow 的接收处理不涉及定时事件的注册。

## 7.4.3　配置助手

### 1．MAC 层配置

对象类 WifiMacHelper 提供了 MAC 仿真模块属性的配置接口，所涉属性不再区分 MAC 上部和下部，集中定义在对象类 WifiMac 中，如表 7.4 所示。

表 7.4　WifiMac 的属性

| 序号 | 属性名 | 类型 | 缺省值 | 说明 |
|---|---|---|---|---|
| 1 | CtsTimeout | TimeValue | SIFS＋最大传播延时＋时隙＋CTS 发送时长 | CTS 超时时长 |
| 2 | AckTimeout | TimeValue | 同上 | ACK 超时时长 |
| 3 | BasicBlockAckTimeout | TimeValue | 250 $\mu$s 替换第 1 属性的帧发送时长 | 阻塞 ACK |
| 4 | CompressedBlockAckTimeout | TimeValue | 76 $\mu$s 替换第 1 属性的帧发送时长 | 压缩 ACK |
| 5 | Sifs | TimeValue | 16$\mu$s | 最小帧间隙 |
| 6 | EifsNoDifs | TimeValue | SIFS＋CTS 帧发送时长 | 扩展帧间隙 |
| 7 | Slot | TimeValue | 9 $\mu$s | 基本时隙 |
| 8 | Pifs | TimeValue | SIFS ＋ 时隙 | PCF 帧间隙 |
| 9 | Rifs | TimeValue | 2 $\mu$s | 压减帧间隙 |
| 10 | MaxPropagationDelay | TimeValue | 1 km 信号传播延时 | 最大传播延时 |
| 11 | Ssid | SsidValue | Ssid ("default") | 服务区标识 |

表 7.4 的缺省值主要针对 IEEE 802.11a 类型的 WLAN 标准。不同类型 WLAN 的取值有所差别。为此，MAC 的接口函数 ConfigureStandard()提供修改，其格式为：

```
void ConfigureStandard(WifiPhyStandard standard);
```
其中，枚举类型 WifiPhyStandard 的取值参考第 7.3.2 小节的说明。

对象类 WifiMacHelper 缺省创建 ns3::AdhocWifiMac 对象，通过函数 SetType 可改配为 ns3::StaWifiMac 或 ns3::ApWifiMac，并可针对性地配置特有属性。

例如，以下代码用于配置 StaWifiMac，SSID 设置为 ns-3-ssid，且不进行 AP 探测。

```
WifiMacHelper wifiMacHelper;
Ssid ssid = Ssid ("ns-3-ssid");
wifiMacHelper.SetType ("ns3::StaWifiMac",
      "Ssid", SsidValue (ssid),
      "ActiveProbing", BooleanValue (false));
```

当节点装配了 WiFi 模块后，如果需要将其类型修改为 802.11ac，可对其 MAC 对象执行如下功能：

```
Ptr<WifiNetDevice> dev = node->GetDevice(0);
Ptr<WifiMac> mac = dev->GetMac();
mac->ConfigureStandard(WIFI_PHY_STANDARD_80211ac);
```

其中,变量 node 的类型为 Ptr<Node>,并仅配置了 WiFi 模块。

**2. WiFi 配置**

对象类 WifiHelper 为节点配置和创建 WiFi 接口设备,即 WifiNetDevice 实例,包含无线物理层、MacLow 相关的 RemoteStationManager 和仿真跟踪相关的接口。

WifiHelper 缺省使用 802.11a 技术参数和名为"ArfWifiMananger"的速率管理对象。函数 SetStandard() 和 SetRemoteStationManager() 用于重配置。

例如,配置自适应速率计算模型和 802.11b 类型的 WiFi 助手,可使用以下方式:

```
WifiHelperwifi;
wifi.SetRemoteStationManager("ns3::IdealWifiManager");
wifi.SetStandard(WIFI_PHY_STANDARD_80211b);
```

其中,WiFi 标准类型参见第 7.3.2 小节,配置函数 SetRemoteStationManager() 可选的速率管理对象的类名包括:

- ArfWifiManager;              //自动速反馈(ARF)算法
- AarfWifiManager;             //自适应自动速率反馈(AARF)算法
- AarfcdWifiManager;           //AARF 协作图(CD,Collaboration Diagram)改进算法
- AmrrWifiManager;             //自适应多速率重试(Adaptive Multi Rate Retry)算法
- AparfWifiManager;            //附加功率的 ARF 改进算法
- CaraWifiManager;             //冲突感知(CA,Collision-Aware)速率自适应算法
- ConstantRateWifiManager;     //固定速率配置
- IdealWifiManager;            //发射机准确知晓远端接收 SNR 的速率控制算法
- MinstrelWifiManager;         //源自项目 Minstrel 的算法
- OnoeWifiManager;             //由作者 Atsushi Onoe 提出的算法
- ParfWifiManager;             //功率与自动速率反馈算法
- RraaWifiManager;             //健壮的速率自适应(Robust Rate Adaptation)算法
- RrpaaWifiManager;            //健壮的速率与功率自适应算法

需要说明是,以上算法主要来自不同的研究论文,并未全部得到实际应用。

WifiHelper 的成员函数 Install() 使用预定义的物理层助手和 MAC 层助手,为指定的节点创建和配置 WiFi 接口设备。该函数有以下 3 个版本:

- Install (const WifiPhyHelper &phy,
            const WifiMacHelper &mac,
            NodeContainer::Iterator first,
            NodeContainer::Iterator last);
- NetDeviceContainer Install (const WifiPhyHelper &phy,
            const WifiMacHelper &mac, NodeContainer c);
- NetDeviceContainer Install (const WifiPhyHelper &phy,
            const WifiMacHelper &mac, Ptr<Node> node);

其中:第 1 个版本针对节点容器的部分节点;第 2 个版本针对节点容器的所有节点;第 3 个版本针对单个节点。

**3. AdHoc 仿真示例**

以下示例创建两个 Ad-hoc 节点,配置 802.11a 型 WiFi 设备,信道传播延时使用了名为 ns3∷ConstantSpeedPropagationDelayModel 的仿真模型,信道传播损耗使用了名为 ns3∷LogDistancePropagationLossModel 的仿真模型。两个设备都配置速率固定为 12 Mbit/s 的 ConstantRateWifiManager。

```
std::string phyMode ("OfdmRate12Mbps");
WifiHelper wifi;
wifi.SetStandard (WIFI_PHY_STANDARD_80211a);
YansWifiPhyHelper phy = YansWifiPhyHelper::Default ();
YansWifiChannelHelper channel;
channel.SetPropagationDelay (\
        "ns3::ConstantSpeedPropagationDelayModel");


channel.AddPropagationLoss (\
        "ns3::LogDistancePropagationLossModel",
        "Exponent", DoubleValue (3.0));
phy.SetChannel (channel.Create ());
WifiMacHelpermac;
wifi.SetRemoteStationManager (\
        "ns3::ConstantRateWifiManager",
        "DataMode", StringValue (phyMode),
        "ControlMode", StringValue (phyMode));
mac.SetType ("ns3::AdhocWifiMac");
wifi.Install (phy, mac, nodes);
```

其中,最一行代码的变量 nodes 是包含 2 节点的节点容器,mac 为 MAC 层配置助手对象,phy 为物理层配置助手对象。物理层配置又综合了物理信道助手对象 channel,phymode 则定义了信号编码调制类型(OfdmRate12Mbps)。

共享同一无线信道的多节点组网,除了节点位置(即移动性模型,参见第 7.2.3 小节)外,其无线配置与两节点直通完全相同。

# 第8章 无线互联的网络仿真

## 8.1 MANET仿真范例详解

### 8.1.1 MANET技术简述

**1. Ad-hoc组网**

第7章所述的WLAN考虑的网络互联以有AP的基础结构为主。Ad-hoc组网不使用集中的AP,由通信站点直接参与路由转发,因其结构简单,所以得其名。

IEEE 802.11标准将Ad-hoc网络描述为自组织的对等式多跳移动通信网络。无线WiFi信号可达的计算机之间,彼此直连。信号不可达的计算机之间,通过其邻居节点转发以实现互联目标。Ah-hoc网络的物理层和MAC层可直接沿用WLAN技术。需要额外考虑的是多跳转发过程中的最佳路由选择。为此,IEEE 802.11将Ad-hoc归类到独立基本服务集(IBSS,Independent Basic Service Set),如图8.1所示。

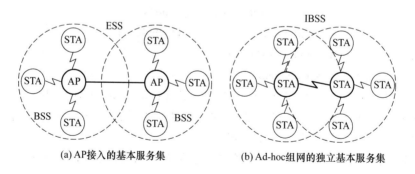

(a) AP接入的基本服务集　　　　(b) Ad-hoc组网的独立基本服务集

图8.1　WLAN典型组网方式

图8.1(a)中,扩展服务集ESS是通过其他通信线路互联的BSS。图8.1(b)中,IBSS由通信站点(STA)互联构成,这些STA的空间位置可以是固定的,也可以是随时间变化的。

**2. MANET组网**

当Ad-hoc节点可移动时,相应的网络称为移动自组网(MANET,Mobile Ad-hoc Network),以突出其时变性。从路由转发角度看,这需要MANET能适应网络拓扑的快速变化。当网络规模较大、时变性较强时,MANET路由成为互联网化标准组织(IETF)的一个中心议题。

除了拓扑动态变化外,MANET 还需要考虑传输带宽受限、供电受限和开放信道安全性低等特点。在支撑 TCP/IP 互联网时,差异化服务质量和失序传输也成为技术研究的关键问题。与有组网络相比,MANET 路由的技术性能反映在以下 7 个方面:

(1) 分布计算,指路由算法分布在各节点完成;

(2) 无环路径,以高效方法避免分组转发回路;

(3) 按需服务,针对业务流局域性提高路由效率;

(4) 预置服务,针对宽带和供电等资源约束提高传输效率;

(5) 安全增强,保障无线链路开放引发的捕获和诱导;

(6) 休眠支持,针对节能节点调度路由;

(7) 单向传输,提升或修改基于双向链路的路由算法。

**3. MANET 路由类型**

MANET 路由的关键问题是适应网络拓扑的动态变化,设计高效的无线多跳路由协议。经不断研究,形成了先验式路由、反应式路由、分级路由和位置感知路由等类型。

先验式路由也称表驱动路由,典型代表有 DSDV(目的序号距离矢量)、OLSR(优化链路状态路由)和 FSR(鱼眼状态路由)等。先验式路由的网络节点周期性地广播路由分组,同时通过从网络接收到的路由分组信息,持续更新自身的路由表。有分组转发需求时,节点根据路由表选择下一跳节点。表驱动路由协议可以实现较低的端到端时延,但是为了计算路由而周期性地广播信标会产生较大的网络开销。

反应式路由也称按需路由,典型代表有 AODV(无线自组网按需平面距离向量路由)、DSR(动态源路由)和 TORA(临时排序路由算法)等。反应式路由的节点,在有通信需求时,执行路由搜索,查找可以到达目的节点的路径。相比于表驱动路由,按需路由没有周期性广播控制消息,但端到端时延较高。

分级路由也称混合路由,综合了反应式路由和先验式路由,典型代表有 ZRP(区域路由协议)、CBRP(分簇路由协议)、LEACH(低功耗自适应集簇分层)等,它们将网络节点分级或分层管理。采用逻辑分级时,网络节点分划不同的本地范围,本地范围内部与外部分别使用不同的路由机制。采用物理分级时,将地理位置紧密联系的相关节点构建成一个簇,簇首与簇内节点一跳可达。

位置感知路由利用位置信息来优化自组织网络,典型代表 GPSR(贪婪周边无状态路由)和 LAR(地理信息辅助路由)。位置感知路由基于节点位置、移动速度和间距信息,限制路由发现过程中的洪泛量,可大幅减少拓扑控制消息的数量。

NS-3 源码包实现了 AODV、DSDV、DSR 和 OLSR 的仿真,Github 提供一些其他 MANET 路由协议的仿真扩展。以下对 OLSR 作简要说明。

**4. OLSR 路由**

OLSR(Optimized Link State Routing)是根据 MANET 的技术需求,在链路状态(LS)路由协议的基础上经优化形成的。

OLSR 的关键是多点中继(MPR),它是广播洪泛过程中优选出的转发节点。有线网络采用的链路状态协议,比如 OSPF,其中所有节点都参与链路状态所表示的拓扑信息转发。OLSR 中,链路状态信息由 MPR 节点产生和转发。此外,MPR 节点只选择在 MPR 之间传递链路状态信息。总体上,拓扑信息转发量得到相当大的压缩,尤其适合密集型网络,如图 8.2 所示。

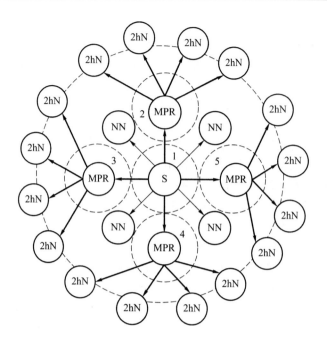

图 8.2　OLSR 转发的优化示意

图 8.2 中,S 表示 LS 通告源,MPR 和 NN 为 S 一跳可达的邻接节点,2hN 为 2 跳可达的次邻节点。如果参照 OSPF 算法,MPR 和 NN 均要转发来自 S 的 LS 通告,共需 6 次转发才能将 S 的周边拓扑扩散到所有的 2hN 节点。而按图 8.2 中的粗箭头线,只有 4 个 MPR 参与转发,总量减少了一半。

从图 8.2 可以看到,MPR 是具有较多 2hN 的一跳节点。MPR 的选择前提是,邻接节点间要交换次邻节点的数目,并由通告的源节点做出选择。MPR 的选择者,即图 8.2 中的 S 节点,需要维护和管理 MPR 数据库。

# 8.1.2　NS-3 范例说明

以下就～/examples/wireless/wifi-simple-adhoc-grid.cc 给出仿真范例进行源码说明。

## 1. 拓扑设计

范例第 26～32 行以 ASCII 格式描述了格状拓扑,如下所列:

```
// The default layout is like this, on a 2-D grid.
//
// n20   n21   n22   n23   n24
// n15   n16   n17   n18   n19
// n10   n11   n12   n13   n14
// n5    n6    n7    n8    n9
// n0    n1    n2    n3    n4
```

其中,节点 n0 与 n1 和 n5 构成邻接关系,而 n0 与 n6 的空间距离越出信号可达范围,构成次邻接关系。其他节点以此类推,总的布局是一个 5×5 的二维网格。

范例第 144~145 行创建节点，如下所列：

```
NodeContainer c;
c.Create (numNodes);
```

其中，变量 numNodes 可由运行参数修改，缺省为 25。

范例第 147~173 行是节点 WiFi 模块的配置，方法与第 7 章类同，此处从略。范例第 175~184 行配置节点的空间位置，如下所列：

```
MobilityHelper mobility;
mobility.SetPositionAllocator ("ns3::GridPositionAllocator",
                    "MinX", DoubleValue (0.0),
                    "MinY", DoubleValue (0.0),
                    "DeltaX", DoubleValue (distance),
                    "DeltaY", DoubleValue (distance),
                    "GridWidth", UintegerValue (5),
                    "LayoutType", StringValue ("RowFirst"));
mobility.SetMobilityModel ("ns3::ConstantPositionMobilityModel");
mobility.Install (c);
```

其中，位置分配器 ns3::GridPositionAllocator 为二维网格计算模块，第一节点的位置由参数 MinX 和 MinY 指定，后续节点位置按参数 DeltaX 或 DeltaY 指定的值递增，最大递增数由参数 GridWidth 指定，递增方向由 LayoutType 定义。

上述代码中，LayoutType 设置为 RowFirst，表示以行优先，即按二维平面一行的 $X$ 轴方向递增，每达到 5 个格点后再沿 $Y$ 轴方向递增到下一行。变量 distance 是可变运行参数，缺省为 500 m。相应的无线配置需要将 distance 当作信号可达范围。

**2. 路由配置**

范例第 187~196 行是模块路由协议的配置，如下所列：

```
OlsrHelper olsr;
Ipv4StaticRoutingHelper staticRouting;
Ipv4ListRoutingHelper list;
list.Add (staticRouting, 0);
list.Add (olsr, 10);
InternetStackHelper internet;
internet.SetRoutingHelper (list);
internet.Install (c);
```

其中，OlsrHelper 是 OLSR 仿真模块的配置助手，它以 10 为优化级与静态路由配置助手（Ipv4StaticRoutingHelper）一起通过 Ipv4ListRoutingHelper 安装到所有节点。

仿真对象类 OlsrHelper 定义在头文件 oslr-helper.h 中，所在范例在第 76 行先进行了引用。相似的，利用仿真助手配置 AODV 仿真模块时需引用 aodv-heler.h，配置 DSDV 仿真模块时需引用 dsdv-helper.h，配置 DSR 仿真模块时需引用 dsr-helper.h(或 dsr-module.h)。

在对象类 Ipv4ListRoutingHelper 管理的一组路由协议中，优先级高的路由协议得到优先访问。只当高优先级路由表项查不到结果时，才使用低优先级表项。

### 3. 节点地址与业务流配置

范例第 198～201 行是 IPv4 地址的配置，如下所列：

```
Ipv4AddressHelper ipv4;
ipv4.SetBase ("10.1.1.0", "255.255.255.0");
Ipv4InterfaceContainer i = ipv4.Assign (devices);
```

其中，变量 devices 是无线网络接口设备的容器，它在 WiFi 配置中已预先定义。

范例第 203～211 行是端到端连接的配置，如下所列：

```
TypeId tid = TypeId::LookupByName ("ns3::UdpSocketFactory");
Ptr < Socket > recvSink = Socket::CreateSocket (c.Get (sinkNode), tid);
InetSocketAddress local = InetSocketAddress (\
                Ipv4Address::GetAny (), 80);
recvSink-> Bind (local);
recvSink-> SetRecvCallback (MakeCallback (&ReceivePacket));
Ptr < Socket > source = Socket::CreateSocket (c.Get (sourceNode), tid);
InetSocketAddress remote = InetSocketAddress (\
                i.GetAddress (sinkNode, 0), 80);
source-> Connect (remote);
```

其中，变量 sinkNode 和 sourceNode 是可配置的目标节点和源节点的节点序号，缺省分别为 24 和 0。

以上代码在目标节点配置了端口号为 80 的 UDP 接收函数 ReceivePacket()，在源节点配置了发送分组的套接口并记录在变量 source 中。函数 ReceivePacket() 定义在范例的第 82～88 行，功能是在 CLI 中给出日志提示，并无实质功能。而业务分组的产生函数定义在第 90～103 行，如下所列：

```
static void GenerateTraffic (Ptr < Socket > socket, uint32_t pktSize,
                uint32_t pktCount, TimepktInterval ) {
    if (pktCount > 0) {
        socket-> Send (Create < Packet > (pktSize));
        Simulator::Schedule (pktInterval, &GenerateTraffic,
                socket, pktSize, pktCount - 1, pktInterval);
    } else
        socket-> Close ();
}
```

其中：形参 socket 为源节点发送套接口；pktCount 为待发分组数；pktInterval 为分组发送的时间间隔；Schedule() 对该函数的迭代回调，模拟了分组流的持续发送。

首个分组的产生定义在范例第 228～229 行，如下所列：

```
Simulator::Schedule (Seconds (30.0), &GenerateTraffic,
                source, packetSize, numPackets, interPacketInterval);
```

其中：实参变量 source 在端到端连接配置中返回，最后 3 个可配置变量缺省分别为 1 000、1 和 1 s；而 30 s 的事件时间对应于 OLSR 路由计算完成的时间。

**4. 路由跟踪配置**

范例第 213～225 行是 OLSR 路由状态的跟踪配置,如下所列:

```
if (tracing == true) {
    AsciiTraceHelper ascii;
    wifiPhy.EnableAsciiAll (ascii.CreateFileStream (\
                    "wifi-simple-adhoc-grid.tr"));
    wifiPhy.EnablePcap ("wifi-simple-adhoc-grid", devices);
    Ptr<OutputStreamWrapper> routingStream = \
            Create<OutputStreamWrapper>(\
                "wifi-simple-adhoc-grid.routes", std::ios::out);
    olsr.PrintRoutingTableAllEvery (Seconds (2), routingStream);
    Ptr<OutputStreamWrapper> neighborStream = \
            Create<OutputStreamWrapper>(\
                "wifi-simple-adhoc-grid.neighbors", std::ios::out);
    olsr.PrintNeighborCacheAllEvery (Seconds (2), neighborStream);
}
```

其中,变量 tracing 是可配置的运行参数,缺省为 false。因此,只有在附加选项后,以上功能才能发挥作用。另外,OlsrHelper 继承于父类 Ipv4RoutingHelper 的两个成员函数,它们的功能是周期性地将路由表项和邻接节点输出到相应的存储文件。

## 8.1.3　范例仿真结果分析

执行上节说明的 NS-3 范例并将可配置参数 tracing 置为 true,CLI 命令如下所列:

```
./waf --run "wifi-simple-adhoc-grid --tracing = true"
```

仿真结果得到 25 个节点的 PCAP 文件、一个汇总的分组事件跟踪文件、邻接节点记录文件和节点路由表项记录文件。

**1. OLSR 协议过程**

汇总的分组事件跟踪文件 wifi-simple-adhoc-grid.tr 共有 3 071 行,每一行对应一个分组件。第一行的内容如下所列:

```
t 0.0126058
/NodeList/3/DeviceList/0/$ns3::WifiNetDevice/Phy/State/Tx
DsssRate1Mbps
ns3::WifiMacHeader (DATA ToDS = 0, FromDS = 0, MoreFrag = 0,
Retry = 0, MoreData = 0 Duration/ID = 0us,
DA = ff:ff:ff:ff:ff:ff, SA = 00:00:00:00:00:04,
BSSID = 00:00:00:00:00:04, FragNumber = 0, SeqNumber = 0)
ns3::LlcSnapHeader (type 0x800)
```

```
ns3::Ipv4Header (tos 0x0 DSCP Default ECN Not-ECT ttl 64 id 0
protocol 17 offset (bytes) 0 flags [none]
length: 48 10.1.1.4 > 10.1.1.255)
ns3::UdpHeader (length: 28 698 > 698)
ns3::olsr::PacketHeader ()
ns3::olsr::MessageHeader ()
ns3::WifiMacTrailer ()
```

为解读方便,根据协议层次进行简单的分行处理。

跟踪文件以空格和圆括号作为字段分隔符。第 1 字段对应于事件类型,上例中"t"表示分组发送。第 2 字段对应于事件时间,上例中"0.012 605 8"对应于此。第 3 字段为事件产生模块,上例中"/NodeList/3/DeviceList/0/$ns3::WifiNetDevice/Phy/State/Tx"对应于序号为 3 的节点,其中"Tx"对应于 WiFi 网卡物理层的发送事件。第 4 字段为接口速率,上例中"DsssRate1Mbps"表示 DSSS 模式的 1 Mbit/s 带宽。第 5 字段开始为分组协议头部,内容较长,不一一详细说明。总体上,跟踪文件第 1 行是 OLSR 广播分组发送,源地址的MAC 为 4,IP 为 10.1.1.4。

跟踪文件的第 2~4 行是时间在"0.013 471 5"时节点 2、4 和 8 的接收事件,分组内容与第 1 行完全相同。这 3 行记录表明,节点 3 发出的 OLSR 广播被邻接节点 2、4、8 成功接收。跟踪文件第 5~9 行记录了节点 17 发出节点 12、16、18 和 22 接收的事件,如图 8.3(a)所示。

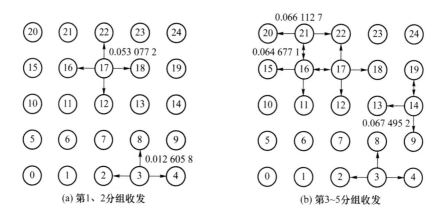

(a) 第1、2分组收发    (b) 第3~5分组收发

图 8.3    OLSR 协议的分组收发过程

图 8.3 中,箭头线上标注的为分组发送时间,双向箭头表示相互收发。图 8.3(b)包含了第 3 个至第 5 个广播分组的发送和接收。

使用 wireshark 解析文件 wifi-simple-adhoc-grid-3-0.tr,以文本格式输出得到如下结果:

```
Frame 1: 106 bytes on wire (848 bits), 106 bytes captured (848 bits)
Radiotap Header v0, Length 22
802.11 radio information
IEEE 802.11 Data, Flags: .........
Logical-Link Control
```

```
Internet Protocol Version 4, Src: 10.1.1.4, Dst: 10.1.1.255
User Datagram Protocol, Src Port: 698, Dst Port: 698
Optimized Link State Routing Protocol
    Packet Length: 20
    Packet Sequence Number: 0
    Message: HELLO (1)
        Message Type: HELLO (1)
        Validity Time: 6.000 (in seconds)
        Message: 16
        Originator Address: 10.1.1.4
        TTL: 1
        Hop Count: 0
        Message Sequence Number: 0
        Hello Emission Interval: 2.000 (in seconds)
        Willingness to forward messages: Unknown (3)
```

其中,OLSR 消息进行执行了扩展,消息类型为 HELLO,它是邻居节点之间的探听消息。

节点 3 在自第 1 个分组发送 2.081 020 s 后发出了第 2 个分组,解析结果如下所列:

```
Frame 5: 130 bytes on wire (1040 bits), 130 bytes captured (1040 bits)
...
Optimized Link State Routing Protocol
    Packet Length: 44
    Packet Sequence Number: 1
    Message: HELLO (1)
        Message Type: HELLO (1)
        Validity Time: 6.000 (in seconds)
        Message: 40
        Originator Address: 10.1.1.4
        TTL: 1
        Hop Count: 0
        Message Sequence Number: 1
        Hello Emission Interval: 2.000 (in seconds)
        Willingness to forward messages: Unknown (3)
        Link Type: Asymmetric Link (1)
            Link Message Size: 8
            Neighbor Address:10.1.1.5
        Link Type: Asymmetric Link (1)
            Link Message Size: 8
            Neighbor Address:10.1.1.3
        Link Type: Asymmetric Link (1)
            Link Message Size: 8
            Neighbor Address:10.1.1.9
```

其中，节略了 OLSR 消息体之外的分组头部。与第 1 分组相比，消息内容新增了节点 3 已探听到的邻居节点 4、2、8，对应的 IPv4 地址为 10.1.1.5、10.1.1.3、10.1.1.9。

可见 2 s 前后节点 3 的路由表项发生了变化，这可从路由的仿真记录中得到验证。

**2. OLSR 路由学习过程**

范例在文件 wifi-simple-adhoc-grid.routes 中以固定的 2 s 周期记录了所有节点的路由表，第 4 条记录的内容如下所列：

```
Node：4，Time：+2.0s，Local time：+2.0s，Ipv4ListRouting table
    Priority：10 Protocol：ns3::olsr::RoutingProtocol
Node：4，Time：+2.0s，Local time：+2.0s，OLSR Routing table
Destination      NextHop      Interface      Distance
HNA Routing Table：empty
    Priority：0 Protocol：ns3::Ipv4StaticRouting
Node：4，Time：+2.0s，Local time：+2.0s，Ipv4StaticRouting table
Destination      Gateway       Genmask        Flags Metric Ref    Use Iface
127.0.0.0        0.0.0.0       255.0.0.0      U     0      -      -   0
10.1.1.0         0.0.0.0       255.255.255.0  U     0      -      -   1
```

其中：第 1 和第 2 行针对路由协议 Ipv4ListRouting 并无实质路由表项；第 3～6 行对应路由协议 OLSR，对应的路由表项目为空；第 7～10 行对应静态路由，包含 2 条内部表项。OLSR 的 HNA（主机和网络关联）反映固网互联路由。

节点 3 的第 2 条记录，发生在 4 s，内容如下所列：

```
Node：3，Time：+4.0s，Local time：+4.0s，Ipv4ListRouting table
    Priority：10 Protocol：ns3::olsr::RoutingProtocol
Node：3，Time：+4.0s，Local time：+4.0s，OLSR Routing table
Destination      NextHop      Interface      Distance
10.1.1.3         10.1.1.3     1              1
10.1.1.5         10.1.1.5     1              1
10.1.1.9         10.1.1.9     1              1
HNA Routing Table：empty
```

其中，出于简化之目的，省略了 HNA 之后的不变内容。

根据 OLSR 协议过程的分析已知，2 s 之后，节点 3 已从邻居节点 2、4、8 学习得到 3 个路由信息，所以得到以上 3 条表项是合理的。在第 6 s 时，节点 3 的 OLSR 路由表项如下所列：

```
Node：3，Time：+6.0s，Local time：+6.0s，OLSR Routing table
Destination      NextHop      Interface      Distance
10.1.1.2         10.1.1.3     1              2
10.1.1.3         10.1.1.3     1              1
10.1.1.5         10.1.1.5     1              1
10.1.1.8         10.1.1.3     1              2
10.1.1.9         10.1.1.9     1              1
10.1.1.10        10.1.1.5     1              2
10.1.1.14        10.1.1.9     1              2
```

其中,距离(Distance)为 2 的表项反映的是节点 3 的邻居节点所传告的次邻节点。

图 8.4 描述了节点 3 在 6 s 和 12 s 时路由表项所表示的路径。

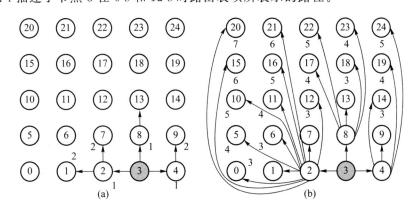

图 8.4　范例中节点 3 的 OLSR 路由表项示意

图 8.4 中,节点边上标注的数值为节点 3 到达该节点的跳数。图 8.4(b)中,以节点 2 为下一跳节点到达节点左侧第 2 列的 0、5、6 等的路径,在节点 2 中维护,在节点 3 中无须记录。

同理,范例配置的业务,从源节点 24 到达目标节点 0 的路径和反向路径分别为(24,19,14,13,12,11,10,5,0)和(0,1,6,11,16,17,22,23,24)。

此双向路径并不完全重叠,这正是 MANET 所期望的,它可减少单向信道的争用。

**3. 单节点移动的仿真结果**

范例中业务流启动时间设为 30 s,这是因为 OLSR 协议有较长的收敛时间。业务源只安排了一个 UDP 分组的发送,目标节点收到后在 CLI 回显收到一个分组,用以证明源宿可达。

从范例(24,0)业务的路由可以看到,双向路径都经过节点 11。为此,在范例基础上安排节点 11 在 31 s 移动到节点 10 的左侧,以观察路由的聚合过程。在仿真执行之前加入如下代码:

```
Simulator::Schedule (Seconds (31.0), &Move,
                    c.Get(11), -distance, 2 * distance);
```

其中,事件回调函数 Move 预先定义,内容如下所列:

```
static void Move (Ptr<Node> n, double x, double y){
  Ptr<MobilityModel> mobility = n->GetObject<MobilityModel>();
  Vector pos = mobility->GetPosition ();
  pos.x = x;pos.y = y;
  mobility->SetPosition (pos);
}
```

其中,形参 $x$ 和 $y$ 表示新位置的二维坐标。

仿真源程序中,仿真时间设为 66 s,业务流发送分组数 numPackets 固定为 2,跟踪开关 tracing 设为 true,指示分组发送的时间间隔由运行参数 interval 设置。重复实验可以发现,当 interval 大于 6.248 时仿真回显收到 2 个分组,小于 6.247 时只回显收到 1 个分组。这一结果表明,在节点 11 移动位置后经过 5.248 s,节点 24 至节点 0 的连通性得到恢复。

图 8.5 对比描述了仿真时间在 36 s 和 38 s 时记录的(24,0)双向路径。

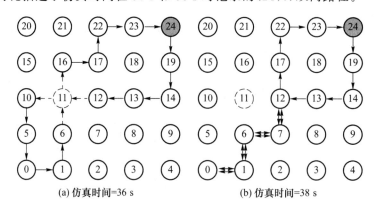

(a) 仿真时间=36 s　　　　　　　　(b) 仿真时间=38 s

图 8.5　节点 11 移动后 OLSR 路径的变化

从图 8.5(a)可见,虽然路由表的指向为节点 11,但该节点已不可达,所以(24,0)的业务流不能成行。图 8.5(b)是拓扑变动后恢复的路径。约 4 s 时长的路由聚合时间也和 OLSR 的具体工作机理有关。

# 8.2　MANET 路由仿真模型

## 8.2.1　OLSR 仿真模块

### 1. OLSR 消息类型

OLSR 消息分组通过 UDP 分组传输,包括 4 字节的公共头部和可变数量的消息,消息部分包含消息头部和消息体。为避免重名,NS-3 的 OLSR 模块定义在名字空间 ns3∷olsr 中。

对象类 ns3∷olsr∷PacketHeader 派生于 ns3∷Header,对应于 OLSR 消息分组的公共头部。对象类 ns3∷olsr∷MessageHeader 同样派生于 ns3∷Header,对应于 OLSR 消息头,内嵌的枚举类型 MessageType 定义了 4 个值:

```
HELLO_MESSAGE = 1,          //表示邻居探测消息
TC_MESSAGE    = 2,          //表示拓扑控制消息
MID_MESSAGE   = 3,          //表示 MANET 内部的网口消息
HNA_MESSAGE   = 4,          //表示 MANET 外部的网口消息
```

对象类 MessageHeader 为不同类型消息的封装和解析定义了相应的嵌入子类,包括:

```
ns3∷olsr∷MessageHeader∷Hello
ns3∷olsr∷MessageHeader∷Tc
ns3∷olsr∷MessageHeader∷Mid
ns3∷olsr∷MessageHeader∷Hna
```

以上子类均定义了用于封装的成员函数 Serialize() 和用于解析的 Deserialize()。

**2. 数据集对象类**

源文件～/src/olsr/model/olsr-repositories.h 定义了 10 个用于路由计算的数据集类型,包括:

- typedef std::set<Ipv4Address> MprSet;
- typedef std::vector<MprSelectorTuple> MprSelectorSet;
- typedef std::vector<LinkTuple> LinkSet;
- typedef std::vector<NeighborTuple> NeighborSet;
- typedef std::vector<TwoHopNeighborTuple> TwoHopNeighborSet;
- typedef std::vector<TopologyTuple> TopologySet;
- typedef std::vector<DuplicateTuple> DuplicateSet;
- typedef std::vector<IfaceAssocTuple> IfaceAssocSet;
- typedef std::vector<AssociationTuple> AssociationSet;
- typedef std::vector<Association> Associations;

除第 1 个数据集基于 NS-3 其他模块定义的 Ipv4Address 外,其他元素类均为新定义,只用于 OLSR 计算。比如 MprSelectorTuple 的定义如下所列:

```
struct MprSelectorTuple {
  Ipv4Address mainAddr;            //选取当前 MPR 的主节点地址
  Time expirationTime;             //记录的有效时长
};
```

其他元素结构体的具体定义参见源码中的说明,它们都遵从了 IETF RFC-3626 规范要求。源文件～/src/olsr/model/olsr-state.{h,cc}定义了对象类 OlsrState,用于管理以上 10 个数据集的运行实例。

**3. 路由协议处理对象类**

源文件～/src/olsr/model/olsr-routing-protocol.{h,cc}定义了 2 个对象类,分别对应于路由表记录的 RoutingTableEntry 和 OLSR 协议分组收发与处理的 RoutingProtocol,后者派生于 Ipv4RoutingProtocol。

类 Ipv4RoutingProtocol 的对象实例以聚合方式从属于网络节点,并在节点初始中调用成员函数 DoInitialize(),该函数的主要功能是创建 2 个 UDP 套接口,一个用于发送 OLSR 消息,一个用于监听接收其他节点的 OLSR 消息。套接口创建成功后,启动 4 个定时器,分别发送前述 4 类 OLSR 消息。

类 Ipv4RoutingProtocol 的成员函数 RecvOlsr() 是 OLSR 接收消息的处理入口,其主要功能就是接收 UDP 分组、解析得到的 OLSR 消息、分支处理消息并更新本地数据集内容,为周期性的 OLSR 消息的发送做准备。

图 8.6 描述了 OLSR 仿真模块的相关对象类及相互关系。

**4. 仿真配置助手**

源文件～/src/olsr/helper/olsr-helper.{h,cc}定义的助手对象类 ns3::OlsrHelper 派生于 Ipv4RoutingHelper,主要配合 InternetStackHelper::SetRoutingHelper() 为节点配置 OLSR 模块。

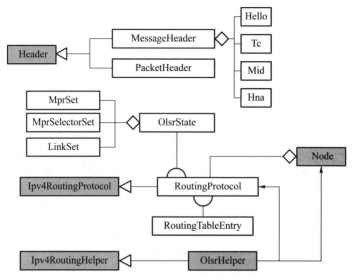

注：灰色填充表示名字空间为ns3，无填充表示ns3∷olsr

图 8.6　OLSR 模块相关对象类

变量成员 m_interfaceExclusions 以全局集中方式为网络节点记录非 OLSR 网口，以下成员函数：

```
void ExcludeInterface (Ptr < Node > node, uint32_t interface);
```

将指定节点 node、序号为 interface 的网口排除在 OLSR 协议工作范围之外。通常，节点的有线网口需要进行如此操作。

成员函数 Set(name,value)为 OLSR 设置属性值。可配属性定义在静态成员函数 ns3∷olsr∷RoutingProtocol∷GetTypeId()中，包括：

（1）HelloInterval，节点间探听消息的发送周期，缺省为 2 s；

（2）TcInterval，拓扑控制消息的发送周期，缺省为 5 s；

（3）MidInterval，MANET 内部网口消息的发送周期，缺省为 5 s；

（4）HnaInterval，MANET 外部网口消息的发送周期，缺省为 5 s；

（5）Willingness，本地节点成为 MPR 的程度，缺省为"default"表示可以转发，可选配"never""low""high""always"，具体用法参考 IETF RFC-3626。

成员函数 Create（Ptr < Node > node）为 node 创建并配置 OLSR 模块，通常被InternetStackHelper∷Install()调用。

## 8.2.2　AODV 仿真模块

### 1. AODV 工作机制

AODV（Ad-hoc On-Demand Distance Vector Routing）是一种按需路由协议，能快速自适应动态链路状况，功能简单极易实现。AODV 涉及 3 种控制分组：路由请求（RREQ），路由应答（RREP），路由错误（RERR）。AODV 包括 2 个过程：路由发现和路由维护。

路由发现是指，当源 Ah-hoc 节点需要通信时，先在本地查找目标节点的路由。若本地路由表不包含相应路由信息，则向所有邻居发送广播型 RREQ 分组，启动路由发现过程。

接收到 RREQ 的节点,如有可达路由信息则以 RREP 应答,否则继续扩散。RREQ 到达目标节点后,通过 RREP 迭代回源节点,沿途创建路由表,再由源节点发送数据分组。

路由维护是指,Ah-hoc 节点定期广播 hello 消息以确定连通性。在特定的时间内,节点会检查自己是否接收过 RREQ 或其他报文,如果没有,这个节点就广播一个 hello 消息。节点在接收到邻居 hello 消息后,在特定的时间内没有收到来自该邻居的任何报文,则判定相关路由失效。发现路由失效的节点,如果距离目标节点较近,就进行本地修复工作。如果此节点距离源节点较远或本地修复不成功,则向源节点发送 RERR 消息,沿途节点更新路由信息。源节点收到 RERR 消息后,重启路由发现。

**2. 消息定义**

NS-3 的 AODV 仿真模块定义在名字空间 ns3::aodv 中,包括标示 AODV 分组类型的枚举类型 MessageType、对象类 TypeHeader、RreqHeader、RrepHeader、RrepAckHeader 和 RerrHeader。

MessageType 的定义如下所列:

```
enum MessageType
{
  AODVTYPE_RREQ     = 1,        //路由表无转发条目时发出的 RREQ 消息类型
  AODVTYPE_RREP     = 2,        //探听消息类型和 RREQ 响应的 RREP 消息类型
  AODVTYPE_RERR     = 3,        //分组转发失败时触发的消息类型
  AODVTYPE_RREP_ACK = 4         //RREP 响应的 RREP_ACK 消息
};
```

TypeHeader 包含一个 MessageType 类型的成员变量,对应于 AODV 消息类型字段。RreqHeader 包含 RREQ 消息的其余 8 个字段和相应的访问函数、封装函数和解析函数。其他消息对象类有相似定义。

**3. 邻居节点状态管理**

源文件～/scr/aodv/model/aodv-neighbor.{h,cc}定义了类 Neighbors,用于管理当前节点的有效邻居,并内嵌定义了结构体 Neighbor,如下所列:

```
struct Neighbor
{
  Ipv4Address m_neighborAddress;        //IPv4 地址
  Mac48Address m_hardwareAddress;       //MAC 地址
  Time m_expireTime;                    //失效时间
  bool close;                           //状态
  Neighbor (Ipv4Address ip, Mac48Address mac, Time t)
    : m_neighborAddress (ip),
      m_hardwareAddress (mac),
      m_expireTime (t),
      close (false)
  {
  }
};
```

从该结构体可见,Neighbor 记录了邻居节点的地址及有效时间。而对象类 Neighborsr 的变量成员 m_nb 的类型为 std∷vector < Neighbor >,用于记录所有邻居信息。变量成员 Timer m_ntimer 在配置的仿真时间内以事件回调方式调用成员函数 Purge(),该函数的作用有两个:一是清除邻居信息;二是调用事先注册的链路失效处理函数。成员函数 ProcessTxError()以回调方式监测 MAC 层的传输失败事件,关闭目标 MAC 地址相关联的邻居并清除记录。

成员函数 Update(Ipv4Address addr,Time expire)在分组收发时被调用,作用是更新相关邻居的有效时间。

**4. 路由协议处理对象类**

源文件～/scr/aodv/model/aodv-routing-protocol.{h,cc}从类 ns3∷Ipv4RoutingProtocol 派生定义了对象类 ns3∷aodv∷RoutingProtocol,仿真 AODV 协议分组的收发和路由计算。

重载的成员函数 NotifyInterfaceUp(uint32_t interface)的主要功能是为 interface 指示的网口创建两个 UDP 套接口:一个用于接收 AODV 分组;另一个用于广播发送。该函数在节点装配 IP 协议栈时被隐含调用。被隐含调用的另一个重载函数 SetIpv4()的主要功能是将接收到的广播路由转发给本地回环地址,以便 UDP 接收套接口能收到 AODV 广播。此外,函数 SetIpv4()通过事件回调方式调用了成员函数 Start(),主要作用是启动 Neighbors 对象的邻居失效定时器。

源文件～/scr/aodv/model/aodv-rtable.{h,cc}定义了对象类 RoutingTableEntry 表示路由记录,定义的对象类 RoutingTable 通过变量成员 m_ipv4AddressEntry 管理目标地址与路由记录的映射关系。RoutingTable 的实例由对象类 RoutingProtocol 的私有变量成员 m_routingTable 维护。

图 8.7 描述了以上对象类的相互关系,图 8.8 描述了 RREQ 的触发过程。

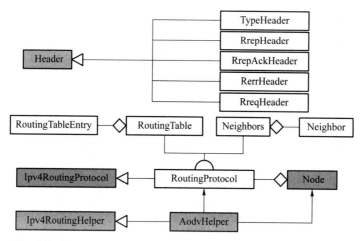

注: 灰色填充表示名字空间为ns3,无填充表示ns3∷aodv

图 8.7　AODV 模块相关对象类

图 8.8 中,来自应用的单播分组交由 IPv4L3Protocol 发送时,通过节点路由协议模块的函数 RouteOutput()获取发送网口。AODV 收到首个单播分组时,若该函数查找不到有效的路由,则返回节点的环回地址指向 AODV 本身,触发 RouteInput()等一系列操作,最终

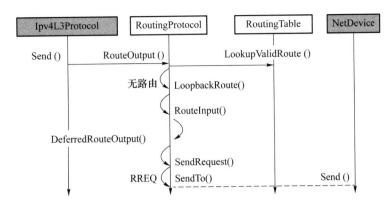

图 8.8    AODV RREQ 触发的主要流程

构造 RREQ 分组,通过 AODV 的发送套接口向邻居节点广播。

邻居节点的 AODV 协议接收套接口在收到 RREQ 分组时,由成员函数 RecvRequest()处理。在首次路由建设过程中,该函数复制接收到的 RREQ 分组头部新建一个 RREQ 向外广播扩散,以便源节点分辨是否为同一 RREQ 源。

其他 AODV 协议分组处理流程类似,此处从略。

**5. 助手类与属性配置**

AODV 助手类 AodvHelper 派生于 Ipv4RoutingHelper,重载了成员函数 Create()以便为节点创建和聚合 aodv::RoutingProtocol 实例,并通过函数 Set()提供属性接口。

可配置属性定义在 aodv::RoutingProtocol::GetTypId()中,主要包括:

(1) HelloInterval,邻居间探听消息发送间隔,缺省为 1 s;

(2) TtlStart,RREQ 分组的 TTL 值,缺省为 UintegerValue(1);

(3) RreqRetries,路径发现中发送 RREQ 分组上限,缺省为 UintegerValue(2);

(4) RreqRateLimit,1 s 内发送 RREQ 分组数上限,缺省为 UintegerValue(10);

(5) RerrRateLimit,1 s 内发送 REER 分组数上限,缺省为 UintegerValue(10);

(6) NextHopWait,等待 RREP_ACK 的最大时长,缺省为 50 ms;

(7) ActiveRouteTimeout,路由记录的有效时长,缺省为 3 s;

(8) NetDiameter,最远节点的跳路上限,缺省为 35;

(9) PathDiscoveryTime,路径发现的上限时间,缺省为 5.6 s;

(10) DestinationOnly,启用目标节点应答 RREQ,缺省为 BooleanValue(true);

(11) EnableHello,启用探听消息的发送,缺省为 BooleanValue(true)。

以上这些属性,除非有意为之,部分缺省值不宜随意设置。比如,RREQ 分组的 TTL 值,如果大于 1,可能引发广播回路。而 EnableHello 置为 false 时,不能完成路由发现。

# 8.2.3    DSDV 仿真模块

**1. DSDV 工作机制**

与 AODV 一样,DSDV 也源自距离矢量的扩展路由协议,与 AODV 不同的是,DSDV 采用了表驱动法。

AODV 节点维持的路由表以目标节点为索引,内容为路由的下一跳节点。DSDV 的扩展体现在,每一条路由设置一个序号,序号值大的路由为优选路由,序号相同时,跳数少的路由为优选路由。在 AODV 的操作过程中,节点广播的路由信息标注序号,其值是单调递增的偶数。

举例说来,当节点 B 发现到节点 C 的路由(设序号为 $s$)中断后,节点 B 就广播一条路由信息,告知该路由的序号变为 $s+1$,并把跳数设置为无穷大。其后,其他节点,比如节点 A 中经过 B 到达 C 的路由表就被清除,直到 A 创建新的到达 C 的有效路由(序号大于 $s+1$)为止。

路由聚合的特征是,有效路由的序号总是源于目标节点,所以得其名,Destination Sequenced。

### 2. 消息定义

与 AODV 相似,NS-3 的 DSDV 仿真模块定义在名字空间 ns3::dsdv 中。源文件~/scr/dsdv/model/dsdv-packet.{h,cc}定义了 DSDV 分组头 ns3::dsdv:DsdvHeader,派生于 ns3::Header,主要包括与协议消息对应的 3 个变量成员:

- Ipv4Address m_dst;                          //对应于目标节点
- uint32_t m_hopCount;                        //对应于距离
- uint32_t m_dstSeqNo;                        //对于应目标节点给出的序号

成员函数 Serialize()和 Deserialize()分别用于封闭和解析 DSDV 消息。DSDV 消息装配在 UDP 分组中,通过 UDP 套接口收发。

### 3. 消息队列与路由表

源文件~/scr/aodv/model/dsdv-queue.{h,cc}定义了 DSDV 的消息缓存队列,用于过滤同时触发的 DSDV 消息。对象类 QueueEntry 主要包含以下变量成员:

- Ptr<const Packet> m_packet;                 //待发分组
- Ipv4Header m_header;                        //分组头
- UnicastForwardCallback m_ucb;               //单播发送函数
- ErrorCallback m_ecb;                        //出错调用函数
- Time m_expire;                              //分组维持时间

对象类 PacketQueue 消息队列管理类的缺省配置容量为每个目标地址最多 5 个分组,变量成员 m_queueTimeout 为可配置的分组维持时长,成员函数 Purge()对所存储的 QueueEntry 进行超时清除。

成员函数 Enqueue(QueueEntry & entry)对新记录 entry 进行重复检查和过滤。过滤条件是,相同分组序号和相同目标地址,或者同一目标地址累计分组数超限,或者存储数量超限。成员函数 Dequeue(Ipv4Address dst,QueueEntry & entry)从消息队列取出未过期、以 dst 为目标的消息存入 entry 供后续发送。

需要注意的是,源代码注释强调,消息队列采用头部丢弃规则,以便新到分组得到优先发送。但就上述 Enqueue()函数的功能来看,头部丢弃规则并未得到体现。

### 4. 路由协议处理类

在源文件~/scr/aodv/model/dsdv-routing-protocol.{h,cc}中,定义了 DSDV 协议处理对象类 ns3::dsdv::RoutingProtocol,该类派生于 ns3::Ipv4RoutingProtocol。DSDV 采用与 AODV 相似的路由计算机制,成员函数 Start()在协议模块增配到节点时被调用,功能

是配置初始参数和事件响应函数。

　　成员函数 SendPeriodicUpdate()以事件回调方式被周期性调用,功能是通过 UDP 广播向邻居节点发送路由消息。对路由跳数为 0 的本地接口,其消息序号在当前序号值的基础上累加 2;对跳数大于 0 的非本地接口,不对序号进行修改。这种处理反映了 DSDV 的技术要求。

　　成员函数 SendPeriodicUpdate()还通过调用消息队列的 Purge()得到超时清除的网络节点及地址,这些节点对应的路由消息在其序号值累加 1 后广播发送,作用是在网络中扩散中断的路由。

　　成员函数 SendTriggeredUpdate()直接发送路由消息,主要针对来自扩散的路由,不处理跳数为 0 的本地路由和失效路由。

　　图 8.9 描述了以上对象类的相互关系。

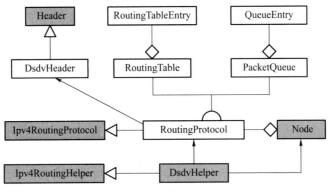

注:灰色填充表示名字空间为 ns3,无填充表示 ns3::dsdv

图 8.9　DSDV 模块相关对象类

**5. 路由协议属性**

　　DSDV 助手类 DsdvHelper 派生于 Ipv4RoutingHelper,重载了成员函数 Create()以便为节点装入 dsdv::RoutingProtocol 实例,并通过函数 Set()提供属性配置接口。

　　可配置属性定义在 dsdv::RoutingProtocol::GetTypId(),主要包括:

　　(1) PeriodicUpdateInterval,路由消息发送间隔,缺省为 15 s;

　　(2) SettlingTime,路由消息在队列缓存的有效时长,缺省为 5 s;

　　(3) MaxQueueLen,消息队列上限,缺省为 UintegerValue(500);

　　(4) MaxQueuedPacketsPerDst,每个目标地址分组数的上限,缺省为 UintegerValue(5);

　　(5) MaxQueueTime,消息缓存时长,缺省为 30 s;

　　(6) Holdtimes ,路由清除前等待的发送周期数,缺省为 UintegerValue(3);

　　(7) RouteAggregationTime,路由更新消息发送前留给路由聚合的时长,缺省为 1 s;

　　(8) EnableBuffering,是否缓存无路由的待发分组,缺省为 BooleanValue(true)。

## 8.2.4　DSR 仿真模块

**1. DSR 工作机制**

DSR(Dynamic Source Routing)是一种基于源路由的按需路由协议。源路由是指,分组的源节点在分组头部提供到达目标节点的路由信息,包括所有中间途经节点的地址。按需路由是指,网络节点无须维护拓扑的静态信息,只在有发送数据时才需要确定到达目的节点的路由。

DSR 操作过程包括路由发现和路由维护两部分。路由发现用于帮助源节点获得即时路由,路由维护用于监测当前路由,发生路由故障时启动新路由发现。

在路由发现的过程中,源节点先向邻居节点广播路由请求(RREQ),内容包括目标节点地址、路由记录和请求 ID 等分组字段,其中路由记录用于记录路由中间节点的信息。当路由请求到达目标节点时,路由记录构成了从源节点到目标节点的路由。请求 ID 由源节点管理分配,中间节点维护<源节点地址,请求 ID>列表,用于标识和区分重复的路由请求。

中间节点在收到 RREQ 后,其处理步骤主要包括:

(1)如果路由请求已接收过,或者本地节点已存在于路由记录中,则终止;

(2)如果本地节点为目标节点,则将接收到的路由记录通过路由响应分组返回源节点,否则将本地地址附加路由记录后向邻居节点广播。

为了提高路由发现的系统效率,DSR 引入了路由缓冲机制。由于无线信道具有广播特点,DSR 节点处于混听状态,可以在收取相邻节点发出的 DSR 分组时,解析得到路由请求和路由响应等信息,依此能建立合适的路由信息,以减少路由发现的总时长。

**2. 消息类型**

源文件～/scr/dsr/model/dsr-fs-header.{h,cc}定义了 ns3∶∶dsr∶∶DsrRoutingHeader,它派生于 ns3∶∶dsr∶∶DsrFsHeader 和 ns3∶∶dsr∶∶DsrOptionField。DsrFsHeader 派生于 ns3∶∶Header,对应于 DSR 分组头的固定部分,DsrOptionField 对应于可变的附加字段。

源文件～/scr/dsr/model/dsr-option-header.{h,cc}定义了具体的可选字段头对象类,均派生于 ns3∶∶dsr∶∶DsrOptionHeader。DsrOptionHeader 以 TLV 格式编码,变量成员 m_type 表示可选字段类型,m_length 为字段长度。具体的可选字段包括:

(1)DsrOptionPadnHeader,变长填充字段,类型值为 0;

(2)DsrOptionRreqHeader,路由请求(RREQ)消息,类型值为 1;

(3)DsrOptionRrepHeader,路由应答(RREP)消息,类型值为 2;

(4)DsrOptionRerrHeader,路由出错(REER)消息,类型值为 3,派生 2 个子类;

(5)DsrOptionAckHeader,确认(ACK)消息,类型值为 32;

(6)DsrOptionSRHeader,路由信息(SR),类型值为 96;

(7)DsrOptionAckReqHeader,确认请求消息,类型值为 160;

(8)DsrOptionPad1Header,固定长填充字段,类型值为 224。

DSR 消息类型记录在固定部分,变量成员 DsrFsHeader∶∶m_messageType 取值 1 表示控制分组,取值 2 表示业务分组。业务分组是在常规 IP 分组前附加了 DSR 分组头,常规分组的协议类型记录在变量成员 DsrFsHeader∶∶m_nextHeader 中,常规分组长度记录在变量成员 DsrFsHeader∶∶m_payloadLen 中。分组的显示路由信息在 DsrOptionField 中,通过 DsrOptionSRHeader 给出途经的中间节点地址。

以上对象类的成员函数 Serialize()和 Deserialize()实现了分组封装和解析功能。

**3. 路由协议处理类**

源文件～/scr/dsr/model/dsr-routing.{h,cc}定义了 ns3∶∶dsr∶∶DsrRouting,该对象类

派生于 ns3::IpL4Protocol,这是与前 3 小节的 MANET 协议最大的不同之处。这是因为,DSR 采用的源路由方法对 IP 分组进行了二次封装,在分组头附加了显示路由。Internet 模块不能处理这些显示路由,需要在第 3 层与第 4 层之间插入一个中间层。

重载的成员函数 Send() 替代了原有 IpL4Protocol 的分组发送功能,作用是依据缓存路由查找到下一跳节点,构造 DSR 分组并在 DSR 节点转发。查找不到有效路由时,DSR 源节点通过调用 SendInitialRequest() 启动路由发现过程。

成员函数 SendInitialRequest() 的作用是,创建一个包含 DsrOptionRreqHeader 的控制分组,通过成员函数 SendRequest() 广播 RREQ,并通过成员函数 ScheduleRreqRetry() 启动超时重发定时器。

重载的成员函数 Receive() 从接收到的 DSR 分组剥除 DSR 头部,恢复常规格式的 IP 分组,再依 DSR 头的消息类型分支处理。需要注意的是,NS-3 的 DSR 仿真模块只提供了对 RREQ、RREP、ACK、RERR 和 SR 的处理。

源文件 ~/scr/dsr/model/dsr-options.{h,cc} 定义了 DSR 消息处理类 ns3::dsr::DsrOptions,该类派生于 ns3::Object,以统一格式派生出具体消息的处理类。比如,RREQ 的处理对象类为 DsrOptionRreq,RREP 的处理对象类为 DsrOptionRrep 等。

成员函数 DsrOptionRreq::Process() 处理 RREQ 消息时,形式上通过函数指针由 DsrRouting 的 Receive() 调用。Process() 的功能是当路由发现到达的目标节点时构造 RREP 分组并通过 ScheduleInitialReply() 应答,否则在有匹配的本地缓存时调用 ScheduleCachedReply() 应答,若不满足以上条件,则构造新的 RREQ 分组并调用 Schedule-InterRequest() 继续路由发现。

其他 DSR 消息的处理通过相应的处理类与 DsrRouting 配合,完成 DSR 规范功能。

图 8.10 描述了 NS-3 仿真 DSR 的相关对象类及相互关系。

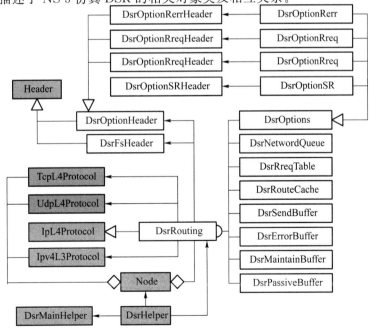

注: 灰色填充表示名字空间为ns3,无填充表示ns3::dsr

图 8.10　DSR 模块相关对象类

**4. 路由协议的配置助手**

NS-3 的 DSR 模块定义了 2 个配置助手类,包括 DsrHelper 和 DsrMainHelper,均无派生基类。对象类 DsrHelper 针对单个节点配置协议栈,创建 ns3∷dsr∷DsrRouting 实例,并在 Internet 协议栈的第 2 层与第 3 层之间引入该实例。对象类 DsrMainHelper 是针对一组节点配置过程的简单化封装。

DSR 模块的属性配置接口由 DsrHelper 的成员函数 Set()定义。可修改的属性由 DsrRouting∷GetTypeId()定义,主要包括:

(1) MaxSendBuffLen,发送缓存的最大分组数,缺省为 UintegerValue (64);

(2) MaxSendBuffTime,发送缓存分组的最长有效时间,缺省为 30 s;

(3) MaxMaintLen,维持缓存的最大分组数,缺省为 UintegerValue (50);

(4) MaxMaintTime,维持缓存分组的最长有效时间,缺省为 30 s;

(5) RouteCacheTimeout,缓存路由的最长有效时间,缺省为 300 s;

(6) MaxEntriesEachDst,单目标最大路由记录数,缺省为 UintegerValue (20);

(7) SendBuffInterval,发送缓存清空的时间间隔,缺省为 300 s;

(8) NodeTraversalTime,邻居节点间的传输时长上限,缺省为 40 ms;

(9) RreqRetries,路由发现的最大重复次数,缺省为 UintegerValue (16);

(10) MaintenanceRetries,维持分组的最大重传次数,缺省为 UintegerValue (2);

(11) DiscoveryHopLimit,路径最大跳数,缺省为 UintegerValue (255);

(12) MinLifeTime,缓存路由的最小时长,缺省为 1 s;

(13) RequestPeriod,RREQ 时间间隔,缺省为 500 ms。

另外,DsrRouting∷GetTypeId()还定义了 2 个跟踪源,包括:

• Tx,DSR 分组发送事件,回调函数收到 DsrOptionSRHeader 实例;

• Drop,DSR 分组丢弃事件,回调函数收到 Packet 实例。

# 8.3  MANET 路由仿真示例

## 8.3.1  AODV 仿真示例

源文件～/scr/aodv/examples/aodv.cc 对二维网格分布的无线节点配置 AODV 模块,并由序号最小节点向序号最大节点执行 Ping 操作,以观测路由建立时效。

**1. 仿真主流程**

源程序第 99～108 行定义了配置对象类 AodvExample 的实例化和形式化流程,如下所列:

```
int main (int argc, char * * argv) {
  AodvExample test;
  if(! test.Configure (argc, argv))
    NS_FATAL_ERROR ("Configuration failed. Aborted.");
```

```
    test.Run ();
    test.Report (std::cout);
    return 0;
}
```

其中,对象类 AodvExample 预定义了接口函数 Configure()、Run()和 Report()。可配置命令参数定义在 Configure()中,如下所列:

```
bool AodvExample::Configure (int argc, char * * argv) {
    SeedManager::SetSeed (12345);
    CommandLine cmd;

    cmd.AddValue ("pcap", "Write PCAP traces.", pcap);
    cmd.AddValue ("printRoutes", "Print routing table dumps.",\
                  printRoutes);
    cmd.AddValue ("size", "Number of nodes.", size);
    cmd.AddValue ("time", "Simulation time, s.", totalTime);
    cmd.AddValue ("step", "Grid step, m", step);

    cmd.Parse (argc, argv);
    return true;
}
```

其中,变量 pcap、printRoutes、size、totalTime 和 step 是类 AodvExample 的变量成员,分别表示开启 PCAP 跟踪记录、输出路由表信息、网络节点总数、仿真总时长和网格格点间距,对应的缺省值由 AodvExample 对象初始化设置。

**2. 配置对象类**

对象类 AodvExample 是仿真配置常规步骤的对象化封装,将外部调用的接口函数定义为公有成员函数,包括构造函数,如图 8.11 所示。

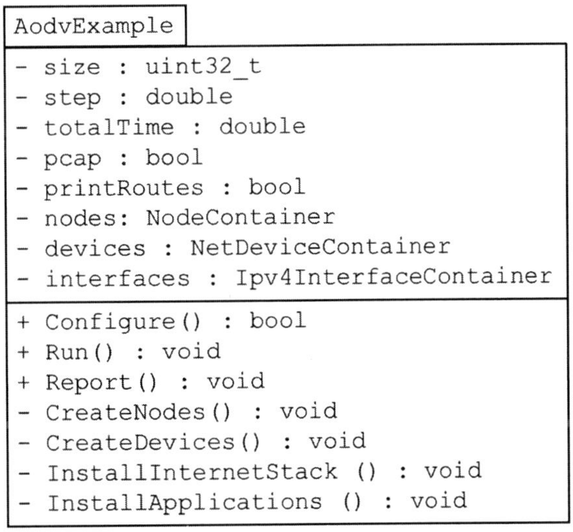

```
┌─────────────────────────────────────────────┐
│ AodvExample                                   │
├─────────────────────────────────────────────┤
│ - size : uint32_t                             │
│ - step : double                               │
│ - totalTime : double                          │
│ - pcap : bool                                 │
│ - printRoutes : bool                          │
│ - nodes: NodeContainer                        │
│ - devices : NetDeviceContainer                │
│ - interfaces : Ipv4InterfaceContainer         │
├─────────────────────────────────────────────┤
│ + Configure() : bool                          │
│ + Run() : void                                │
│ + Report() : void                             │
│ - CreateNodes() : void                        │
│ - CreateDevices() : void                      │
│ - InstallInternetStack () : void              │
│ - InstallApplications () : void               │
└─────────────────────────────────────────────┘
```

图 8.11　AODV 仿真功能封装类的成员结构

AodvExample 的 4 个私有成员函数由接口函数 Run()调用,完成拓扑配置、协议栈配置和应用配置,所涉及的网络节点、网卡和 IP 接口由 3 个容器型变量成员记录。AODV 模块仅在协议栈配置中涉及,如下所列:

```
void AodvExample::InstallInternetStack () {
    AodvHelper aodv;
    InternetStackHelper stack;
    stack.SetRoutingHelper (aodv); // has effect on the next Install ()
    stack.Install (nodes);
    Ipv4AddressHelper address;
    address.SetBase ("10.0.0.0", "255.0.0.0");
    interfaces = address.Assign (devices);

    if (printRoutes){
        Ptr<OutputStreamWrapper> routingStream = \
            Create<OutputStreamWrapper> ("aodv.routes", std::ios::out);
        aodv.PrintRoutingTableAllAt (Seconds (8), routingStream);
    }
}
```

其中:SetRoutingHelper()为协议栈配置了 AODV 路由;PrintRoutingTableAllAt()由 AodvHelper 的父类 Ipv4RoutingHelper 定义,功能是通过事件回调机制,在指定的仿真时间输出所有网络节点的路由表信息。

参考以上代码,如需周期性输出路由信息,可用函数 PrintRoutingTableAllEvery()进行相应替换。

成员函数 InstallApplications()为节点 0 配置 Ping 应用,目标为序号最大的节点,另在仿真的中间时间,为中间节点安排了一个移出信号可达范围外的事件,如下所列:

```
Ptr<Node> node = nodes.Get (size/2);
Ptr<MobilityModel> mob = node->GetObject<MobilityModel>();
Simulator::Schedule (Seconds (totalTime/3), \
    &MobilityModel::SetPosition, mob, Vector (1e5, 1e5, 1e5));
```

其中,节点新位置(1e5, 1e5, 1e5)远超其他节点的信号可达范围,以模拟拓扑的动态变化。

### 3. 仿真结果分析

以上示例的缺省配置中,网络节点总数为 10,网格部署构成一条链,节点间距 100 m,仿真时长 100 s。仿真执行结果可观察到如下 CLI 提示:

```
Creating 10 nodes 100 m apart.
Starting simulation for 100 s ...
PING   10.0.0.10 56(84) bytes of data.
64 bytes from 10.0.0.10: icmp_seq = 7 ttl = 56 time = 2101 ms
64 bytes from 10.0.0.10: icmp_seq = 8 ttl = 56 time = 1110 ms
64 bytes from 10.0.0.10: icmp_seq = 9 ttl = 56 time = 110 ms
```

```
64 bytes from 10.0.0.10: icmp_seq = 10 ttl = 56 time = 12 ms
64 bytes from 10.0.0.10: icmp_seq = 11 ttl = 56 time = 9 ms
64 bytes from 10.0.0.10: icmp_seq = 12 ttl = 56 time = 10 ms
64 bytes from 10.0.0.10: icmp_seq = 13 ttl = 56 time = 12 ms
64 bytes from 10.0.0.10: icmp_seq = 14 ttl = 56 time = 9 ms
64 bytes from 10.0.0.10: icmp_seq = 15 ttl = 56 time = 10 ms
64 bytes from 10.0.0.10: icmp_seq = 16 ttl = 56 time = 10 ms
64 bytes from 10.0.0.10: icmp_seq = 17 ttl = 56 time = 11 ms
64 bytes from 10.0.0.10: icmp_seq = 18 ttl = 56 time = 10 ms
64 bytes from 10.0.0.10: icmp_seq = 19 ttl = 56 time = 14 ms
--- 10.0.0.10 ping statistics ---
100 packets transmitted, 13 received, 87% packet loss, time 99999ms
rtt min/avg/max/mdev = 9/263.7/2101/629.5 ms
```

从以上 CLI 回显的提示可见,100 个 Ping 分组中有 87 个没有响应,这与 AODV 路由收敛时效有关,也与仿真配置中的中间节点移动有关。为观察路由收敛时效,将节点移动代码注释进行重复试验。所得结果显示,有 19 个 Ping 没有响应,包含 19～32 s 的一次中断。仿真揭示,响应式 MANET 路由的动态响应不是很理想。

## 8.3.2　DSDV 仿真示例

### 1. 示例设计

源文件~/scr/dsdv/examples/dsdv-manet.cc 提供了一个 DSDV 仿真示例,其中节点 DSDV 模块的配置方法与 AODV 基本一致。为与 AODV 对比,以下以 aodv.cc 为基础,修改其成员函数 InstallInternetStack(),如下所列:

```
void DsdvExample::InstallInternetStack ()
{
    DsdvHelper dsdv;
    InternetStackHelper stack;
    stack.SetRoutingHelper (dsdv);
    stack.Install (nodes);
    Ipv4AddressHelper address;
    address.SetBase ("10.0.0.0", "255.0.0.0");
    interfaces = address.Assign (devices);
    if (printRoutes) {
        Ptr<OutputStreamWrapper> routingStream = \
            Create<OutputStreamWrapper>("dsdv.rtab", std::ios::out);
        dsdv.PrintRoutingTableAllEvery (Seconds (2), routingStream);
    }
}
```

其中,对象类名改为 DsdvExample,路由记录文件名改为 dsdv. rtab,头文件部分也要增加对 dsdv-module. h 的引入。

**2. 仿真结果及分析**

采用 8.3.1 小节中与 AODV 相同的仿真设置,执行得到如下所列的 CLI 回显结果:

```
Creating 10 nodes 100 m apart.
Starting simulation for 100 s ...
PING   10.0.0.10 56(84) bytes of data.
64 bytes from 10.0.0.10: icmp_seq = 0 ttl = 56 time = 17120 ms
64 bytes from 10.0.0.10: icmp_seq = 1 ttl = 56 time = 16121 ms
64 bytes from 10.0.0.10: icmp_seq = 2 ttl = 56 time = 15121 ms
64 bytes from 10.0.0.10: icmp_seq = 18 ttl = 56 time = 12 ms
...
64 bytes from 10.0.0.10: icmp_seq = 32 ttl = 56 time = 9 ms
64 bytes from 10.0.0.10: icmp_seq = 33 ttl = 56 time = 10 ms
--- 10.0.0.10 ping statistics ---
100 packets transmitted, 18 received, 82 % packet loss, time 99999ms
rtt min/avg/max/mdev = 9/2695/1.712e + 04/6188 ms
```

其中,节略了第 18~31 s 的内容。

从以上仿真结果可以看到:前 3 个 Ping 分组有响应,但路径时间很长;在第 3~17 s 的 Ping 分组未得到响应;第 33 s,因中间节点移出邻居节点的可达范围之外,网络发生中断,所有 Ping 均不成功。仿真揭示,示例的 DSDV 路由收敛时长约为 18 s。

值得注意的是,AODV 第一条可用路径的建立晚于 DSDV,而路径的初始延时小于 DSDV。这反映了响应式路由与先验式路由在路由建立时间和路由消息开销方面的一般性差异。

**3. 路由恢复实验**

以上 DSDV 示例在 33.3 s 安排中间节点(序号为 size/2)移出拓扑的事件,因此,仿真结果显示 33 s 后端到端的路径发生中断。为观察 DSDV 在拓扑变动时的路由自动恢复,设计如图 8.12 所示的冗余拓扑及节点移动示例。

图 8.12　DSDV 路由恢复仿真的节点移动示例

图 8.12 中,$S$ 表示示例中节点数,对应于变量 size。新的节点 $S$ 置于序号为 $S/2$ 的中间节点附近。节点"$S/2$"在预定时间移动到左侧邻居节点附近,届时可以启用经由节点 $S$ 的路由。

本小节的 DSDV 示例,需对 CreateNodes()的节点创建做出必要修改,增加一个节点的创建。节点位置和移动配置的修改,如下所列:

```
void DsdvExample::InstallApplications () {
  V4PingHelper ping (interfaces.GetAddress (size - 1));
  ping.SetAttribute ("Verbose", BooleanValue (true));

  ApplicationContainer p = ping.Install (nodes.Get (0));
  p.Start (Seconds (0));
  p.Stop (Seconds (totalTime) - Seconds (0.001));

  // move nodes
  Ptr<Node> node = nodes.Get (size/2);
  Ptr<MobilityModel> mob = node->GetObject<MobilityModel>();
  Vector pos = mob->GetPosition ();
  node = nodes.Get (size);
  pos.y + = 2;
  Ptr<MobilityModel> mob2 = node->GetObject<MobilityModel>();
  mob2->SetPosition (pos);
  pos.x - = step;
  Simulator::Schedule (Seconds (70), \
          &MobilityModel::SetPosition, mob, pos);
}
```

其中:坐标位置 pos 取自待移动的中间节点;mob2 取自冗余节点;中间节点在仿真时间 70 s 移动。

执行以上修改后的示例,在 CLI 回显信息中可见,第 70～75 s 的 Ping 未得到响应,第 76 s 开始 Ping 再次得到响应,并且端到端路由得到恢复。但是,当以上修改应用于 AODV 时,路由恢复不能有效执行。

## 8.3.3　DSR 仿真示例

### 1. 示例设计

源文件～/scr/dsr/examples/dsr.cc 提供了一个 DSR 仿真示例,其中 DSR 模块助手类使用方法与 AODV 对比,仅需额外定义一个 DsrMainHelper 实例。另需注意的是,DSR 模块不提供路由表的输出功能,也不支持 ICMP 转发功能。为与 AODV 和 DSDV 对比,以下以 aodv.cc 为基础,修改其成员函数 InstallInternetStack(),如下所列:

```
void DsrExample::InstallInternetStack () {
  DsrMainHelper dsrmain;
  DsrHelper dsr;
  InternetStackHelper stack;
  stack.Install (nodes);
  dsrmain.Install (dsr, nodes);
```

```
    Ipv4AddressHelper address;
    address.SetBase ("10.0.0.0", "255.0.0.0");
    interfaces = address.Assign (devices);
}
```

其中,InternetStackHelper 无须配置路由模块,由 DsrMainHelper 成员函数 Install()单独配置,并且在 AODV 示例中配置的路由表输出代码不能沿用。

由于不支持 ICMP 仿真,因此要修改函数 InstallApplications(),如下所列:

```
voidDsrExample::InstallApplications () {
    LogComponentEnable ("UdpEchoClientApplication", LOG_LEVEL_INFO);
    LogComponentEnable ("UdpEchoServerApplication", LOG_LEVEL_INFO);
    UdpEchoServerHelper svr (9);
    ApplicationContainer app = svr.Install (nodes.Get (Size-1));
    app.Start (Seconds (0));
    app.Stop (Seconds (totalTime) - Seconds (0.001));
    UdpEchoClientHelper c (interfaces.Get (Size-1), 9);
    c.SetAttribute ("MaxPackets", UintegerValue(totalTime));
    c.SetAttribute ("Interval", TimeValue(Seconds(1.0)));
    c.SetAttribute ("PacketSize", UintegerValue(1024));
    app = c.Install (nodes.Get (0));
    app.Start (Seconds (0));
    app.Stop (Seconds (totalTime) - Seconds (0.001));
}
```

其中:服务器对象类 UdpEchoServerHelper 和客户机对象类 UdpEchoClientHelper 的引用需要引入头文件 ns3/applications-module.h;客户机每隔一秒发出一个 UDP 分组,用于检测目标节点的可达性。

**2. 仿真结果及分析**

使用缺省配置,当节点数 size＝10,仿真时长 totalTime＝100 时,仿真示例执行后,在 CLI 中只有 Client 发出 UDP 分组的回显。将仿真时长 totalTime 设为 1 000 时,可见数次 Server 接收提示,说明 DSR 路由收敛时间相当长。将节点数 size 设为 5 时,仿真结果在 CLI 的回显如下所列:

```
Creating 5 nodes 100 m apart.
Starting simulation for 100 s ...
At time 0s client sent 1024 bytes to 10.0.0.5 port 9
At time 1s client sent 1024 bytes to 10.0.0.5 port 9
At time 2s client sent 1024 bytes to 10.0.0.5 port 9
At time 3s client sent 1024 bytes to 10.0.0.5 port 9
At time 4s client sent 1024 bytes to 10.0.0.5 port 9
```

```
At time 4.1372s server received 1024 bytes from 10.0.0.1 port 49153
At time 4.1372s server sent 1024 bytes to 10.0.0.1 port 49153
At time 4.25472s client received 1024 bytes from 10.0.0.5 port 9
...
```

其中,对仿真时间大于 5 s 的部分进行了节略,包含 Client 有发送无应答的记录,还包含 Server 有发送但 Client 无接收的记录。

从仿真直接结果观察,DSR 路由稳定性看上去并不十分理想。实际上,以上实验的配置参数,特别是节点间距,处于信号可达范围的临界区域。可信实验需要变换不同的实验条件。

**3. 路由恢复实验**

参考 DSDV 的路由恢复实验,对 DSR 示例额外配置一个中间冗余节点,并适当缩小节点间距和节点数,修改节点创建函数,如下所列:

```
voidDsrExample∷CreateNodes () {
  nodes.Create (size + 1);
  MobilityHelper mobility;
  mobility.SetPositionAllocator ("ns3∷GridPositionAllocator",
                        "MinX", DoubleValue (0.0),
                        "MinY", DoubleValue (0.0),
                        "DeltaX", DoubleValue (step),
                        "DeltaY", DoubleValue (0),
                        "GridWidth", UintegerValue (size + 1),
                        "LayoutType", StringValue ("RowFirst"));
  mobility.SetMobilityModel ("ns3∷ConstantPositionMobilityModel");
  mobility.Install (nodes);
  Ptr < MoblityModel > m1 = nodes.Get(size/2)-> GetObject < MobilityModel >;
  Ptr < MoblityModel > m2 = nodes.Get(size)-> GetObject < MobilityModel >;
  Vector pos = m1-> GetPosition();
  pos.y + = step/2;
  m2-> SetPosition (pos);
  pos.x - = step;
  Simulator∷Scheuler(Seconds(10),\
          &MobilityModel∷SetPosition, m2, pos);
}
```

其中:附加冗余节点的序号为 size;中间节点序号为 int(size/2)。冗余节点部署在中间节点附近,并在仿真过程中(仿真时间 10 s)向左侧邻居移动。

仿真实验参数设置 5 个平行部署节点(size＝5),节间间距为 80 m(step＝80),仿真时长为 150 s(time＝150),在 CLI 回显中提示,只在第 10 s 至第 131 s 内,Ping 未得到响应。换言之,以上示例的路由恢复时长为 120 s。这说明,DSR 的故障恢复性能好于 AODV,劣于 DSDV。

# 8.4 无线 TCP 传输性能仿真

## 8.4.1 MANET 传输问题

**1. 无线传输的特点**

无线链路基于开放性信道,相比于有线链路易受周边环境影响而产生突发的出错率。TCP 在为分组传输差错提供重传控制的同时,将分组丢失视作一种可能的网络拥塞,进而可能减小拥塞窗口,降低传输效率。

无线网络还存在一种极为特殊的站点隐藏和站点暴露现象,如图 8.13 所示。

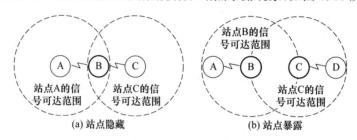

图 8.13 无线网络站点隐藏和站点暴露现象示意

站点隐藏引发的分组丢失可能被 TCP 判定为拥塞。站点暴露引发的传输延时增加了 TCP 的 RTT 计算结果,甚至产生应答超时,同样有使传输效率下降的可能。

**2. MANET 路由更新问题**

MANET 节点具有移动特性,网络拓扑随时变化,要求路由协议能适应路由更新。但多数 MANET 协议的路由聚合时间较长,远超 TCP 的超时重传时间 RTO,TCP 发送端会将其判定为网络拥塞。图 8.14 描述了一种 MANET 拓扑变动与路由重建的过程。

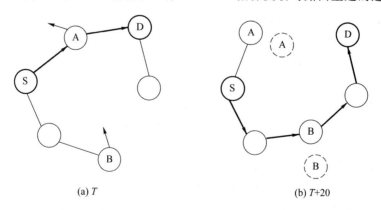

(a) $T$　　　　　　　　　　　　(b) $T+20$

图 8.14 $T$ 时刻拓扑及节点移动方向和 $T+20$ 时刻拓扑及路由重构结果

图 8.14(a)中,源节点 S 至目标节点 D 的路径经由移动的中间节点 A,跳数为 2。图 8.14(b)中,中间节点 A 离开节点 D 的信号可达范围,节点 B 移动成为时间节点,重构路

径的跳数为 4。在拓扑变动过程中,源 S 至目标 D 的网络通信中断,TCP 进入拥塞避免状态。

### 3. 技术解决方案

以上分析可见,现有 TCP 不能判别 MANET 中不同原因产生的分组丢失,都将其当作拥塞处理。简单的技术解决方案就是,让 TCP 获得更多信息来对网络拥塞、路由更新及链路错误等情况进行区分处理,以便让 TCP 源端采取适当的控制策略。

现有技术方案可分为两大类:跨层方案与端到端方案。跨层方案依靠中间节点或下层网络提供分组丢失的原因指示,将网络状态报告给 TCP。跨层方案提供的信息准确,但加大了协议的层间耦合。端到端方案则改进了 TCP 控制流程,目标是冻结拥塞控制,以维护相对稳定的数据发送速率。

以下设计 MANET 传输仿真实验,通过功能扩展,观察 TCP 拥塞控制冻结的实施效果。

## 8.4.2　仿真示例设计

### 1. 拓扑与移动性设计

以图 8.14 的拓扑示例作为仿真的运动场景,以二维平面网格部署 6 个无线节点,业务源于节点 0,单播目标节点为 2,如图 8.15 所示。

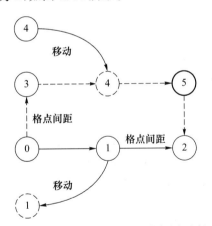

注:实线为初始路径,虚线为故障恢复路径

图 8.15　仿真拓扑及节点移动场景

图 8.15 中,节点部署所在格点间距(Dist)小于无线信号可达范围,对角格点间距大于信号可达范围。在指定的仿真时间(shitfTime),节点 1 即刻移至节点 0 的下方,而位于节点 3 上方的节点 4 移至节点 3 与节点 5 之间。源节点 0 至目标节点 2 的转发路径在 shitfTime 前经过节点 1,在 shiftTime 后经由节点 3、4、5。

为此,仿真程序先按网格分配节点部署,如下所列:

```
MobilityHelper mobility;
mobility.SetPositionAllocator ("ns3::GridPositionAllocator",
    "MinX", DoubleValue (0.0), "MinY", DoubleValue (0.0),
```

```
      "DeltaX", DoubleValue (dist), "DeltaY", DoubleValue (dist),
      "GridWidth", UintegerValue (3),
      "LayoutType", StringValue ("RowFirst"));
   mobility.SetMobilityModel ("ns3::ConstantPositionMobilityModel");
   mobility.Install (c);
```

其中,变量 c 为节点容器,包含预先创建的 6 个节点。通过以下代码将节点 4 的位置重置到节点 0 的上方:

```
   Ptr < MobilityModel > mob = c.Get(4)-> GetObject < MobilityModel > ();
   Vector pos = mob-> GetPosition ();
   pos.x = 0; pos.y + = dist;
   mob-> SetPosition (pos);
```

定义仿真事件以便在仿真过程中移动节点 1 和节点 4 的位置,如下所列:

```
   Simulator::Schedule (Seconds(shitfTime), &NodeMoving, c, dist);
```

其中,预定义的回调函数 NodeMoving()如下所列:

```
   static void NodeMoving (NodeContainer c, double dist) {
      Ptr < MobilityModel > mob = c.Get(4)-> GetObject < MobilityModel > ();
      Vector pos = mob-> GetPosition ();
      pos.x = pos.y = dist;           //网格第 2 行第 2 列
      mob-> SetPosition (pos);
      mob = c.Get(1)-> GetObject < MobilityModel > ();
      pos = mob-> GetPosition ();
      pos.x = 0; pos.y = -dist;   //节点 0 位置的下方
      mob-> SetPosition (pos);
   }
```

其中,因节点 0 的初始位置为(0,0,0),所以节点 1 移动的目标位置为(0,−dist,0)。

节点的无线接口、协议栈、IPv4 地址和 OLSR 路由配置沿用在第 8.1.2 小节讨论的 NS-3 范例～/examples/wireless/wifi-simple-adhoc-grid.cc。

**2. UDP 业务流设计**

为实验监测路由汇聚和节点移动的重路由过程,在源节点(sourceNode＝0)配置一个 UDP 业务源,每隔一秒向目标节点(sourceNode＝2)发出一个 UDP 分组。程序代码如下所列:

```
   TypeId tid;
   tid = TypeId::LookupByName ("ns3::UdpSocketFactory");
   InetSocketAddress remote = InetSocketAddress (\
                  i.GetAddress (sinkNode, 0), 80);
   if (sourceType == 1) {
      Ptr < Socket > source = Socket::CreateSocket (\
                  c.Get (sourceNode), tid);
      source-> Connect (remote);
```

```
Simulator::Schedule (Seconds (0.0), &GenerateTraffic,\
               source, packetSize, numPackets,
               interPacketInterval);
}
```

其中,可配置变量 sourceType 取 1 表示 UDP 监测源,预定义的回调函数 GenerateTraffic()通过套接口 Socket 以 interPacketInterval 为周期发送的 UDP 分组,长度为 packetSize,总量为 numPackets。

目标节点对接收分组进行统计和回显,配置代码如下所列:

```
recvSink = Socket::CreateSocket (c.Get (sinkNode), tid);
InetSocketAddress local;
local = InetSocketAddress (Ipv4Address::GetAny (), 80);
recvSink->Bind (local);
recvSink->SetRecvCallback (MakeCallback (&ReceivePacket));
```

其中,预定义的分组接收回调函数 ReceivePacket()的代码如下所列:

```
void ReceivePacket (Ptr < Socket > socket) {
  while (socket->Recv ()) {
    rxpkts ++;
    std::cout << Simulator::Now().GetSeconds() << "\t"
             << rxpkts << std::endl;
  }
}
```

其中:形参 Socket 指明接收的套接口;变量 rxpkts 是初始为 0 的全局变量。

**3. 连通性实验**

以上仿真示例,在节点移动触发时 shitfTime 为 38 s、总仿真时长为 70 s,仿真结果经统计绘图,得到图 8.16。

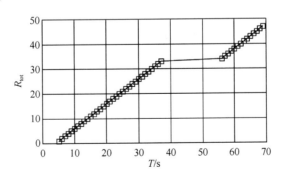

图 8.16　连通性监测结果

从图 8.16 可见,0~5 s 时长内源节点 0 至目标节点 2 没有可用的传输路径,节点移动后约 18 s 的时长内同样没有可用的传输路径。初始路径的聚合时长要小于链路中断后的路由恢复时长,这与初始路径长度小于恢复路径的特征是正相关的。

以上实验是 TCP 控制算法的上限目标,期望在路由恢复前后有接近 UDP 的业务流恢复性能。

## 8.4.3　TCP 业务流的仿真

### 1. TCP 业务流配置

参考范例~/examples/tcp/tcp-varinats-comparison.cc,在 TCP 模块配置之前,针对拥塞和恢复控制算法设置缺省模块,如下所列:

```
std::string rec = "ns3::TcpClassicRecovery"; //可选 TcpPrrRecovery
Config::SetDefault ("ns3::TcpL4Protocol::RecoveryType",
        TypeIdValue (TypeId::LookupByName (recovery)));
std::string prot = "ns3::TcpNewReno"; //可选 TcpBic、TcpWestwood 等
Config::SetDefault ("ns3::TcpL4Protocol::SocketType",
        TypeIdValue (TypeId::LookupByName (transport_prot)));
```

其中,TcpClassicRecover 和 TcpNewReno 为缺省配置,可选类参见第 4 章。

业务目标节点(序号记录在变量 sinkNode 中)配置 TCP 分组接收的应用,如下所列:

```
TypeId tid;
PacketSinkHelper sinkHelper ("ns3::TcpSocketFactory",
        InetSocketAddress (Ipv4Address::GetAny (), 80));
ApplicationContainer sinkApp = sinkHelper.Install (c.Get(sinkNode));
sinkApp.Start (Seconds (0));
sinkApp.Stop (Seconds (stopTime - 1));
sink = StaticCast<PacketSink> (sinkApp.Get (0));
```

其中:服务端口号 80 是 TCP 源端的目标值;全局变量 sink 用于跟踪分组投送速率。源节点(序号记录在变量 sourceNode 中)的配置如下所列:

```
InetSocketAddress remote = InetSocketAddress (\
        i.GetAddress (sinkNode, 0), 80);
OnOffHelper onoff ("ns3::TcpSocketFactory",
        Address (InetSocketAddress (remote)));
onoff.SetAttribute ("PacketSize", UintegerValue (packetSize));
onoff.SetAttribute ("OnTime",
    StringValue ("ns3::ConstantRandomVariable[Constant = 1]"));
onoff.SetAttribute ("OffTime",
    StringValue ("ns3::ConstantRandomVariable[Constant = 0]"));
onoff.SetAttribute ("DataRate", \
    DataRateValue (DataRate ("100Mbps")));
ApplicationContainer apps = onoff.Install (c.Get (sourceNode));
apps.Start (Seconds (0));
apps.Stop (Seconds (stopTime - 1));
```

其中,开关型业务流参数 PacketSize、OnTime、OffTime 和 DataRate 的配置参考范例。

**2. 拥塞窗口与分组投送率的跟踪**

TCP 源端的套接口只有在以上应用(apps)创建之后才被创建,因此,在应用启动之后安排定时事件,如下所列:

```
Simulator::Schedule (Seconds (0.1), &TraceCw, c.Get(sourceNode));
```

其中,回调函数 TraceCw() 为跟踪套接口配置 TCP 参数 CWND 的跟踪函数,如下所列:

```
static void TraceCw (Ptr<Node> node) {
    std::ostringstream oss;
    oss << "/NodeList/";
    oss << node->GetId();
    oss << "/$ns3::TcpL4Protocol/SocketList/0/CongestionWindow";
    std::cout << oss.str ().c_str () << std::endl;
    Config::ConnectWithoutContext (oss.str ().c_str (),\
        MakeCallback (&CwndTracer));
}
```

以上代码中 oss 构造跟踪源的字符串标识,预定义的跟踪函数 CwndTracer,如下所列:

```
static void CwndTracer (uint32_t oldval, uint32_t newval) {
    Time now = Simulator::Now ();
    doubler = (sink->GetTotalRx ()) * (double) 8 / 1e3;
    r /= (now.GetSeconds());
    std::cout << now.GetSeconds()
        << "\t" << newval/535 << "\t" << r << std::endl;
}
```

其中,形参 oldval 和 newval 在跟踪源 CongestWindow 变化时传入,全局变量 sink 指向 TCP 连接目标节点的接收套接口,其接口函数 GetTotalRx() 累计接收到的数据量。

以上跟踪函数的作用是,在 CLI 回显源节点的 CWND 值和目标节点的接收速率(即投送率)。

**3. 实验结果及分析**

将仿真实验回显结果保存在文件中,当作描图工具的数据文件,可绘制如图 8.17 所示的变化曲线。

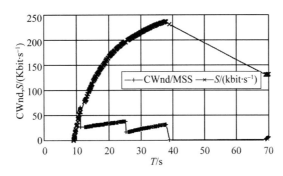

图 8.17　拥塞窗口(CWnd)和 TCP 平均投送率(S)随时间的变化曲线

图 8.17 中,十字符表示的 CWnd 自 9 s 开始随时间倍增,对应于慢启动,至 11 s 左右达到 66 个 MSS,进入快速恢复阶段,再至 38 s 减为 1,进入拥塞状态,最后至约 69 s 以极低的增长速率进入拥塞避免。相应的,9～38 s 的平均投送率 $S$ 呈现趋向饱和的变化关系,38～69 s 处于中断状态。

对比图 8.18 的 UDP 实验结果,可以发现,TCP 连接建立时长约为 4 s,拓扑变动后的业务流恢复时长约为 11 s。配置不同类型的 TCP 拥塞控制和恢复算法模块,可见大致相似的变化特性。仿真实验说明 TCP 的故障恢复性能不太理想。

## 8.4.4　基于链路失效通告的 TCP 仿真

### 1. 链路失效的通告方式

MANET 网络会产生拓扑变动,端到端 TCP 连接在不了解这种变动时会按拥塞控制进入十分低效的流量状态,需要将链路失效状态通告给 TCP 发送端。

一般说来,可采用端到端检测和中间路由器触发的通告方式。与失效链路直连的中间路由器可以更准确、更及时地发现失效事件,由该路由器通告失效信息,控制效率更高。研究人员为此提出三种方案:基于路由器的 ICMP 显示通告;基于路由器的反馈通告;基于特定 TCP 探测分组及显示链路失效通告(ELFN,Explicit Link Failure Notification)。无论哪种方案,均要求 TCP 增加状态冻结控制,并在端到端路径恢复后退出冻结状态。

显然,为 TCP 增加链路失效的消息处理,在技术规范层面尚有很长的过程。就网络仿真而言,可以采取简化手段,认定失效通告是准确、可靠和及时的,以便对 TCP 状态冻结的控制效果先行实验。结合 NS-3 仿真器,设置特定事件和状态参数,启动链路失效处理,是一个功能简化且可行的仿真扩展方案。

### 2. TCP 状态冻结的仿真扩展

NS-3 对 TCP 的仿真,以类 TcpSocketBase 中心,其拥塞控制由类 TcpCongestOps 及其派生类完成,恢复控制由类 TcpRecoveryOps 及其派生类完成。以上所述链路失效的状态管理,以 TcpSocketBase.cc 为扩展基础最合适,为此可定义如下属性:

```
TypeIdTcpSocketBase::GetTypeId (void) {
  Static TypeId tid = TypeId("ns3::TcpSocketBase")
  .setParent<TcpSocket>()
  ...
  .AddAttribute ("ELFN",
         "Explicit Link Failure Notified",
         BooleanValue (false),
         MakeBooleanAccessor(&TcpSocketBase::m_elfn),
         MakeBooleanChecker()
         )
  ...
  }
```

其中,属性关联的变量成员 m_elfn 为扩展新增,定义在相应的头文件中。

针对路径恢复,需要保存链路故障时的拥塞控制参数,主要包括拥塞窗口和慢启动阈值,以及用于判定路径恢复的变量,如下所列:

```
class TcpSocketBase : public TcpSocket {
public:
  static TypeId GetTypeId (void);
  TcpSocketBase (void);
  ...
protected:
  bool          m_elfn {false};            //链路失效通告状态
  uint32_t      m_cWnd_elfn;               //失效前拥塞窗口
  uint32_t      m_cWndInfl_elfn;
  uint32_t      m_ssThresh_elfn;           //失效前慢启动阈值
  SequencNumber32 m_waitAckSeq_elfn {0};   //路径恢复判定依据
  ...
}
```

其中,变量成员 m_waitAckSeq_elfn 是链路失效后发出的分组序号,如果发送端接收到应答,则表明路径得到恢复。

TCP 连接经由路径存在链路失效时,发送端会产生超时事件,相应的扩展处理定位于成员函数 RxTimeout(),将其中超时时长加倍处理修改为:

```
Time doubleRto = m_rto;
if (m_elfn) doubleRto + = m_rto/2.0;
else dobuleRto + = m_rto;
```

其中,m_rto 是 TcpSocketBase 的原有变量成员,该变量的所有其他处理保持不变。另外,在更新 m_tcb-> m_ssThresh 之前,增加如下代码:

```
if (m_elfn && m_waitAckSeq_elfn.GetValue() == 0) {
  m_ssThresh_elfn = m_tcb-> m_ssThresdh;
  m_cWnd_elfn = m_tcb-> m_cWnd;
  m_cWndInfl_elfn = m_tcb-> m_cWndInfl;
}
```

变量成员 m_waitAckSeq_elfn 的赋值反映链路失效后的分组发送,只需要成员函数 SendDataPacket() 新增如下代码:

```
uint32_t TcpSocketBase::SendDataPacket(\
                SequenceNumber32 seq, ...) {
  if (m_elfn &&m_waitAckSeq_elfn.GetValue() == 0)
    m_waitAckSeq_elfn = seq;
  ...
}
```

而 TCP 连接经由路径恢复后,发送端将收到 TCP 应答。因此,对成员函数 NewAck() 新增如下代码:

```
void TcpSocketBase::NewAck (\
        SequenceNumber32 const &ack, bool resetRTO) {
  if (m_elfn &&resetRTO) {
    m_tcb->m_ssThresh = m_ssThresh_elfn;
    m_waitAckSeq_elfn = 0;
    m_elfn = false;
  }
  ...
}
```

以上代码仅对慢启动阈值进行了恢复,可以观察 TCP 拥塞控制的改变效果。添加 cWnd 和 cWndInfl 的恢复效果,此处从略。

**3. 实验结果与分析**

使用与 8.4.3 小节中相同的仿真配置,新增链路失效通告事件的配置如下所列:

```
if (enableElfn)
  Simulator::Schedule (Seconds ((shitfTime),\
      &TcpElfnEnable, c.Get(sourceNode), true);
```

其中,预定义的回调函数 TcpElfnEnable()内容如下所列:

```
static void TcpElfnEnable (Ptr < Node > node, bool en) {
  std::ostringstream oss;
  oss << "/NodeList/";
  oss << node->GetId();
  oss << "/$ ns3::TcpL4Protocol/SocketList/0/ELFN";
  Config::Set (oss.str ().c_str (), BooleanValue (en));
}
```

其用是将 TCP 源节点套接口的属性"ELFN"设置为 true。

图 8.18 是程序运行参数设为"--enableElfn = true"后的实验结果统计图。

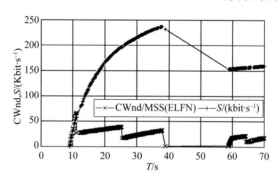

图 8.18　增加链路失效和 TCP 状态冻结功能后的统计结果

从图 8.18 可见,仿真时间在 58 s 时 Cwnd 以慢启动方式增加,其后重复出现拥塞避免和快速恢复的控制过程。对比图 8.17 的 UDP 探测,可见 TCP 恢复时间接近路径恢复时间。对比图 8.18 的 TCP 实验,可见 TCP 冻结可以快速恢复投送率。

# 第9章　系统级网络仿真

## 9.1　应用仿真

### 9.1.1　应用类别及功能

**1. 类 Application 及其派生类**

图 9.1 给出了对象类 Application 及其派生结构，该类本身并无分组收发功能，仿真程序一般使用其派生类，比如 UdpClient 和 UdpServer，或者相应的助手类。

类 Application 的源码文件位于目录～/ns-3.xx/src/network/model 之下，而其派生类大多定义在目录～/ns-3.xx/src/applications/{model|helper}之下。

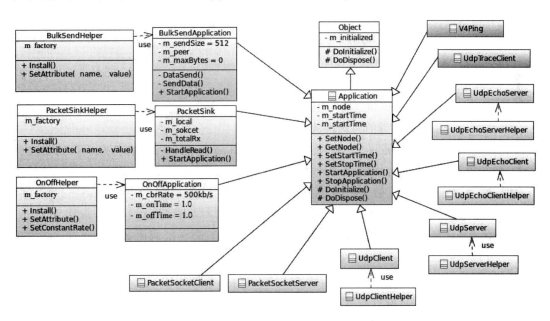

图 9.1　对象类 Application 的派生结构

在类 Application 的变量成员中，m_node 为应用部署的网络节点，m_startTime 和 m_stopTime 为应用启停的仿真时间。Applicationt 继承并重载的保护性成员函数 DoInitialize()安排了 2 个仿真事件，分别在 m_startTime 和 m_stopTimer 时调用了成员虚函数 StartApplication()和

StopApplication()。

Application 的成员函数 SetStartTime() 和 SetStopTime() 用于设置启停时间,函数 StartApplication() 和 StopApplication() 只有形式作用,需要派生类按具体的应用逻辑进行重载。

派生类 PacketSink 所重载的虚函数 StartAppliction() 创建了监听 Socket 以便节点回调消息的接收函数。为此,PacketSink 新增了私用变量成员 m_local 和 m_socket,分别记录监听地址和套接字;新增了私有变量成员 m_tid,用于记录套接口类型;另外,新增了私有成员函数 HandleRead(),用于接收消息;针对消息数目统计,新增了私有变量成员 m_totalRx,用于消息计数。

助手类 PacketSinkHelper 的成员数 SetAttribute() 提供了对部分变量成员的访问接口。具体的,PacketSink::GetTypeId() 定义了与 m_local 对应的 Local 以及与 m_tid 对应的 Protocol。另外,函数 Start() 和 Stop() 调用了 PacketSink::SetStartTime() 和 PacketSink::SetStopTime()。需要注意的是,Start() 和 Stop() 的函数参数类型为 Time 对象。

派生类 PacketSink 只将接收到的分组消息进行计数,并不做任何响应。它可以配置为 TCP 或 UDP 分组的宿。当监听地址设置为组播时,PacketSink 提供组播成员的功能调用。

派生类 BulkSendApplication 的功能是连续发送一长段消息,具体值由变量成员 m_maxBytes 指明。其他变量成员如下所列:

(1) m_peer,为收端地址,包括 IP 地址和端口号;

(2) m_socket,为连续套接字;

(3) m_tid,为协议类型,可取 UDP 或 TCP;

(4) m_sendSize,为分组中消息的数据长度;

(5) m_totBytes,为已发送消息的数据长度;

(6) m_connected,为连续建立与否的指示;

(7) m_txTrace,为跟踪的回调函数指针。

派生类 BulkSendApplication 所重载的虚函数 StartAppliction() 执行套接口的创建与连接,并将该套接口发送完成的回调函数配置为成员函数 DataSend(),将连接成功的回调函数配置为私有成员函数 ConnectionSucceeded(),后者同样调用 DataSend()。而 DataSend() 转而调用了新增的私有成员函数 SendData(),后者按 m_sendSize 创建一个分组并调用套接口发送该分组。因此,每次分组发送完成后会再次调用 SendData(),模拟长消息的分组化分割和多分组的连续发送。

助手类 BulkSendHelper 与 PacketSinkHelper 的功能相似,但其作用的对象类为 BulkSendApplication,可通过属性"Protocol"配选 TCP 或 UDP,通过属性"SendSize"配置分组长度 m_sendSize,通过属性"Remote"配置对端地址 m_peer,通过属性"MaxBytes"配置消息总长 m_maxBytes。

类 BulkSendApplication 和 PacketSink 可以配对使用,为仿真网络配置分组传输的源和宿。在示例程序~/ns-3.xx/examples/tcp/tcp-bulk-send.cc 的第 98~104 行,有如下源端源码:

```
BulkSendHelper source ("ns3::TcpSocketFactory",
                    InetSocketAddress (i.GetAddress (1), port));
// Set the amount of data to send in bytes.   Zero is unlimited.
source.SetAttribute ("MaxBytes", UintegerValue (maxBytes));
ApplicationContainer sourceApps = source.Install (nodes.Get (0));
sourceApps.Start (Seconds (0.0));
sourceApps.Stop (Seconds (10.0));
```

其中:第 2 行参数 port 为服务器端口号;i 为节点的接口容器;第 5 行 nodes 为节点容器。
该示例程序的第 109～113 行,有如下宿端代码:

```
PacketSinkHelper sink ("ns3::TcpSocketFactory",
                    InetSocketAddress (Ipv4Address::GetAny (), port));
ApplicationContainer sinkApps = sink.Install (nodes.Get (1));
sinkApps.Start (Seconds (0.0));
sinkApps.Stop (Seconds (10.0));
```

以上代码可以十分方便地修改,用于 UDP 仿真,仅需将类名"ns3::TcpSocketFactory"
改为"ns3::UdpSocketFactory"即可。

**2. 应用消息的分组化传送**

应用仿真类的通信消息,在协议栈发送之前,需要按传输分组的大小限制或具体应用的
规范要求,拆分并装入分组。图 9.2 描述了 NS-3 对 IP 分组的对象类的组织结构。

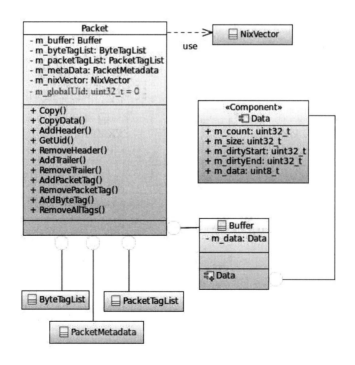

图 9.2　对象类 Packet 的派生结构

Packet 为顶层对象类,实例主要包含 5 个类对象 ByteTagList、PacketTagList、PacketMetaData、Buffer 和 NixVector,以及静态变量成员 m_globalUid。

64 位长整数类型的 m_globalUid 用于分配 Packet 的创建序号,可由成员函数 GetUid() 获取,但不能由仿真程序赋值。NixVector 用于模拟一种特殊的源路由技术,该技术将路由选择信息记录在分组开销中,由分组源确定,由中间路由器读取,其名 Nix 源自邻居索引(Neighbor Index)。NixVector 未得到普遍关注,此处从略。

对象类 Buffer 以字节串方式存储分组开销,包括头 Header 和尾 Trailer。对象类 PacketMetaData 用于结构化形式记录 Header 和 Trailer 的类型及字节长。

对象类 ByteTagList 和 PacketTagList 所涉及的标签(Tag),用于显示地记录 Packet 相关信息,方便仿真程序访问。用于记录与分组开销相关的信息为 ByteTag,用于记录分组全局相关的信息为 PacketTag。如遇分组分片,ByteTag 跟随相应的开销分拆,但 PacketTag 将复制到所有分片。

ByteTagList 是 ByteTag 的链表,包括两部分:一部分随分组开销的增删变化;另一部分由仿真程序显示增删。前一部分反映开销的位置指示,后一部分独立于开销之后,通常方便传递与协议无关的特征信息。比如,反映业务流序号的标签 FlowIdTag 可由分组源端设置以便分组流跟踪。

对象类 Buffer 内嵌入对象类 Data,作用是根据分组开销的处理动态调整内存分配。Buffer 的大小即为分组大小,但实际分配的内存要小于该值。

类成员函数 Packet::AddHeader() 将 Header 类型的参量添加到 Buffer 中,AddTailer() 将 Tailer 类型的参量添加到 Buffer 中。Header 和 Tailer 均为对象类 Chunk 的派生类,如图 9.3 所示。Chunk 模拟分组中数据片,派生于 ObjectBase,后者派生出 Tag。

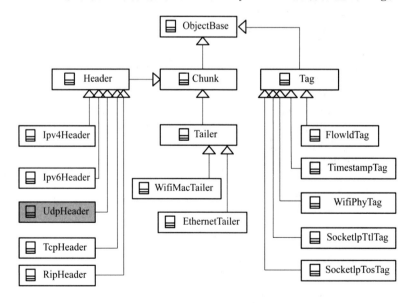

图 9.3  对象类 Chunk 和 Tag 的派生结构

图 9.3 中的 UdpHeader 模拟了 UDP 头部,主要变量成员有:

- uint16_t m_sourcePort;　　　　　　　　　//UDP 源端口
- uint16_t m_destinationPort;　　　　　　//UDP 宿端口
- uint16_t m_payloadSize;　　　　　　　　//UDP 净荷的字节长
- uint16_t m_checksum;　　　　　　　　　//UDP 头的校验和
- Address m_source;　　　　　　　　　　//IP 源端地址
- Address m_destination;　　　　　　　　//IP 宿端地址
- uint8_t m_protocol;　　　　　　　　　　//协议号

其中,m_source、m_destination 和 m_protocol(具体值为 17)只用于校验和计算,并不是 UDP 头部的开销。

函数 UdpHeader∷SeDestinationPort()和 SetSourcePort()用于设置 UDP 宿端口和源端口。通常,对象类 UdpL4Protocol 在发送分组时,为分组添加 UdpHeader 并调用这两个函数。而 NS-3 的应用通过 Socket 调用了 UdpL4Protocol 的分组发送函数,后者调用下层(即 IP)协议的发送函数 Send()。

对象类 IPv4L3Protocol 模拟了 IP 层协议功能,其分组发送函数 Send()构造 Ipv4Header 并添加到分组中,然后经路由选择调用节点的物理端口进行发送。图 9.4 描述了分组收发的示意过程。

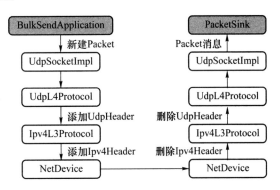

图 9.4　NS-3 分组化的主要收发过程

图 9.4 中:对象类 UdpSocketImpl 是套接口的实现类,主要作用是模拟传输层的复用;对象类 NetDevice 是协议栈实体所在节点的物理端口。

综上可见,分组(Packet)产生和终结于应用(Application),经第 4 层协议实体(IpL4Protocol 的派生类)添加或删除传输层的协议头部,经第 3 层协议实体(IPv4 或其派生类对象)添加或删除网络层的协议头部。

**3. Raw 分组收发的应用类**

在图 9.1 所描述的应用类型中,分组的发送和接收都经由 TCP/IP 协议栈。在～/src/ network/utils 目录下,NS-3 定义了一组不经协议栈仿真实体的通信仿真模块,包括 PacketSocketClient 等相关对象类,如图 9.5 所示。

图 9.5 中的 PacketSocketClient 与 PacketSocketServer 成对配置,各自部署在分组的源节点和宿节点,并通过 PacketSocket 关联到所在节点的 SimpleDevice,节点间一般通过 SimpleChannel 互连。

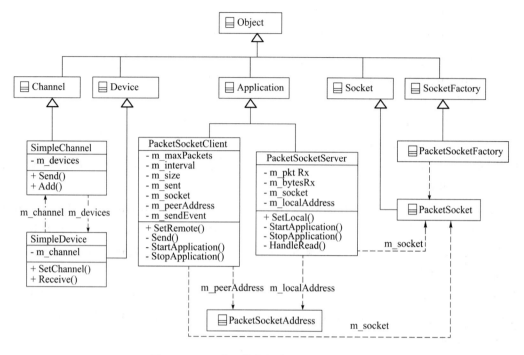

图 9.5 Raw 分组收发的应用及相关对象类

助手类 PacketSocketHelper 为节点配置提供 PacketSocketFactory 的功能。助手类 SimpleNetDeviceHelper 提供了节点配置网络端口和信道的功能。以下给出一个简化示例，说明 Raw 分组收发的仿真配置：

```
NodeContainer n; n.Create (2);                              //节点创建
Ptr < Node > n0 = n.Get (0), n1 = n.Get (1);
SimpleNetDeviceHelper h;
NetDeviceContainerd = h.Install (n);                        //网口及信道
Ptr < SimpleNetDevice > d0 = d.Get (0), d1 = d.Get (1);
PacketSocketHelper h;
h.Install (n);                                              //套接口配置
PacketSocketAddr a;
a.SetSingleDevice (d0-> GetIfIndex ());                     //源网口
a.SetPhysicalAddress (d1-> GetAddress ());                  //宿地址
a.SetProtocol (1);                                          //分组协议类型
Ptr < PacketSocketClient > c;
c = CreateObject < PacketSocketClient >;                    //客户端应用
c-> SetRemote (a);                                          //目标地址
Ptr < PacketSocketServer > r;
r = CreateObject < PacketSocketServer >;                    //服务端应用
r-> SetLocal (a);                                           //本地地址
n0-> AddApplication (c);
n1-> AddApplication (r);
```

源节点的 PacketSocketClient 在发出分组时为 m_socket 创建 PacketSocket 实例,经源节点的 SimpleNetDevice 及 SimpleChannel 去调用宿点 SimpleNetDevice∷Receive(),最后经宿点 PacketSocketServer 的 HandleRead() 回收分组。PacketSocketServer 成员函数 StartApplication() 为 m_socket 创建了用于接收分组的 PacketSocket。

缺省时,PacketSocketClient 的变量成员 m_maxPackets 为 100,即只发送 100 个分组;变量成员 m_size 为 1 024,即每个分组长度 1 024 B;变量成员 m_interval 为 1 s,即相继分组间隔 1 s。此处 3 个决定流量大小的参数,可通过成员函数 SetAttribute() 进行修改,对应的属性名为"MaxPackets""PacketSize"和"Interval"。

此外,对象类 PacketSocketClient 定义了跟踪变量 m_sent(对应名为"Tx"),PacketSocketServer 定义了跟踪变量 m_pktRx(对应名为"Rx")。具体使用参见第 3 章。

**4. DHCP 的应用类**

定义在 ～/src/internet-apps/model 目录下的扩展应用包括 IPv4 的 DHCP 模块和 IPv6 的 DADVD 模块,主要仿真主机的动态地址分配。其中,与 DHCP 相关的对象类包括:

(1) DhcpHeader,派生于 Header,用于分组生成和解读;

(2) DhcpClient,派生于 Application,用于产生 DHCP 请求;

(3) DhcpServer,派生于 Application,用于响应 DHCP 响应;

(4) DhcpHelper,用于简化 DHCP 功能的配置。

类 DhcpHelper 主要有 5 类接口函数:1 个用于服务器服务地址配置;2 个用于客户和服务器属性修改;2 个用于节点的客户和服务器安装。

函数 DhcpHelper∷InstallDhcpClient(NetDeviceContainer netdev) 为一组节点的指定网口,即 netdev,创建 DhcpClient 实体。DhcpClinet 继承重载的 StartApplication() 在指定网口上发出 DhcpHeder∷DHCPDISCOVERY 类型的广播,而指定接口必须在配置时已直连到 DhcpServer 所服务的网口。函数 InstallFixedAddress() 为服务网口配置固定的 IPv4 地址,在该网口上调用 InstallDhcpServer() 创建 DhcpServer 实例。

函数 DhcpHelper∷InstallDhcpServer() 具体的定义格式为:

```
ApplicationContainer InstallDhcpServer (
        Ptr < NetDevice > netDevice,
        Ipv4Address serverAddr,
        Ipv4Address poolAddr,
        Ipv4Mask poolMask,
        Ipv4Address minAddr,
        Ipv4Address maxAddr,
        Ipv4Address gateway = Ipv4Address ());
```

其中:参数 serverAddr 为 DHCP 服务网口地址;poolAddr 为地址池的网络前缀;poolMask 为前缀对应掩码;minAddr 和 maxAddr 为可分配的起始地址和终止地址;gateway 为网关/路由器地址。

DhcpClient 和 DhcpServer 按 DHCP 协议请求分配 IPv4 地址,并按要求执行周期性定时操作。

　　范例～/src/internet-apps/examples/dhcp-example.cc 对图 9.6 所示的仿真网络进行了 DHCP 配置。

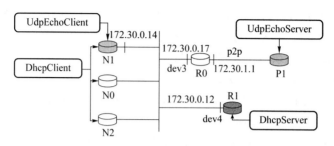

图 9.6　DHCP 配置的网络拓扑与应用示意

　　图 9.6 中,节点 N1 配置的 UdpEchoClient 向节点 P1 发送分组,如果网络可达,P1 配置的 UdpEchoServer 将返回响应。节点 N1 的网口地址"172.30.0.14"是由服务器 DhcpServer 动态分配给 N1 节点的 DhcpClient 应用的。范例 ～/src/internet-apps/examples/dhcp-example.cc 的第 109 行:

```
Ipv4InterfaceContainer fixedNodes =
    dhcpHelper.InstallFixedAddress (devNet.Get (4),
    Ipv4Address ("172.30.0.17"), Ipv4Mask ("/24"));
```

为节点网关 R0 配置了固定地址。第 104 行:

```
ApplicationContainer dhcpServerApp =
      dhcpHelper.InstallDhcpServer (devNet.Get (3),
            Ipv4Address ("172.30.0.12"),
            Ipv4Address ("172.30.0.0"),
            Ipv4Mask ("/24"),
            Ipv4Address ("172.30.0.10"),
            Ipv4Address ("172.30.0.15"),
            Ipv4Address ("172.30.0.17"));
```

为 DHCP 服务节点 R1 配置了 DHCP 地址池等参数。第 131 行:

```
ApplicationContainer dhcpClients =
      dhcpHelper.InstallDhcpClient (dhcpClientNetDevs);
```

为节点 N0～N2 安装了 DHCP 客户端应用。

# 9.1.2　Ping 应用的仿真

### 1. Ping 的技术特点

　　Ping 是 Packet Internet Groper 的缩写,直译为因特网分组探索器。Ping 应用的功能与乒乓球的 Ping-pong 相似,由网络一端的主机发出一个特定分组,被测的另一端回应一个响应分组,以判定目标端是否通信可达。

　　在众多网络通信应用工具中,Ping 除了可以检查网络连通性或目标节点可达性之外,还可以记录和统计相互通信的来回时间,即 RTT。在 Window10 操作系统的 cmd 交互式界面中,Ping 应用的执行方式和结果如下所列:

```
C:\Users\wangwn>ping www.nsnam.org

正在 Ping www.nsnam.org [143.215.76.161] 具有 32 字节的数据：
来自 143.215.76.161 的回复：字节 = 32 时间 = 220ms TTL = 44
来自 143.215.76.161 的回复：字节 = 32 时间 = 223ms TTL = 44
来自 143.215.76.161 的回复：字节 = 32 时间 = 220ms TTL = 44
来自 143.215.76.161 的回复：字节 = 32 时间 = 219ms TTL = 44

143.215.76.161 的 Ping 统计信息：
    数据包：已发送 = 4，已接收 = 4，丢失 = 0（0% 丢失），
往返行程的估计时间（以毫秒为单位）：
    最短 = 219ms，最长 = 223ms，平均 = 220ms
```

其中：命令 ping 之后的参数"www.nsnam.com"为被测的目标端；命令执行得到的第 1 行回显，表示该目标对应的 IP 地址为 143.215.76.161；后继 4 行回显表示 4 次"乒乓"得到 4 个不同的来回时间；最后 4 行回显为测试的统计结果。

在 Linux 系统中，Ping 的执行结果与上述示例类似，只是缺省时测试是不间断地重复执行的。

**2. NS-3 的 ICMP 仿真类**

ICMP 是 Internet Control Message Protocol 的缩写，直译为互联控制消息协议。Ping 应用所发送的"乒"分组是名为 Echo 的一类 ICMP 分组。常规网络节点，包括终端和路由器，均需支持 ICMP。

在 NS-3 中，ICMP 协议的仿真对象类 Icmpv4L4Protocol 派生于 IpL4Protocol，主要用于接收和处理 ICMP 分组，它检测接收到的 IP 分组，并在发生 TTL 超时之时，以及应用不可达时向源地址回送相应的 ICMP 分组。

ICMP 分组就是附加了 ICMP 头部的 IP 分组。文件～/src/internet/model/icmpv4.{h,cc}中，从 Header 派生定义了 4 个对象类，具体为：

(1) Icmpv4Header，ICMP 头部的公共部分；
(2) Icmpv4Echo，ICMP ECHO 分组内容；
(3) Icmpv4DestinationUnreachable，应用不可达 ICMP 分组内容；
(4) Icmpv4TimeExceeded，TTL 超时的 ICMP 分组内容。

以 ICMP ECHO 为例，ICMP 分组头部字段包含单字节长的 type 和 code，双字节长的 checksum、id 和 sequence。NS-3 中对象类 Icmpv4Header 主要封装前 3 个字段，类 Icmpv4Echo 封装后 2 个字段，且 type 取值为 8，code 取值为 0。内嵌于 Icmpv4Header 之内的枚举类型定义为：

```
enum Type_e {
    ICMPV4_ECHO_REPLY = 0,
    ICMPV4_DEST_UNREACH = 3,
    ICMPV4_ECHO = 8,
    ICMPV4_TIME_EXCEEDED = 11
};
```

类 Icmpv4L4Protocol 的成员函数 Receive()对接收到的分组依据 Icmpv4Header 的 GetType()返回值分支处理。当类型为 ICMPV4_ECHO 时,调用 Icmpv4L4Protocol 的成员函数 HandleEcho(),构造一个类型为 ICMPV4_ECHO_REPLY 的应答分组,再经 SendMessage()发给源端。

**3. 对象类 V4Ping**

文件~/src/internet-apps/model/v4ping.{h,cc}定义的类 V4Ping 派生于 Application,主要包含的私有变量成员有:

- Ipv4Address m_remote;                              //目标地址
- Time m_interval;                                    //相继乒乓的时间间隔
- TracedCallback<Time> m_traceRtt;                   //RTT 跟踪变量
- bool m_verbose;                                     //是否回显测量结果
- Average<double> m_avgRtt;                           //RTT 平均值
- std::map<uint16_t, Time> m_sent;                   //Ping 分组及发送时间的记录

在类 V4Ping 的函数 GetTypeId()中定义允许配置的属性,如表 9.1 所示。

表 9.1　对象类 V4Ping 的可配置属性

| 变量名 | 属性名 | 取值类型 |
|--------|--------|----------|
| m_remote | Remote | Ipv4AddressValue |
| m_verbose | Verbose | BooleanValue |
| m_interval | Interval | TimeValue |
| m_traceRtt | Rtt | MakeTraceSourceAccessor 指针 |

对象类 V4Ping 继承 Application 的重载函数 StartApplication()创建了类名为 ns3::Ipv4RawSocket 的套接字生成器,连接到 m_remote 的指定地址,并将函数 Receive()设置为该套接字的接收回调函数,然后调用函数 send()。

函数 V4Ping∷send()创建 ICMP 分组并调用先前建立的套接字发送,其后按 m_interval创建一个延后事件,重复调用 send(),模拟 Linux 操作系统的不间断操作。

对象类 V4Ping 继承 Application 的重载函数 StopApplication(),终止 ICMP 分组的不间断发送,并在 m_verbose 为 true 时,将统计结果输出到标准输出口。具体统计由函数 Receive()在接收 ICMPV4_ECHO_REPLY 分组时完成。

与其他 NS-3 仿真类相似,助手类 V4PingHelper 用于简化 V4Ping 的配置过程。V4Ping 构造函数必须提供表示目标地址的 Ipv4Address 参数,成员函数 Install()为节点配置 V4Ping 实例,成员函数 SetAttribute()用于设置 V4Ping 允许的属性,如表 9.1 所示。

**4. Ping 仿真示例**

文件~/src/csma/examples/csma-ping.cc 给出一个 4 节点 LAN 内的 Ping 仿真范例,其中第 102~109 行的源代码为:

```
V4PingHelper ping = V4PingHelper (addresses.GetAddress (2));
NodeContainer pingers;
pingers.Add (c.Get (0));
pingers.Add (c.Get (1));
pingers.Add (c.Get (3));
apps = ping.Install (pingers);
apps.Start (Seconds (2.0));
apps.Stop (Seconds (5.0));
```

其中:对象 addresses 包含了分配给 4 个节点的 IP 地址;对象 c 包含了 4 节点的 NodeContainer;类 V4PingHelper 的成员函数 Install 将 V4Ping 对象装配到 3 个节点。

在命令行下编译执行上述范例,得到 4 个 pcap 文件,分别记录了 4 个节点收发的分组。通过 wireshark 分析这些 pcap 记录,可以发现节点 2 接收到其他 3 个节点发出的 ICMP ECHO request 分组,并相应地发出了 3 组 ICMP ECHO reply 分组。

对象类 V4Ping 的属性"Interval",缺省时设置为 1 s。所以实验观察到每个节点发出了 3 个 ICMP ECHO request 分组。如需在应用启动的 2.0～5.0 s 时段内只发送 1 个分组,可在调用 Install() 之前添加如下一行代码:

```
ping.SetAttribute ("Interval", TimeValue(Seconds (3.0)));
```

**5. Traceroute 扩展仿真**

Traceroute 是利用路由器的 ICMP TE(Time Exceeded)报告功能而设计的网络探测工具,它通过一系列 TTL 自 1 不断增长的分组发送,检测出源端至宿端和路由信息。

由 LEE Naner 贡献的扩展源码包(https://github.com/NanerLee/ns3-traceroute)实现了一个初步的 Traceroute 应用,在 Application 的基础上定义了派生类 Traceroute,其功能主要反映在以下 4 个私有成员函数:

- void Traceroute∷Send();　　　//被 StartApplication()调用,构造 ICMP ECHO 分组
- void Traceroute∷Check();　　//检查套接口,依相应条件调用 Receive()或 Send()
- void Traceroute∷Receive();//从套接口接收并记录返回分组
- void Traceroute∷OutputToFile();//记录写入外部文件

在此对象类的基础上,参考 V4Ping 类结构,可增加对应的助手对象类 TracerouteHelper,将其配置功能 void Traceroute∷Setup(uint32_t index, Ipv4Address address)分离,并将源码复制、集成到 Internet-App 模块当中。参考文件 ~/src/csma/examples/csma-ping.cc,建立 csma-tracer.cc,相应地修改应用配置,源码如下:

```
TracerouteHelper h = TracerouteHelper (addresses.GetAddress (2));
NodeContainer tracers;
tracers.Add (c.Get (0));
apps = h.Install (tracers);
apps.Start (Seconds (2.0));
apps.Stop (Seconds (5.0));
```

其中,对象 addresses 和 c 与 csma-ping.cc 保持不变。经编译执行可见,一跳传送即可完成路由探测。这是因为所有节点在局域内直接可达。

以 NS-3 范例 second.cc 为基础,将其 UDP 应用替换为 Traceroute/TracerouteHelper,经编译执行,可见源端接收不到中间路由器的 ICMP TE 报告。此现象与 LEE Naner 在说明文档中描述的问题相似,需对文件 ipv4-l3-lprotocol.cc 中的函数 IpForward()和文件 ipv4-raw-socket-imple.cc 中的函数 ForwardUp()进行修改,允许 L3 协议层处理 ICMP 分组的 TE 事件,允许套接字接收中间路由器返回的 ICMP 报告。

参考 V4Ping,在 Traceroute 添加命令行输出,经编译执行,得到如下命令结果:

```
Traceroute 10.1.2.4
1: 10.1.1.2
2: echo reply
```

路径探测表明,源端经 2 跳路径到达宿端。图 9.7 给出了源端收发分组的 wireshark 解析结果。

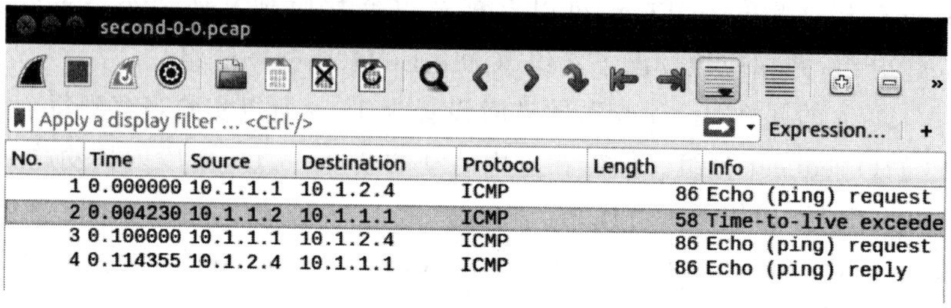

图 9.7　源端经 2 跳路径到达宿端 traceroute 实验的分组截获结果

## 9.1.3　随机开关型业务流

**1. 随机变量生成**

随机数生成是数值仿真的基本功能,NS-3 的 core 模块为此定义了 3 个基本对象类:

(1) RngSeedManager,亦是宏 SeedManager 的别名类,管理全局性的种子值;

(2) RngStream,采用了多递归组合算法(MRG32k3a)生成[0,1]一致分布随机数;

(3) RandomVariableStream,各类分布随机变量生成类的纯虚基类。

全局静态函数 RngSeedManager∷SetSeed(uint32_t seed)用于设置全局性种子值,缺省为 1。另有静态函数 RngSeedManager∷SetRun(uint64_t run)用于设置随机实验的执行序数,以避免实验的重复性。对象类 RandomVariableStream 包含 3 个成员变量:

- RngStream * m_rng;　　　//随机数生成器;
- bool m_isAntithetic;　　//分布区间内取值是否对称处理;
- int64_t m_stream;　　　//随机数生成品的子序列编号。

对象类 RandomVariableStream 的成员函数 GetValue()用于获取下一个随机数,具体由特定分布的派生类定义。NS-3 在文件～/src/core/model/random-variable-stream.{h, cc}中定义了 15 个不同类型随机分布的派生类。

(1) UniformRandomVariable,随机数在 m_min、m_max 之间一致分布;

(2) ConstantRandomVariable,返回由 m_constant 指定的固定值;

(3) SequentialRandomVariable,返回自 m_min 至 m_max 步长为 m_increment,并重复

m_consecutive 次的序列,其中 m_increment 由随机变量产生;

（4）ExponentialRandomVariable,随机数均值为 m_mean,上限为 m_bound 的指数分布;

（5）ParetoRandomVariable,随机数均值为 m_mean、上限为 m_bound、形状因子为 m_shape、尺度因子为 m_scale 的 Pareto 分布;

（6）WeibullRandomVariable,随机数上限为 m_bound、形状因子为 m_shape、尺度因子为 m_scale 的 Weibull 分布;

（7）NormalRandomVariable,随机数均值为 m_mean、上限为 m_bound、方差为 m_variance 的正态分布;

（8）LogNormalRandomVariable,随机数满足对数正态分布,分布函数的参数由 m_mu 和 m_sigma 指定;

（9）GammaRandomVariable,随机数满足 Gamma 分布,分布函数的参数由 m_alpha 和 m_beta 指定;

（10）ErlangRandomVariable,随机数满足 Erlang 分布,分布函数的参数由 m_k 和 m_lambda 指定;

（11）TriangularRandomVariable,随机数满足三角形分布,分布函数的参数由 m_mean、m_min 和 m_max 指定;

（12）ZipfRandomVariable,随机数满足 Zipf 分布,分布函数的参数由 m_n、m_alpha 和 m_c 指定;

（13）ZetaRandomVariable,随机数满足 Zeta 分布,分布函数的参数由 m_alpha 和 m_b 指定;

（14）DeterministicRandomVariable,由预定义数列产生的确定性分布;

（15）EmpiricalRandomVariable,由指定的累计分布函数(CDF)所确定的分布。

以 ConstantRandomVariable 为例,参数 m_constant 缺省为 0,调用函数 GetValue() 将返回 0。需要注意的是,只能通过对象属性"Constant"设置为需要的 DoubleValue。

**2. 开关流的应用类**

对象类 OnOffApplication 派生于 Application,实现了开关时长为随机值的固定比特率业务源。图 9.8 为分组产生的时序过程。

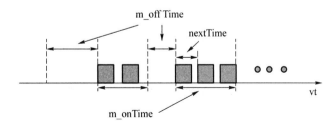

图 9.8　OnOffApplication 的分组产生过程示意

如图 9.8 所示:应用处于开(ON)状态时发送固定长度分组,且分组的时间间隔固定不变;应用处于关(OFF)状态时,停止发送分组。开关状态的时长由随机变量 m_onTime 和 m_offTime 确定。分组大小由变量 m_pktSize 指明,分组发送的实际速率由 m_cbrRate 指明。因此,当前分组发送后的再发事件,其时间 nextTime ＝ m_pktSize ＊ 8 / m_cbrRate. GetBitRate()。

成员函数 StartSending()启动分组发送,并依 m_offTime 安排一个关事件。关事件调用成员函数 StopSending(),该函数取消分组发送事件,并依 m_onTime 安排一个开事件。而开事件调用 StartSending(),如此完成分组业务流的持续发送。

助手对象类 OnOffHelper 完成应用的简化配置,包括常规的节点分配函数 Install()和属性配置函数 SetAttribute()。可配置的属性如表 9.2 所示。

表 9.2　OnOffApplication 的部分属性

| 变量名 | 属性名 | 取值类型 | 缺省配置 |
|---|---|---|---|
| m_cbrRate | DataRate | DataRateValue | DataRate ("500kbit/s") |
| m_pktSize | PacketSize | UintegerValue | 512 |
| m_onTime | OnTime | StringValue | ns3∶∶ConstantRandom\Variable[Constant＝1.0] |
| m_offTime | OffTime | StringValue | ns3∶∶ConstantRandom\Variable[Constant＝1.0] |

构造函数 OnOffHelper∶∶OnOffHelper(std∶∶string protocol，Address address)需要明确协议类型(TCP/UDP)和对端地址。

**3. 仿真示例**

仿照范例～/src/netanim/examples/dumbbell-animation.cc 构建一个哑铃形的网络拓扑,其中使用了助手类 PointToPointDumbbellHelper,结构如图 9.9 所示。

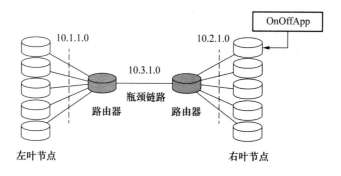

图 9.9　哑铃形的网络拓扑示意

图 9.9 中,所有右叶节点装配 OnOffApplication 向对应顺序的左叶节点发送分组,路由器节点模拟网络的瓶颈链路,所有链路的带宽和延时均配置为 10 Mbit/s 和 1 ms。此时,瓶颈链路对应出口因缓存溢出而产生分组丢失。

图 9.10 为使用 wireshark 对单一业务源分组发送的统计图,图 9.11 为路由器接收分组的聚合统计图。

从图 9.10 可见,分组发送时序有明显的开关效应,即在"开"状态下按相同速率产生分组,在"关"状态下无分组发送,且"开/关"时长有随机性,这与 OnOffApplication 类对象配置的一致分布是相互吻合的。

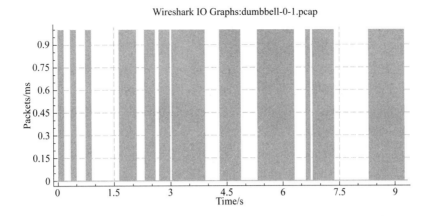

图 9.10　随机开关型业务流的分组发送统计图

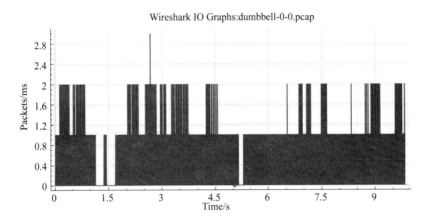

图 9.11　随机开关型业务流的聚合统计图

　　但从图 9.11 可见,5 个开关型业务流的聚合表现出更强的随机性,这不仅体现在"开/关"的时长上,还表现在"开"状态下的分组发送速率上。实际上,开关型业务流在网络中的聚合特征具有一定的长程相关性,是很多基础性研究所关心的对象之一。

**4. 多流聚合的特性分析**

　　根据对实际业务流量的统计发现,网络业务呈现长相关(Long Range Dependence)特点,或自相似性(Self-Similarity)。设增量过程 $X_i(i=1,2,\cdots)$ 和 $X_j(m)(j=1,2,\cdots)$ 存在以下计算关系:

$$X_j(m)=(1/m)\,(X_{(j-1)m+1}+X_{(j-1)m+2}+\cdots+X_{jm})$$

即 $X_j(m)$ 是连续 $m$ 个 $X_i$ 的滑动平均。定义 Hurst 参数 $H$,满足以下关系:

$$\mathrm{Var}(X_j(m))=m^{2(H-1)}\,\mathrm{Var}(X_i)$$

或

$$\log\,(\mathrm{Var}(X_j(m))/\,\mathrm{Var}(X_i))\,=\,2(H-1)\log m$$

其中:Var( · )表示随机过程的方差;$m$ 为变换标度;$H$ 取值在 $0.5\sim1$ 之间。当 $H=1$ 时,随机过程的分布特性是标度无关的,或自相似的。

　　针对图 10.11 观察到的实验现象,使用以下 bash 命令:

```
tshark -nr dumbbell-0-0.pcap -q -z io,stat,0.008,FRAMES
  | grep -P "\d + \. \d + \s + < >\s + \d + \. \d + \s * \ |\s + \d + "
  | awk -F '[ |] + '  '{print $ 2"," $ 5}'
```

其中:tshark 是命令行版的 wireshark 分析工具;grep 和 awk 为行分析及过滤工具。命令执行的输出结果可重定向到数据文件,以便后续分析。

参考文献(https://arxiv.org/pdf/1308.3842)的说明,将"开关"配置 shape 为 1.000 1 的 Pareto 分布,具体代码为:

```
clientHelper.SetAttribute("OnTime",\
    "ns3::ParetoRandomVariable[Shape = 1.0001"]);
clientHelper.SetAttribute("OffTime",\
    "ns3::ParetoRandomVariable[Shape = 1.0001"]);
```

并将仿真结束时间设为 1 000 s。将统计时长为 8 ms 的发送分组记为 $X_1$,可得到如图 9.12 所示的归一化方差随统计周期 $m$ 的变化关系,反映了长相关性。

从图 9.12 可以看出,Pareto 开关型业务流的聚合流具有相当强的长相关性,即业务流的统计方差基本不随统计时长的大小而变化。图 9.13 给出了 $m=8$ 和 $m=256$ 时的分组数随时间的变化,可以直观地呈现出自相似。

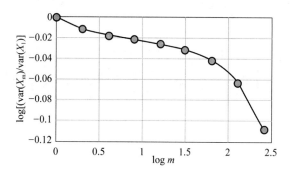

图 9.12　Pareto 开关型业务聚合流的长相关性统计

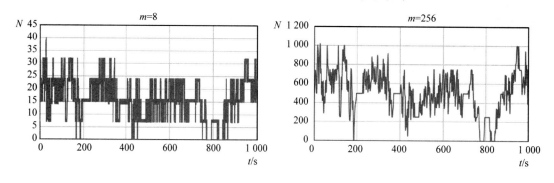

图 9.13　Pareto 开关型业务聚合流的时间分布,$N$ 为分组数

## 9.1.4　M/M/1 排队系统的业务仿真

M/M/1 排队系统是分组到达和离出均为马尔可夫过程的单服务员系统。分组业务流

具有泊松性质,分组发送时长为负指数分布。

### 1. 分组的随机生成

泊松业务流是指分组到达的数量满足泊松分布(Poisson Distribution):

$$P\{N(t+s)-N(s)=n\}=(\lambda t)^n \mathrm{e}^{-\lambda t}/n!$$

其中:参数 $\lambda$ 是单位时间分组数的长期平均,$N(s)$ 和 $N(t+s)$ 表示时刻 $s$ 和 $t+s$ 的累计分组数。如此,在 $t=\tau$ 时长内没有分组发送或到达的概率为 $P\{n=0\}=\mathrm{e}^{-\lambda t}$,此概率是两个相继分组的间隔时间大于 $\tau$ 的概率 $P\{t>\tau\}$。所以,

$$P\{t\leqslant\tau\}=1-P\{t>\tau\}=1-\mathrm{e}^{-\lambda\tau}$$

据此,可得概率密度为 $p(\lambda)=\lambda\mathrm{e}^{-\lambda\tau}$,满足负指数分布。

从仿真角度出发,在前一分组发送时刻生成一个指数分布的随机数作为下一分组发送的延迟,即可产生泊松型业务流。

NS-3 对象类 ExponentialRandomVariable 提供了该随机数的生成功能,其中变量成员 m_mean 对应于 $1/\lambda$,变量成员 m_bound 大于 0 时表示随机数的取值上限,等于 0 表示随机数无上限。

### 2. 服务时长随机生成

对于固定宽带的传输链路,固定长度的分组发送时间($1/\mu$)也是固定的:

$$1/\mu=L/r$$

其中:$L$ 为分组长度;$r$ 为出口链路的宽带。当分组长度是负指数分布的随机数时,经排队系统的离去时间为负指数分布的随机变量。

实际网络中,分组长度受限于传输路径的最大传输单元(MTU),存在上下界。NS-3 的点到点链路接口模块(PointToPointNetDevice)参考了以太网规范,缺省时将 MTU 设为 1 500 B。虽然通过属性"Mtu"可以配置修改 MTU 的大小,但对象类 UdpSocketImpl 参考了 TCP/IP 协议规范将分组长度上限设为 65 535 B[①]。因此,对 M/M/1 排队系统的仿真需要绕过常规的互联网仿真模块。

### 3. 基于 DropTailQueue 的队列仿真示例

NS-3 的对象类 DropTailQueue 模拟了一种简单的 FIFO 缓存队列,它派生于抽象类 Queue,重载定义了成员函数 Enqueue() 和 Dequeue()等。Enqueue()在队列尾部加入一个缓存的单元,Dequeue()从队列头部取一个缓存的单元。

Queue 定义了 5 个跟踪变量。其中:m_traceEnqueue 用于触发预定的跟踪函数表示进队列事件;m_traceDequeue 用于触发出队列事件;m_traceDrop 用于触发缓存溢出的丢弃事件。

对象类 Queue 派生于 QueueBase,后者定义了队列参数的访问函数,包括获取缓存单元数目的 GetNPackets()。QueueBase 还定义了属性"MaxSize",缺省为"100p",表示 100 个分组。

NS-3 主页上的教学范例(https://www.nsnam.org/tutorials/mnm15/mm1-queue.cc)附加定义了队列仿真对象类:Enqueuer、Dequeuer 和 QueueSampler。Enqueuer 向队列加入分组,Dequeuer 从队列取出分组,QueueSampler 在预定时间调用 GetNPackets()以采

---

① 参见～/src/internet/model/udp-socket-impl.cc 的宏定义 MAX_IPV4_UDP_DATAGRAM_SIZE。

样队列长度。对象类 QueueSampler 还定义了样本统计绘图功能,对应的成员函数名为 MakePlots()。

队列对象的创建代码如下:

```
Ptr<DropTailQueue<Packt>> queue = \
        CreateObject<DropTailQueue<Packt>>();
bool ok = queue->SetAttributeFailSafe("MaxSize", \
        QueueSizeVale(QueuSize("1000p")));
```

其中,<Packt>、"MaxSize"和 QueueSizeVale(QueuSize("1000p"))标示的部分是针对 NS3-3.29 做出的补充与修改。

业务分组的随机生成代码如下:

```
Enqueuer enq;
enq.SetQueue(queue);
Ptr<ExponentialRandomVariable> enqrv = \
    CreateObject<ExponentialRandomVariable>();
enqrv->SetAttribute("Mean", DoubleValue(1/lambda));
enq.SetGenerator(enqrv);
enq.Start();
```

其中,enqrv 为负指数随机分布的分组间隔时长,平均值为 1/lambda。

业务分组随机服务时长的代码如下:

```
Dequeuer deq;
deq.SetQueue(queue);
Ptr<ExponentialRandomVariable> deqrv = \
    CreateObject<ExponentialRandomVariable>();
deqrv->SetAttribute("Mean", DoubleValue(1/mu));
deq.SetGenerator(deqrv);
deq.Start();
```

其中,deqrv 为负指数随机分布的分组间隔时长,平均值为 1/mu。

**4. 仿真实验的结果统计**

命令行下执行:

```
./waf --run "scratch/mm1-queue --plot = 1"
```

可得到 Gnuplot 脚本,名为"mm1-queue-depth-plot.plt"。调用 Gnuplot 得到相应的图片文件,内容如图 9.14 所示。增加参数"--lambda=1.99"后,结果如图 9.15 所示。

对比图 9.14 和图 9.15 可以发现:当业务流负载较轻($\lambda/\mu=0.5$)时,队长平稳;当负载接近 1.0 时,队长不断增大,在实验时长(10 000 s)之内未见稳定收敛。这与 M/M/1 理论预期是吻合的。

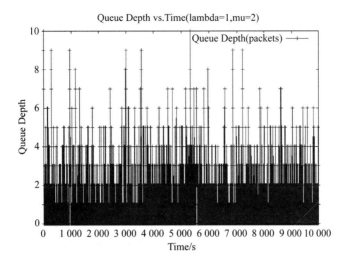

图 9.14　M/M/1 排队系统仿真的队列长度统计结果

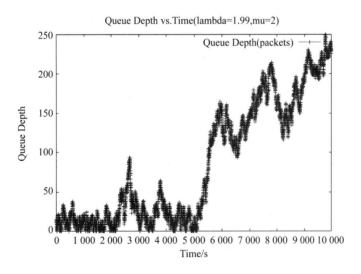

图 9.15　业务重负载时 M/M/1 队列长度的统计结果

# 9.2　网络拓扑仿真

网络拓扑是网络仿真的基本需求,简单拓扑通常用于协议功能的验证。针对实际网络的运行仿真,离不开相应的随机拓扑模型。NS-3 的拓扑模型较为简单,需要引入外扩模块。

## 9.2.1　点到点拓扑生成

NS-3 提供了 3 种简单拓扑的助手对象类,源码位于 ～/src/point-to-point-layout/model 目录之下。

**1. 星形拓扑**

星形拓扑存在一个中心节点,也称为集中器(Hub)节点。所有其他节点通过直连链路连接到 Hub,这些节点相应地称为轴辐(Spoke)节点。通常,所有直连链路配置相同的速率和延时。

对象类 PointToPointStartHelper 的构造函数有 2 个参数,分别为 Spoke 的数量和点到点链路助手对象。成员函数 GetHub()和 GetSpoke(uint32_t i)返回相应节点,成员函数 GetHubIpv4Address(uint32_t i)和 GetSpokeIpv4Address(uint32_t i)返回与第 $i$ 个轴辐对应的网络地址,其中 $i$ 自 0 开始。

成员函数 AssignIpv4Address()有 1 个参数,类型为 Ipv4AddressHelper,该函数依次为每个轴辐的两个网络接口分配地址,轴辐间子网地址的第 3 字节顺序递增,一次递增的数值大小由子网掩码决定。例如,当子网掩码为 255.255.255.0 时,递增值为 256。

成员函数 InstallStack ()有 1 个参数,类型必须为 InternetStackHelper,它为 Hub 和所有 Spoke 节点装配 TCP/IP 协议栈。

成员函数 BoundingBox()有 4 个参数,类型为 double,分别表示空间分布的位置。该函数调用了固定位置移动模型,为 Hub 分配中心坐标,为 Spoke 分配圆周等分支坐标。该函数通常用于动画回放。

范例~/examples/tcp/star.cc 调用 PointToPointStartHelper 建立了一个星形拓扑上的 TCP 仿真程序,其中第 64 至 74 行代码完成拓扑创建,具体如下:

```
PointToPointHelper pointToPoint;
pointToPoint.SetDeviceAttribute ("DataRate", StringValue ("5Mbps"));
pointToPoint.SetChannelAttribute ("Delay", StringValue ("2ms"));
PointToPointStarHelper star (nSpokes, pointToPoint);
InternetStackHelper internet;
star.InstallStack (internet);
NS_LOG_INFO ("Assign IP Addresses.");
star.AssignIpv4Addresses (Ipv4AddressHelper ("10.1.1.0",\
                          "255.255.255.0"));
```

其中,参数 nSpokes 表示轴辐节点数。在其后插入一行如下代码:

```
star.GetHubIpv4Address (nSpokes - 1).Print (std::cout);
```

将在命令行下回显:10.1.8.1。如果将 IP 地址的起始值设为 10.1.253.0,则回显为 10.2.4.1。这是需要在仿真实验时需要特别注意的。

**2. 网格形拓扑**

网络形拓扑由多行(Row)多列(Column)的网格节点构成,对象类 PointToPointGridHelper 的构造函数有 3 个参数,分别为行数、列数和点到点链路助手对象。成员函数 GetNode()有 2 个参数,分别为行和列索引号,该函数返回相应节点。成员函数 GetIpv4Address()同样有 2 个参数返回,对应行和列索引。

成员函数 AssignIpv4Address()有 2 个参数,类型均为 Ipv4AddressHelper,该函数依次为每个网格节点分配行接口地址和列接口地址。与星形拓扑类似,子网地址的第 3 字节顺序递增,一次递增的数值大小由子网掩码决定。

范例～/netanim/examples/grid-animation.cc 调用了 PointToPointGridHelper,其中第 51 至 64 行代码完成拓扑创建,具体如下:

```
PointToPointHelper pointToPoint;
pointToPoint.SetDeviceAttribute ("DataRate", StringValue ("5Mbps"));
pointToPoint.SetChannelAttribute ("Delay", StringValue ("2ms"));
PointToPointGridHelper grid (xSize, ySize, pointToPoint);
InternetStackHelper stack;
grid.InstallStack (stack);
grid.AssignIpv4Addresses (Ipv4AddressHelper ("10.1.1.0", "255.255.255.0"),
                          Ipv4AddressHelper ("10.2.1.0", "255.255.255.0"));
```

其中,参数 xSize 和 ySize 表示行数和列数。同样在其后插入一行如下代码:

```
grid.GetIpv4Address (xSize - 1, ySize - 1).Print (std::cout);
```

将在命令行下回显:10.1.20.2。如果将行 IP 地址的起始值设为 10.1.253.0,则程序运行因地址冲突而中止。这也是需要在仿真实验时需要特别注意的。

**3. 哑铃形拓扑**

第 9.1.3 小节中图 9.9 所描绘的结构即为哑铃形拓扑,它有 2 个直连的中间路由器,分别汇聚了若干叶节点,在平面绘制中称为左叶节点和右叶节点。哑铃形的中间直连链路用于模拟通信的瓶颈链路。NS-3 目录～/src/point-to-point-layout 下的文件 point-to-point-dumbbell.{h,cc}定义的对象类 PointToPointDumbbellHelper 提供了哑铃形拓扑的构造功能,主要变量成员包括:

- NodeContainer          m_leftLeaf;                   //左叶节点集
- NetDeviceContainer     m_leftLeafDevices;            //左叶节点的网络设备集
- NodeContainer          m_rightLeaf;                  //右叶节点集
- NetDeviceContainer     m_rightLeafDevices;           //右叶节点的网络设备集
- NodeContainer          m_routers;                    //中间路由器集
- NetDeviceContainer     m_routerDevices;              //中间路由器的网络接口集
- Ipv4InterfaceContainer m_leftLeafInterfaces;         //左叶接口集
- Ipv4InterfaceContainer m_leftRouterInterfaces;       //左路由器接口集
- Ipv4InterfaceContainer m_rightLeafInterfaces;        //右叶接口集
- Ipv4InterfaceContainer m_rightRouterInterfaces;      //右路由器接口集
- Ipv4InterfaceContainer m_routerInterfaces;           //路由器接口集

以上变量成员是私有的,公有成员函数 GetLeft(uint32_t i)和 GetLeft()分别取到左叶节点和左路由器节点,其中 i 为自 0 开始的叶节点序号。右叶节点和右路由器节点由函数 GetRight() 取得。

成员函数 InstallStack(InternetStackHelper stack)将 stack 分别装配到路由器和左右叶节点。成员函数 AssignIpv4Addresses()分配 IPv4 地址,具体格式为:

```
AssignIpv4Addresses (Ipv4AddressHelperleftIp,\\
                     Ipv4AddressHelper rightIp,
                     Ipv4AddressHelper routerIp);
```

其中,参数 leftIp、rightIp 和 routerIp 通常使用不同网段的 IP 地址分配助手。

成员函数 BoundingBox (double ulx, double uly, double lrx, double lry)为 NetAnim 分配节点的回显位置,限定在(ulx, uly)和(lrx, lry)指定的矩形内。

构造函数 PointToPointDumbbellHelper()需要提供左右叶节点数目和三部分点到点链路助手对象,具体格式为:

```
PointToPointDumbbellHelper (uint32_t nLeftLeaf,
                           PointToPointHelper leftHelper,
                           uint32_t nRightLeaf,
                           PointToPointHelper rightHelper,
                           PointToPointHelper bottleneckHelper);
```

**4. 星形复合拓扑的扩展路线**

考虑一个二级星形复合拓扑,其中第一级为简单星形,第二级以第一级辐射节点为中心构造,并设所有二级星形拓朴有相同数量的三级节点。参考星形拓扑生成的助手对象类,扩展定义如下:

```
TieredStarHelper : public PointToPointStarHelper {
public:
  TieredStarHelper (uint32_t numSpokes, uint32_t numLeaf,
                    PointToPointHelper p2pHelper)
                  : PointToPointStarHelper (numSpokes, p2pHeler) {
    NodeContainer n;
    DeviceContainer nd;
    for (uint32_t i = 0; i < numSpokes (); ++i) {
      n.Create (numLeft);
      for (uint32_t j = 0; j < numLeft (); ++j) {
        NetDeviceContainer nd;
        nd = p2pHelper.Install (GetSpokeNode (i), leafs.Get (j));
        m_spokeDevices.Add (nd.Get (0));
        nd.Add (nd.Get (1));
      }
      m_nodes.Add (i, n);
      m_intfs.Add (i, nd);
    };
  void InstallStack (InternetStackHelper stack);
  void AssignIpv4Addresses (Ipv4AddressHelper address);
private:
  std::map < uint32_t, NodeContainer > m_nodes;
  std::map < uint32_t, NetDeviceContainer > m_devs;
  std::map < uint32_t, Ipv4InterfaceContainer > m_intfs;
};
```

其中:成员函数 InstallStack() 和 AssignIpv4Addresses() 的具体内容省略;私有变量成员 m_nodes、m_devs 和 m_intfs 用于记录三级叶节点、网络设备和接口。

## 9.2.2　随机拓扑生成

外扩模块 BRITE 是被较为广泛应用的随机拓扑生成工具,NS-3 内嵌了 BRITE 接口的调用功能。

**1. BRITE 安装和使用**

NS-3 使用的 BRITE 外扩模块库,其源代码不在 NS-3 源包中,使用前需手工下载和编译,bash 命令如下:

```
$ hg clone http://code.nsnam.org/BRITE
$ cd BRITE
$ make
```

其中,符号"$"表示 bash 提示符。编译完成后,在当前目录下生成库文件 libbrite.so。

NS-3 源包的缺省编译并未启用 BRITE 接口功能,需要按以下命令重新配置和编译:

```
$ ./waf configure --with-brite = < BRITE-dir >
$ ./waf build
```

其中,< BRITE-dir >表示 BRITE 外扩模块的所在目录。配置过程中可见 BRITE Integration 条目被设置为 enabled 的提示,否则需对 BRITE 安装目录进行检查。

BRITE 源代码使用了 C++ 语言编写,定义了特立名字空间 brite 和一系列对象类,NS-3 直接使用的类包括:

(1) brite∷Topology,主要管理图(Graph)和拓扑生成模型;

(2) brite∷Graph,存储抽象图的节点和边;

(3) brite∷Edge,存储边的属性;

(4) brite∷NodeInfo,抽象图的节点属性;

(5) brite∷Brite,拓扑访问的统一封装。

BRITE 外扩模块支持 31 个随机拓扑计算模型,NS-3 选择了其中 11 个,相应的模型参数文件位于目录 ~/src/brite/examples/conf_files 之下。例如,RTWaxman5.conf 是 Waxman 模型的 5 节点路由器的配置文件,RTBarabasi10.conf 是 BA 模型的 10 节点路由器的配置文件。

**2. NS-3 的接口对象类**

定义在文件 ~/src/brite/helper/brite-topology-helper.{h, cc} 的助手对象类 BriteTopologyHelper,其构造函数需要指定模型参数配置文件。该类的主要成员函数有:

(1) BuildBriteTopology(),以 InternetStackHelper 对象引用为参数创建拓扑;

(2) AssignIpv4Address(),以 Ipv4AddressHelper 对象引用为参数分配 IPv4 地址;

(3) GetNLeafNodesForAs(),以 AS 域号为参数得到叶节点数目;

(4) GetLeafNodeForAs(),以 AS 域号和叶节点序号为参数得到节点的 Ptr < Node >;

(5) GetNNodesForAs(),以 AS 域号为参数得到节点数目,包括叶节点和中间路由器节点;

(6) GetNodeForAs(),以 AS 域号为参数和节点序号得到节点的 Ptr＜Node＞;

(7) GetNAs(),无参数,得到拓扑包含的 AS 域数目;

(8) GetNNodesTopology(),无参数,得到拓扑包含的节点总数;

(9) GetNEdgesTopology(),无参数,得到拓扑包含的边总数。

对象类 BriteTopologyHelper 包含一个 PointToPointHelper 对象实例,用于为所建链路配置数据带宽和传播延时,具体数值以 Brite 拓扑的边属性为基础。

范例～/src/brite/examples/brite-generic-example.cc 为其 BriteTopologyHelper 选配了模型参数文件 TD_ASBarabasi_RTWaxman.conf,其中,AS 域数目为 2,相互之间采用 BA 模型生成拓扑,AS 域内路由器的节点数目为 20,采用 Waxman 模型生成拓扑,AS 与路由器之间构成自上而下(TD,Top Down)的分级结构。

上述范例创建了 2 个额外节点,分别部署 UdpEchoServer 和 UdpEchoClient 应用,这两个节点以点到点链路分别连接到 AS 域号为 0 和 1 之内的最后一个节点。图 9.16 给出了添加 NetAnim 代码功能后分组时序的 GUI 截图。

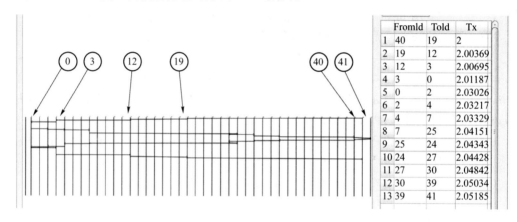

| | FromId | TodId | Tx |
|---|---|---|---|
| 1 | 40 | 19 | 2 |
| 2 | 19 | 12 | 2.00369 |
| 3 | 12 | 3 | 2.00695 |
| 4 | 3 | 0 | 2.01187 |
| 5 | 0 | 2 | 2.03026 |
| 6 | 2 | 4 | 2.03217 |
| 7 | 4 | 7 | 2.03329 |
| 8 | 7 | 25 | 2.04151 |
| 9 | 25 | 24 | 2.04343 |
| 10 | 24 | 27 | 2.04428 |
| 11 | 27 | 30 | 2.04842 |
| 12 | 30 | 39 | 2.05034 |
| 13 | 39 | 41 | 2.05185 |

图 9.16　NetAnim 分组时序的 GUI 截图

图 9.16 中,序号为 40 的节点为 client 节点,序号为 41 的为 sever 节点,它们分别直连到 19 号节点和 39 号节点。UDP 探测分组自 40 号节点经多跳路径到达 41 号,然后沿相反方向回传 Echo 分组。

**3. Waxman 随机拓扑示例**

在 Waxman 网络拓扑模型[①]中,节点随机分布在指定区域内,节点间直连的概率为:

$$p = \alpha \exp(-d/\beta L)$$

其中:变量 $d$ 为节点间的几何距离;$L$ 为节点间距的最大值;$\alpha$ 和 $\beta$ 为模型参数。

NS-3 定义在文件～/src/brite/examples/conf_files/RTWaxman20.conf 中,节点数目为 20,参数 $\alpha$ 设为 0.15,$\beta$ 设为 0.2,节点间点到点链路的带宽设固定的最小值,即10 Mbit/s。

参考范例 ～/src/brite/examples/brite-generic-example.cc,将模型参数文件改为

---

① 详见 B. M. Waxman, Routing of multipoint connections. IEEE J. Select. Areas Commun. 1988, 6(9),1617-1622。

RTWaxman20.conf,客户机连接到拓扑的 0 号 AS 域的 0 号节点,服务器连接到拓扑的 0 号 AS 域的 19 号节点。为了让 NetAnim 显示节点位置,在 BriteTopologyHelper∷BuildBrite-Topology()中增加拓扑位置到 NS-3 移动性位置的赋值功能,具体在文件～/src/brite/helper/brite-topology-helper.cc 的第 385 行中添加如下代码:

```
for(uint32_t i; i < m_numNodes; i++) {
    Ptr < Node > n = m_nodes.Get (i);
    BriteNodeInfo nif = m_briteNodeInfoList.at (i);
    Ptr < ConstantPositionMobilityModel > loc =    \\
            n-> GetObject < ConstantPositionMobilityModel >;
    if (loc == 0) {
        loc = CreateObject < ConstantPositionMobilityModel >;
        n-> AggregateObject (loc);
    }
    Vector vec (nif.xCoordinate, nif.yCoordinate, 0);
    loc-> SetPosition (vec);
}
```

其中:结构体 BriteNodeInfo 已在相应的头文件中定义,包含随机拓扑生成时节点的几何位置;m_numNodes 为对象类 BriteTopologyHelper 的变量成员,是所有 NS-3 节点的容器。

图 9.17 是添加 NetAnim 跟踪功能后,在 NetAnim 应用程序中的拓扑显示结果。该图中,节点 20 和节点 21 分别为 UdpEcho 的客户机和服务器,并通过 NetAnim 对它们的位置和显示大小进行了手工调整。动画回放时,可见 UDP 分组的转路径为(20,0,10,19,21),Echo 分组为对应的反向路径。

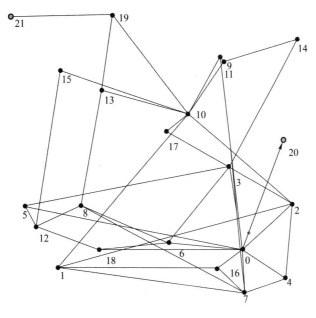

图 9.17　Waxman 拓扑在 NetAnim 中的 GUI 截图

**4. BA 随机拓扑示例**

在 BA 网络拓扑模型中，采用生长方式建立随机图，新生节点连接到已有节点的概率取决于已有节点的节点度，即已有节点连接其他节点的数目[①]。设新节点为 n，已有节点为 m，则 n 直连 m 的概率为：

$$p(n, m) = d(m)/[d(0) + d(1) + \cdots + d(M-1)]$$

其中：$d(m)$ 表示节点 m 的节点度；$M$ 为已有节点总数。

NS-3 定义在文件～/src/brite/examples/conf_files/RTBarabasi.conf 中，节点数目为 100，新生节点直连已有节点的边数为 2，节点间点到点链路的带宽设固定的最小值，即 10 Mbit/s。

在 Waxman 随机拓扑示例的基础上，将模型参数文件改为 RTBarabasi.conf，通过 NetAnim 观察拓扑结构，如图 9.18 所示。

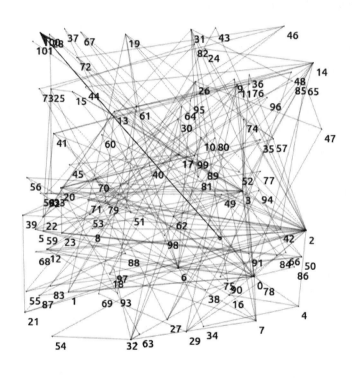

图 9.18　BA 拓扑在 NetAnim 中的 GUI 截图

从图 9.18 可见，序号小的节点与其他节点的连接数目（即节点度）相对较大，这与 BA 模块的优选附接（Preferential Attachment）机制是吻合的。该图中，节点 100 和节点 101 分别为 UdpEcho 的客户机和服务器，动画回放时，可见 UDP 分组的转发路径为（100，0，11，99，101），Echo 分组为对应的反向路径。

将 RTBarabasi.conf 文件中表示节点数的 N 值改为 300 后，通过仿真和 NetAnim 回放，可见 UDP 分组的转路径为（300，0，3，299，301）。路径跳数未发生变化，但 NS-3 仿真

①　A. L. Barabási and R. Albert "Emergence of scaling in random networks"，Science 286，1999，509-512。

的执行时间增长了 2 倍多。当 $N$ 取 5 000 时,在一台装配 4 GB 内存的计算机上,经 28 min 运行,内存占用超过 71%,触发操作系统持续性地在物理内存与虚拟内存之间调度资源,几乎得不到有效计算。这一现象与 NS-3 所欠缺的代码优化有关。

## 9.2.3　数据中心网络

数据中心网络(DCN,Data Center Network)承载了越来越多的服务端业务需求,其拓扑结构的设计及通信性能分析是技术研究的热点。

### 1. FatTree 拓扑生成示例

FatTree 拓扑是在传统树形结构的基础上,考虑了 DCN 服务器的通信需求,以交换机为中间节点的组织方式。FatTree 拓扑网络自上而下分为 3 个层次:边缘层、汇聚层和核心层。其中,汇聚层交换机与边缘层交换机构成一个 pod,如图 9.19 所示。

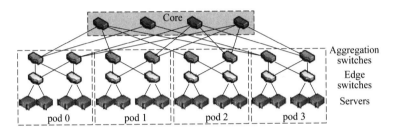

图 9.19　由 4 个 Pod 组成的 FatTree 拓扑示例

设所有交换机的端口数为 $k$。边缘交换机(Edge Switch)的端口一半连接服务器,一半连接汇聚交换机(Aggregation Switch),各为 $k/2$。汇聚交换机的端口一半连接边缘交换机,另一半连接核心交换机。FatTree 采用双归属结构,最大包含 $k$ 个 pod,每个 pod 连接的服务器数目为 $(k/2)^2$,核心交换机数量为 $(k/2)^2$,互连的服务器总数为 $k^3/4$。例如,图 9.19 中 $k = 4$,FatTree 支持的服务器数目为 16。若 $k=48$,则服务器的容量为 27 648。

由 yrksteven 贡献的 NS-3 仿真程序(https://github.com/yrksteven/dcn_simulation_using_ns3)实现了 FatTree 拓扑的生成功能,其中节点创建部分的主要代码如下所示:

```
NodeContainer pod0,pod1,pod2,pod3,core;
pod0.Create (8);
pod1.Create (8);
pod2.Create (8);
pod3.Create (8);
core.Create (4);
InternetStackHelper Stack;
Stack.Install( pod0);
Stack.Install( pod1);
Stack.Install( pod2);
Stack.Install( pod3);
Stack.Install( core);
```

其中,pod0～pod3 包含了 4 个交换机节点和 4 个服务器节点。以 pod0 为例,节点间的点到点链路连接代码如下所示:

```
pod0_dev = NodeToSW.Install( pod0.Get(0), pod0.Get(4));
pod0_dev2 = NodeToSW.Install( pod0.Get(1), pod0.Get(4));
pod0_dev3 = NodeToSW.Install( pod0.Get(2), pod0.Get(5));
pod0_dev4 = NodeToSW.Install( pod0.Get(3), pod0.Get(5));
pod0_dev5 = SWToSW_50ns.Install( pod0.Get(4), pod0.Get(6));
pod0_dev6 = SWToSW_70ns.Install( pod0.Get(4), pod0.Get(7));
pod0_dev7 = SWToSW_50ns.Install( pod0.Get(5), pod0.Get(6));
pod0_dev8 = SWToSW_70ns.Install( pod0.Get(5), pod0.Get(7));
```

其中,NodeToSW 和 SWToSW_xxns 均为 PointToPointHelper 对象,但配置了不同的带宽和延时。相应的地址分配如下所示:

```
Ipv4AddressHelper address;
Ipv4InterfaceContainer pod0_Iface,pod0_Iface2,pod0_Iface3,\\
    pod0_Iface4,pod0_Iface5,pod0_Iface6,pod0_Iface7,pod0_Iface8;
address.SetBase("10.0.0.0","255.255.255.0");
pod0_Iface = address.Assign (pod0_dev);
address.SetBase("10.0.1.0","255.255.255.0");
pod0_Iface2 = address.Assign(pod0_dev2);
address.SetBase("10.0.2.0","255.255.255.0");
pod0_Iface3 = address.Assign(pod0_dev3);
address.SetBase("10.0.3.0","255.255.255.0");
pod0_Iface4 = address.Assign(pod0_dev4);
address.SetBase("10.1.0.0","255.255.0.0");
pod0_Iface5 = address.Assign(pod0_dev5);
address.SetBase("10.2.0.0","255.255.0.0");
pod0_Iface6 = address.Assign(pod0_dev6);
address.SetBase("10.1.1.0","255.255.255.0");
pod0_Iface7 = address.Assign(pod0_dev7);
address.SetBase("10.2.1.0","255.255.255.0");
pod0_Iface8 = address.Assign(pod0_dev8);
```

业务配置方面:在 pod0 和 pod1 的 4 台服务器上安装了 UdpEchoServer,在 pod2 的 3 台服务器上安装了 UdpEchoClient;在 pod0 和 pod1 的另 4 台服务器上安装了 PacketSink;在 pod2 和 pod3 的 4 台服务器上安装了 BulkSendApplication。

yrksteven 的源代码在 NS-3.29 下编译时会因 DropTailQueue 的版本变化产生错误而中止,需对其中点到点链路助手对象调用 SetQueue() 的格式进行修改,格式如下:

```
SWToSW_50ns.SetQueue("ns3::DroTailQueue",\\
                     "MaxSize", StringValue("8p"));
```

经编译运行后,启用 NetAnim 回放仿真生成的动画文件,仿真时间为 1.500 009 58 s 的 GUI 截图如图 9.20 所示。

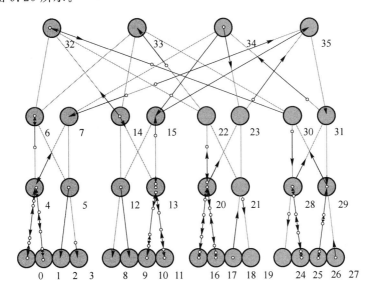

图 9.20　FatTree 仿真的 NetAnim 回放截图

**2. BCube 拓扑生成**

BCube 是最早由微软亚洲研究院提出的一种具有递归结构的 DCN,以低成本交换方式互联服务器节点,如图 9.21 所示。

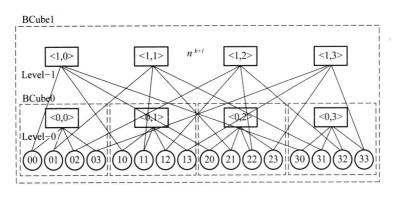

图 9.21　由 4 端口交换机组织的 2 级 BCube 拓扑示意

图 9.21 中,第 0 级 BCube 单元,即 BCube0,由一台交换机连接了 $n$ 个服务器,其中 $n$ 为交换机的端口数目。比如,<0,0>标记的交换机连接了服务器 00～03。设所有服务器均配备 2 个网络端口,BCube0 占用其中一个,另一个连接到第 1 级 BCube 交换机,即 BCube1,连接规则为:

标记为$(i,j)$的服务器直连第 $i$ 个 BCube1 的第 $j$ 个网络端口

例如,图 9.21 的服务器 00 直连了标记为<0,0>的 BCube0 和标记为<1,0>的 BCube1 的第 0 号端口,服务器 10 直连了<0,1>和<1,0>的第 1 号端口。

由 ntu-dsi-dcn 开放的 NS-3 源码包(https://github.com/ntu-dsi-dcn)提供了一个

BCube 仿真示例,其中交换机等级缺省为 3,服务器容量为 64。该仿真示例中,每台服务器安装了开关业务源,目标随机选择其他服务器。需要注意的是,原有开关业务源的配置代码:

```
OnOffHelper oo = OnOffHelper("ns3::UdpSocketFactory",\\
    Address(InetSocketAddress(Ipv4Address(add), port)));
oo.SetAttribute("OnTime",RandomVariableValue(ExponentialVariable(1)));
oo.SetAttribute("OffTime",RandomVariableValue(ExponentialVariable(1)));
```

需将"RandomVariableValue(ExponentialVariable(1))"部分修改为:

```
StringValue("ExponentialRandomVarialbe[Mean = 1.0]")
```

以适应 NS-2.39 对随机数生成接口的格式变迁。

仿真程序经编译运行后,生成一个名为 BCube.xml 的数据流统计文件,部分内容如下所示:

```
<? xml version = "1.0"? >
< FlowMonitor >
    < FlowStats >
        < Flow timesForwarded = "0" lostPackets = "0" rxPackets = "6557" txPackets = "6557"
            rxBytes = "6897964" txBytes = "6897964" lastDelay = " + 17118.0ns"
                    jitterSum = " + 4044.0ns"
            delaySum = " + 112246770.0ns" timeLastRxPacket = " + 99499464968.0ns"
            timeLastTxPacket = " + 99499447850.0ns" timeFirstRxPacket = " + 16090308.0ns"
            timeFirstTxPacket = " + 16069146.0ns" flowId = "1">
                < delayHistogram nBins = "1">
                    < bin count = "6557" width = "0.001" start = "0" index = "0"/>
                </delayHistogram>
                ...
        </Flow >
        ...
    </FlowStats >
    < Ipv4FlowClassifier >
        ...
        < Flow flowId = "1" destinationPort = "9" sourcePort = "49153" protocol = "17"
            destinationAddress = "10.0.11.4" sourceAddress = "10.1.10.4"/>
        ...
    </Ipv4FlowClassifier >
</FlowMonitor >
```

其中,标记< FlowStats >…</FlowStats >包含业务流的统计结果,< Ipv4FlowClassifier >…</Ipv4FlowClassifier >定义了对业务流标识的地址和端口信息。

**3. 传输延时对比分析**

ntu-dsi-dcn 开放的 NS-3 数据中心仿真程序包也提供了对 FatTree 拓扑的示例。为方便对比，以下针对 Fat-Tree.cc 和 BCube.cc 进行统计处理。与 BCube.cc 类似，Fat-Tree.cc 的随机数接口按 NS-2.39 进行小量修改。

简单起见，在仿真程序的 FlowMonitor 对象类处理代码之间，添加以下 CLI 输出代码：

```
Ptr < Ipv4FlowClassifier > classifier = \\
    DynamicCast < Ipv4FlowClassifier > (flowmon.GetClassifier ());
std::map < FlowId, FlowMonitor::FlowStats > stats = \\
    monitor->GetFlowStats ();
for(std::map < FlowId, FlowMonitor::FlowStats >::const_iterator i = \\
    stats.begin (); i != stats.end (); ++i)
{
        std::cout << i->first << "\t";
        std::cout << i->second.delaySum  << "\n";
}
```

CLI 回显的字符串结果包含正负号和单位，经适当处理后得到业务流的延时统计，如图 9.22 所示。

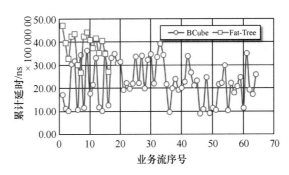

图 9.22　BCube 和 FatTree 拓扑的传输延时统计对比

图 9.22 中，Fat-Tree 只统计了 16 条业务流，因其仿真网络配置了 16 条。尽管如此，从 NS-3 仿真结果可以明确，BCube 拓扑的服务器间路径长度短于 FatTree。

# 9.2.4　第三方拓扑生成软件

NS-3.29 源码包的目录～/src/topology-read 包含了 3 个拓扑生成软件的接口模块，对象类名为 InetTopologyReader、OrbisTopologyReader 和 RocketfuelTopologyReader，分别对应于 3 种拓扑定义格式 Inet、Orbis 和 Rocketfuel，其中 Orbis 生成软件已不再得到支持。NS-3 的助手对象类 TopologyReaderHelper 集成了 3 种拓扑格式文件的读取和转换功能。

**1. Inet 及拓扑生成**

Inet(v3.0)是由密歇根大学研究人员贡献的开源软件包(http://topology.eecs.

umich. edu/inet/inet-3. 0. tar. gz),用于生成能反映因特网 AS 级模型的拓扑图。软件提供命令行交互接口,格式为:

```
inet -n N [-d k] [-p n] [-s sd] [-f of]
```

其中,参数说明如下。

    -n N:指定节点数目。

    -d k:定义节点度为 1 的比例,缺省为 0.3。

    -p n:定义布放平面的正方形的边长,缺省为 10 000。

    -s sd:指定随机数生成器的种子,缺省为 0。

    -f of:指定调试信息的输出文件名,缺省为 stderr。

例如,生成 6 000 个节点拓扑并将结果输出到文件"Inet. 6000"的命令为 inet -n 6000 > Inet. 6000。拓扑生成的格式为:

```
nodes links
...
id x y
...
id1 id2 weight
```

其中:第一行表示节点数和无向边的数;id $x$ $y$ 表示节点序号及平面坐标;id1 id2 weight 表示边的端节点及权重。

助手对象类 TopologyReaderHelper 提供了 3 种成员函数:SetFileName()指定拓扑文件;SetFileType()指定拓扑格式(字符串"Inet"对应以上 Inet 格式);GetTopologyReader() 读取并产生拓扑 TopologyReader 对象。

对象类 TopologyReader 的成员函数 Read()读取指定文件并创建节点,返回节点容器 NodeContainer 对象。成员函数 LinksBegin()和 LinksEnd ()组合用于对边的遍历。

在 NS-3 范例～/src/topology-read/examples/topology-example-sim. cc 中,拓扑对象的创建代码为:

```
std::string format ("Inet");
std::string input (\
      "src/topology-read/examples/Inet_small_toposample.txt");
...
TopologyReaderHelper topoHelp;
topoHelp. SetFileName (input);
topoHelp. SetFileType (format);
Ptr < TopologyReader > inFile = topoHelp. GetTopologyReader ();
```

节点创建的代码为:

```
NodeContainer nodes;
if (inFile != 0)
    nodes = inFile-> Read ();
```

链路创建的代码为：

```
int totlinks = inFile->LinksSize ();
NodeContainer * nc = new NodeContainer[totlinks];
TopologyReader::ConstLinksIterator iter;
int i = 0;
for( iter = inFile->LinksBegin (); \\
    iter ! = inFile->LinksEnd (); iter ++ , i ++ )
{
    nc[i] = NodeContainer (iter->GetFromNode (), iter->GetToNode ());
}
NetDeviceContainer * ndc = new NetDeviceContainer[totlinks];
PointToPointHelper p2p;
for (int i = 0; i < totlinks; i ++ )
{
    p2p.SetChannelAttribute ("Delay", StringValue ("2ms"));
    p2p.SetDeviceAttribute ("DataRate", StringValue ("5Mbps"));
    ndc[i] = p2p.Install (nc[i]);
}
```

**2. Rocketful 及拓扑生成**

Rocketful 是华盛顿大学的研究人员在 ISP 网络之内,通过实际探测收集和别名过滤处理而得到的开放数据库(https://research. cs. washington. edu/networking/rocketfuel/)。例如,自 AS1239 探测到的带边权的格式记录如下：

```
San + Jose, + CA4062 Anaheim, + CA4101 2.5
San + Jose, + CA4062 San + Jose, + CA4119 2
San + Jose, + CA4062 Tacoma, + WA3251 6.5
```

其中,一行为一条记录,空格分割的 3 个部分对应于源节点名、目标节点名和链路名。以上 3 条记录从节点"San+Jose,+CA4062"至"Anaheim,+CA4101""San+Jose,+CA4119"和 "Tacoma,+WA3251"各有 1 条链路,对应边权为 2.5、2 和 6.5。需要注意的是,NS-3 不区分边权的具体内涵。

以范例 topology-example-sim. cc 为基础,将原拓扑格式"Inet"修改为"Rocketfuel",将原数据文件"Inet_small_toposample. txt"修改为"RocketFuel_toposample_1239_weights. txt",即可建立 AS1239 的网络拓扑并进行仿真。命令行回显接收分组的 TTL 值,对应于一对节点之间分组传输所经的跳数。图 9.23 是添加了 NetAnim 跟踪后的动画回放的结果。

图 9.23 拓扑包含 315 个节点和 972 条链,其中节点位置未有明确定义,由 NetAnim 随机设定。

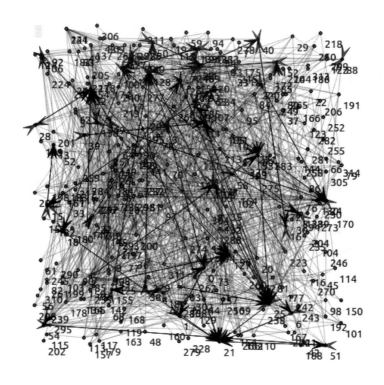

图 9.23　RocketFuel 拓扑仿真在 1.647 910 4 s 的 NetAnim 截图

# 9.3　路由仿真

网络路由的核心功能是,按管理要求或协议功能计算生成路由表,指示分组转发路径。在网络协议体系中,路由归类在控制面,相对应的转发归类在数据面。需要注意的是,控制面路由协议的分组转发仍然依赖于数据面。此外,实际路由器同时支持多种路由功能或协议。

NS-3 路由模块处于发展过程中,版本 2.29 自带的仿真功能有静态路由、全局路由、路由信息协议(RIP)和若干无线路由协议。

## 9.3.1　路由类模块

### 1. 管理与访问接口

NS-3 助手对象类 InternetStackHelper 是常用的协议栈配置接口类,它对主要的仿真模块进行了再封装,其中路由控制部分缺省配置了静态路由和全局路由,所涉对象类如图 9.24 所示。

静态路由按与 IPv4 和 IPv6 协议分别使用了 2 个功能与命名相似的对象类,支持直连路由和手工路由配置;全局路由类 Ipv4GlobalRouting 和 Ipv4GlobalRoutingHelper 提供了集中式的路由计算与配置功能；路由清单类 Ipv4ListRouting 和 Ipv4ListRoutingHelper 以优先级方式管理不同的路由仿真模块，包括扩展的 Rip 等。

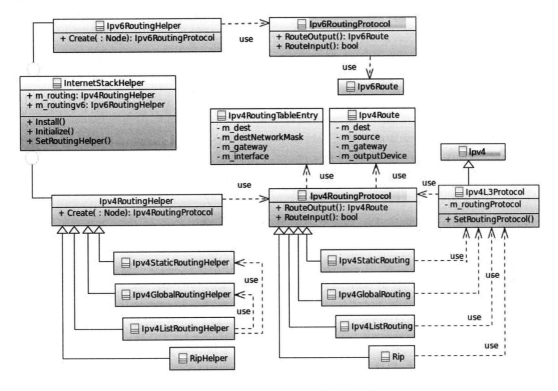

图 9.24　NS-3 路由选路对象类的简要关系

路由协议基类 Ipv4RoutingHelper 为对应的网络节点创建 Ipv4RoutingProtocol 或其派生类的实体，Ipv4RoutingProtocol 定义的成员函数 RouteInput() 和 RouteOutput() 分别用于分组接收和发送处理，其中 RouteOutput() 需要访问路由表（Ipv4RoutingTableEntry）得到路由信息（Ipv4Route）。Ipv4RoutingProtocol 与负责数据面功能的对象类 Ipv4L3Protocol 构成 1:1 的关联关系，具体由后者的成员函数 SetRoutingProtocol() 完成。

对象类 Ipv4Route 的变量成员 m_dest、m_source、m_gateway 分别为宿地址、源地址和下一节点地址，m_outputDevice 指向本地的出端口对象。

对象类 Ipv4RoutingTableEntry 实际是路由表的一条记录（即入口），变量成员 m_dest 和 m_gateway 分别为宿地址和下一节点地址，m_destNetworkMask 为网络掩码，m_interface 则为本地出端口的索引值。自 Ipv4RoutingTableEntry 计算出 Ipv4Route 时，m_interface 至 m_outputDevice 的转换需要利用 Ipv4/Ipv4L3Protocol 提供的索引查找端口对象的功能。

**2. 全局路由的仿真**

集中式全局路由的计算封闭在对象类 SPFVertex 之中，该对象类的定义文件是～/src/internet/global-route-manager-impl.{h, cc}，该文件还同时定义了 GlobalRouteManagerLSDB、GlobalRouteManagerImpl 2 个对象类。

GlobalRouteManagerLSDB 仿真链路状态(LS)数据库(DB)，该数据库的内容取自仿真网络的各节点。GlobalRouteManagerImpl 则主要管理链路状态通告(LSA)、SPFVertex 调用和计算结果的分发。GlobalRouteManagerImpl 的函数 BuildGlobalRoutingDatabase()定义了 LSA 及数据库的生成,函数 InitializeRoutes()为每个网络节点计算 SPF 路由树。

针对全局性要求,对象类 GlobalRouteManagerImpl 只能有一实例,它的创建与访问通过伴随对象类 GlobalRouteManager 来管理,后者的定义文件是～/src/internet/global-route-manager.{h,cc}。此对象类被 Ipv4GlobalRoutingHelper 的函数 PopulateRoutingTables()直接访问。

NS-3 所提供的范例文件 second.cc,显示地调用了全局路由类 Ipv4GlobalRouting-Helper 的静态函数 PopulateRoutingTables(),

对象类 Ipv4RoutingProtocol 定义在文件～/src/internet/model/ipv4-routing-protocol.{h,cc}中,它是由 Object 直接派生的纯虚类,是静态路由和全局路由等模块的父类。

Ipv4RoutingProtocol 包含 4 个回调对象用于分组转发:

(1) UnicastForwardCallback,接收单播分组;

(2) MulticastForwardCallback,接收多播分组;

(3) LocalDeliverCallback,本地接收分组的对象类,通常为上层协议实体;

(4) ErrorCallback,查找不到路由时的出错处理函数。

图 9.25 描述了对象类 Ipv4RoutingProtocol 在选路功能结构中的作用。在上行方向上,来自其他节点的分组在本节点经 UnicastForwardCallback 调用 IpForward()将分组向路径的下一节点转发,或者经 LocalDeliverCallback 向上层协议实体转发。在下行方向上,来自本节点上层协议实体的待发分组,通过 RouteOut()查询输出接口后调用 Ipv4L3Protocol∷Send()向外发送。

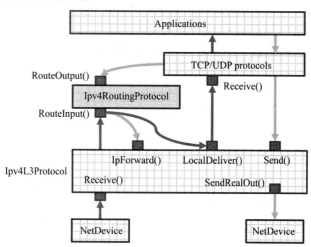

图 9.25　NS-3 的选路功能结构

图 9.25 中,私用成员函数 Ipv4L3Protocol∷IpForward()以函数指针形式传给 Ipv4RoutingProtocol∷RouteInput(),前者间接调用了 SendRealOut()执行实际发送。同样,Ipv4RoutingProtocol∷Send()也间接调用了 Ipv4L3Protocol∷SendRealOut()。

用于节点协议栈创建的助手对象类 InternetStackHelper 在其初始化函数 Initialize()中创建了 3 个从 Ipv4RoutingProtocol 派生的选路助手对象,分别用来支持 IPv4 静态路由、

IPv4 全局路由和 IPv6 静态路由，并将它们加入路由模块列表中。路由模块列表（Ipv4ListRouting）的操作采用了相应助手对象来简化功能调用。

**3. 静态路由的仿真**

对象类 Ipv4StaticRouting 派生于纯虚类 Ipv4RoutingProtocol，主要支持直接路由和命令路由功能。所谓直接路由，是指路由节点的直连端口所构成的路由。所谓命令路由，是指人为设定并通过命令配置的路由。这两类路由不因动态路由协议而随时间发生变化，因此归类为静态路由。

类 Ipv4StaticRouting 的变量成员 m_ipv4 关联到 Ipv4 或 Ipv4L3Protocol 实例；变量成员 m_networkRoutes 为 Ipv4RoutingTableEntry 及成本构成的链表，存储单播路由记录；变量成员 m_multicastRoutes 为 Ipv4MulticastRoutingTableEntry 的链表，用于多播路由。

类 Ipv4StaticRouting 的成员函数：

```
Ptr<Ipv4Route> LookupStatic (Ipv4Address dest, Ptr<NetDevice> oif = 0);
```

以 dest 为关键字从静态路由表查找得到路由信息，其中参数 oif 为查表的过滤条件，其意是忽略出端口与 oif 不一致的路由信息。当 oif 为 0 时，忽略此过滤。函数返回类型 Ptr<Ipv4Route>是智能指针，调用者无须主动删除其内容（详见第 2 章第 4 节的说明）。

LookupStatic()遍历 m_networkRoutes 所记录的路由表，当目标地址与多条路由表记录匹配时，选取前缀最长且成本最小的一条构造并返回 Ipv4Route 实例。

重载自父类 Ipv4RoutingProtocol 的路由查询函数 RouteOutput()，就是从分组头读取目标地址，再调用 LookupStatic()并返回结果。

重载自父类 Ipv4RoutingProtocol 的分组分发函数 RouteInput()，首先判定分组的目标地址是否与接收分组的网络接口相同，若相同，则通过 Ipv4 的回调函数交由上层协议实体接收，否则调用 LookupStatic()，再将结果交由单播转发的回调函数处理。需要注意的是，Ipv4 有 1 个属性"WeakEsModel"，其缺少值为 true，其意是分组交由上层协议时，是否需要遍历所有网络接口。

类 Ipv4StaticRouting 的成员函数：

```
void AddNetworkRouteTo (Ipv4Address network,
                        Ipv4Mask networkMask,
                        Ipv4Address nextHop,
                        uint32_t interface,
                        uint32_t metric);
```

将指定的路由记录的内容添加到 m_networkRoutes 所记录的路由表中，其中 metric 对应的成本缺省为 0。类 Ipv4StaticRouting 以此为基础，定义了不带参数的路由添加函数，包括以"0.0.0.0"为目标的缺省路由添加函数 SetDefaultRoute()。

类 Ipv4StaticRouting 的成员函数 NotifyInterfaceUp()和 NotifyInterfaceDown()分别对指定的接口添加和删除相应的路由表记录，记录目标子网和相应的输出端口。而添加函数是在类 Ipv4StaticRouting 与 Ipv4 相互关联时被直接调用的。因此，NS-3 直接路由在仿真计算开始之前亦已配置完成。

图 9.26 描述了静态路由仿真模块建立与访问直接路由的一般次序。

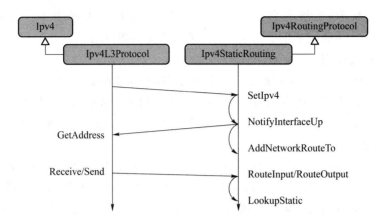

图 9.26 NS-3 的静态路由的建立与访问次序

# 9.3.2 RIP 仿真模块

RIP 全称为路由信息协议(Routing Information Protocol),它是最早得到应用的 TCP/IP 路由协议之一。NS-3 定义了针对 IPv4 的对象类 RIP 和针对 IPv6 的 RIPng,以下主要说明 IPv4 部分。

## 1. RIP 协议分组

对象类 Rip 派生于 Ipv4RoutingProtocol。不同节点内的 RIP 对象实例相互交换 RIP 分组,即具有 RIP 头的 IP 分组。对象类 RipHeader 派生于 Header,该类包含一个 RipRte 的链表,后者也派生于 Header,用于存储路由表条目(Routing Table Entry)。图 9.27 给出了 RIP 分组的简要格式。

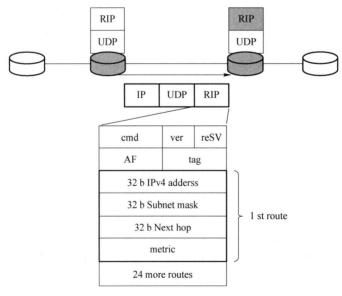

图 9.27 RIP 分组的简要格式

对象类 RipRte 包含 5 个私有变量,分别对应于 RIP 协议头部字段:

- uint16_t m_tag; //! < Route tag.
- Ipv4Address m_prefix; //! < Advertised prefix.
- Ipv4Mask m_subnetMask; //! < Subnet mask.
- Ipv4Address m_nextHop; //! < Next hop.
- uint32_t m_metric; //! < Route metric.

其中:m_tag 对应于自治域号的路由标记(Route Tag);m_prefix 为路由条目的网络地址;m_subnetMask 为子网掩码;m_nextHop 是路由下一跳的 IPv4 地址;m_metric 对应于路径的度量值。

RipRte 是 RIP 路由器通告其他路由器的信息来源,也是收到其他路由通告后的存储单元。

### 2. RIP 选路实体

对象类 RipRoutingTableEntry 派生于 Ipv4RoutingTableEntry,附加了 4 个私有变量:

- uint16_t m_tag; //! < route tag
- uint8_t m_metric; //! < route metric
- Status_e m_status; //! < route status
- bool m_changed; //! < route has been updated

其中:m_tag 表示路由来源;m_metric 表示路由度量值;m_status 为枚举值,可取 RIP_VALID 或 RIP_INVALID;m_changed 表示路由内容是否发生了更新。

对象类 RIP 定义了 6 个定时器,并按不同定时事件建立路由表(RipRoutingTableEntry)的 map 结构。定时器包括:

- Time m_startupDelay; //! < Random delay before protocol startup.
- Time m_minTriggeredUpdateDelay;
- Time m_maxTriggeredUpdateDelay;
- Time m_unsolicitedUpdate;
- Time m_timeoutDelay; //! < Delay before invalidating a route
- Time m_garbageCollectionDelay;

其中:m_startupDelay 用于 RIP 协议启动延时;m_minTriggeredUpdateDelay 和 m_maxTriggeredUpdateDelay 用于路由更新周期的设置;m_unsolicitedUpdate 为通告周期;m_timeoutDelay 为路由老化周期;m_garbageCollectionDelay 为无效路由清除周期。

转发面上,重载的成员函数 RIP::RouteOutput()调用 Lookup()遍历路由表,排除路由表中状态为 RIP_INVALID 的条目,构造并返回 Ptr < Ipv4Route >对象。

控制面上,重载的成员函数 Rip::DoInitialize ()遍历所有网络接口启用 UDP 发送和接收的套接口,并根据配置参数安排 3 个定时事件,分别为协议启动事件和路由通告事件。

协议启动事件调用了函数 Rip::SendRouteRequest ()向其他路由器请求路由。路由通告事件调用了函数 Rip::DoSendRouteUpdate()遍历所有 UDP 发送套接口,向其他路由器发送本地路由条目。而重载的成员函数 Rip::Receive()对路由请求调用 HandleRequests(),将路由表信息 RipRte 装入分组的 RipHeader 并回传至请求者;对路由响应调用 HandleResponses (),解析出分组的路由信息并存储在本地,检查变更情况后启动老化定时器。

RIP 的初始路由信息来自本地接口,在函数 Rip∷SetIpv4()中遍历所有启用的网络接口,调用 NotifyInterfaceUp()将这些接口直连网段添加到本地路由表。而 SetIpv4()是在 InternetStackHelper 装配到节点时被 Ipv4Protocol∷SetRoutingProtocol()调用的,因此,直连网段在仿真网络设置时已进入本地路由表。

### 3. 仿真配置助手

对象类 RipHelper 派生于 Ipv4RoutingHelper,其公有的虚拟成员函数:

```
Ptr < Ipv4RoutingProtocol > RipHelper∷Create (Ptr < Node > node);
```

创建了 Rip 对象实例,并调用节点 Node 的成员函数 AggregateObject()将该实例装配到节点 node。成员函数 Set()为 Rip 配置属性参数、参数名及值类型,主要包括:

(1) UnsolicitedRoutingUpdate,路由通告周期,值类型为 TimeValue,缺省为 TimeValue (Seconds(30));

(2) StartupDelay,路由协议启动的延时,值类型为 TimeValue,缺省为 TimeValue (Seconds(1));

(3) TimeoutDelay,路由条目的老化时间,值类型为 TimeValue,缺省为 TimeValue (Seconds(180));

(4) GarbageCollectionDelay,无效路由清除时长,值类型为 TimeValue,缺省为 TimeValue(Seconds(120));

(5) LinkDownValue,针对路由无穷计数的上限,类型为 UintegerValue,缺省为 16。

其中,参数"LinkDownValue"对应于跳数的上限,防止 RIP 协议出现无穷计数漏洞。

成员函数:

```
SetDefaultRouter (Ptr < Node > node, Ipv4AddressnextHop,\\
                    uint32_t interface);
```

为节点 node 配置一条缺省路由。

成员函数:

```
ExcludeInterface (Ptr < Node > node, uint32_t interface);
```

将节点 node 序号为 interface 的直连路由排除在路由表之外。

成员函数:

```
SetInterfaceMetric (Ptr < Node > node, uint32_tinterface,\\
                    uint8_t metric)
```

为节点 node 中序号为 interface 的直连路由人为设置度量值为 metric。

继承于 Ipv6RoutingHelper 的静态成员函数:

```
static void PrintRoutingTableAt (TimeprintTime,\\
                    Ptr < Node > node,\\
                    Ptr < OutputStreamWrapper > stream,\\
                    Time∷Unit unit = Time∷S);
```

在指定的仿真时间 printTime 向输出流 stream 打印节点 node 的路由表。

### 4. 仿真范例

文 件 ～/examples/routing/rip-simple-network.cc 是 RIP 路由仿真的范例,其网络仿真的拓扑结构如图 9.28 所示。

图 9.28 中,RIP 部署在中间路由器 a～d,且 net1 和 net7 对应的网段排除在 RIP 路由信息之外。为此,在端节点 src 和 dst 分配了静态路由,分别以 a 和 d 为缺省网关。另外,net5 标记的链路,对应的 metric 配置为 10,以使 src 至 dst 的转发路径经由节点 b。在仿真时间 40 s 时,安排了将 net6 中断的事件,以便观察 RIP 动态重路由的功能。RIP 路由配置的代码主要包括:

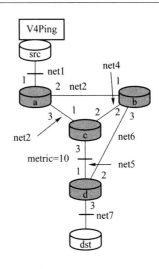

图 9.28　RIP 范例的拓扑及网络配置示意

```
RipHelper ripRouting;
ripRouting.ExcludeInterface (a, 1);
ripRouting.ExcludeInterface (d, 3);
ripRouting.SetInterfaceMetric (c, 3, 10);
ripRouting.SetInterfaceMetric (d, 1, 10);
Ipv4ListRoutingHelper listRH;
listRH.Add (ripRouting, 0);
InternetStackHelper internet;
internet.SetRoutingHelper (listRH);
internet.Install (routers);
```

其中,routers 为包含所有中间路由器节点的容器。节点的静态路由配置代码为:

```
InternetStackHelper internetNodes;
internetNodes.Install (nodes);
...
Ptr < Ipv4StaticRouting > staticRouting;
staticRouting = Ipv4RoutingHelper::GetRouting < Ipv4StaticRouting >\\
    (src-> GetObject < Ipv4 > ()-> GetRoutingProtocol ());
staticRouting-> SetDefaultRoute ("10.0.0.2",1 );
staticRouting = Ipv4RoutingHelper::GetRouting < Ipv4StaticRouting >\\
    (dst-> GetObject < Ipv4 > ()-> GetRoutingProtocol ());
staticRouting-> SetDefaultRoute ("10.0.6.1",1 );
```

其中:nodes 是包含 src 和 dst 的节点容器;地址 10.0.0.2 为路由器节点 a 的网络接口;地址 10.0.6.1 为路由器节点 d 的网络接口。

仿真计算过程中,在 net6 中断的前后时间向 CLI 输出了中间路由器的路由表,主要代码如下:

```
Ptr<OutputStreamWrapper> routingStream = \\
    Create<OutputStreamWrapper>(&std::cout);
routingHelper.PrintRoutingTableAt(Seconds(30.0),\\
    a, routingStream);
...
routingHelper.PrintRoutingTableAt(Seconds(60.0),\\
    a, routingStream);
...
routingHelper.PrintRoutingTableAt(Seconds(90.0),\\
    a, routingStream);
```

仿真程序经编译运行后，得到节点 a(序号为 2)在 30 s、60 s 和 90 s 的 3 个路由表，其中图 9.28 的 net7 部分如表 9.3 所示。

**表 9.3　RIP 仿真范例的部分输出**

| 时间/s | Destination | Gateway | Genmask | Flags | Metric | Iface |
|---|---|---|---|---|---|---|
| 30 | 10.0.6.0 | 10.0.1.2 | 255.255.255.0 | UGS | 3 | 2 |
| 60 | 10.0.6.0 | <不可达> | | | | |
| 90 | 10.0.6.0 | 10.0.2.2 | 255.255.255.0 | UGS | 12 | 3 |

表 9.3 中，60 s 时一行未有显示，Flags 一列中 UGS 表示有效(U)的网络关(GS)。从该表可以看出：在 net6 中断之前，src 至 dst 的路径经历了节点(a,c,d)，路径度量为 3；中断之后，该路径中断；经动态路由恢复后，该路径经历了节点(a,b,d)，路径度量为 12。这一过程同样可以通过事件跟踪文件及分组捕获记录文件得到佐证。

## 9.3.3　Nix 矢量选路仿真

Nix-Vector 选路的 Nix 为 Neighbor-Index 的缩写，由分组的源节点明确中间路由器的转发接口。Nix 矢量选路并未得到实际应用，但因其良好的轻量化和规模可扩展性能而得到研究人员的关注。

**1. 选路的基本操作方法**

以下按图 9.29 所示的网络拓扑为例来说明 Nix-vector 及选路操作过程。

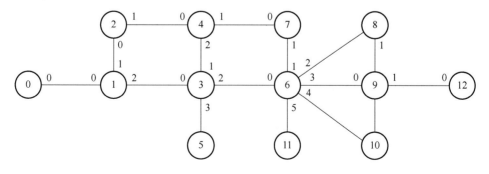

图 9.29　Nix-vector 选路操作的示例网络

图 9.29 中的每个节点有数量不等的邻居节点,并通过本地接口序号索引。比如节点 1,通过 0 号索引到节点 0,通过 1 号索引到节点 2,通过 2 号索引到节点 3。根据接口数目的上限,可以为节点固定长度的比特位长度用于记录索引值。如果接口数目上限为 64,则需要分组 6 个比特位。

针对图 9.29 的路径(0,1,3,6,9,12),历经节点的输出接口的索引号可表示为(0,10,10,011,1)。如此,得到一个邻居索引矢量 **_010100111_**,该矢量由源节点 0 预先计算得到。有分组发送时,该矢量可以替代 IP 地址起到路由指示作用。

显然,通过最短路径计算得到路由信息经 Nix-vector 编码后,开销在可接收范围之内。

**2. Nix 仿真对象类**

NS-3 对象类 Ipv4NixVectorRouting 定义在文件～/scr/nix-vector-routing/model 目录之下,派生于 Ipv4RoutingProtocol,其中涉及 NixVector,定义于～/src/network/model/nix-vector.{h,cc}中。

对象类 NixVector 以 32 位长数组来存储 Nix 矢量,并由变量成员 m_totalBitSize 来记录使用的比特位数。当新增的 Nix 矢量超出已分配的存储数组时,动态扩展数据长度。

对象类 Ipv4NixVectorRouting 的私有成员函数 BFS()采用宽度优先搜索算法,为指定的源节点和目标节点计算最短路径,并返回该路径。该函数只被私有成员函数 GetNixVector()调用,后者只被重载的成员函数 RouteOutput()调用,在本地节点建立 NixVector。RouteOutput()在向输出接口发送分组时,检查 NixVector 是否在缓存中预先已有建立,如有则转换为 Ipv4Route,如无则将新建的 NixVector 进行缓存,并将 NixVector 添加在输出分组中。

重载的成员函数 RouteInput()对接收到的待转发分组,获取分组中的 NixVector,并依此转换得到 Ipv4Route 进行转发。重载的成员函数 PrintRoutingTable()向输出流打印 NixVector 缓存和 Ipv4Route 缓存。另外,网络接口的启停和网络地址的变更,均将全局变量成员 g_isCacheDirty 置为 true,如此引发所有节点重新构造其 NixVector。

助手对象类 Ipv4NixVectorHelper 派生于 Ipv4RoutingHelper,主要重载了成员函数 Create(),功能就是创建 Ipv4NixVectorRouting 对象,并由节点的 AggregateObject()配备到节点中。

**3. 仿真范例**

文件～/src/nix-vector-routing/examples/nix-simple.cc 是 Nix 选路的仿真范例,其网络拓扑包含 4 个节点(n0～n3),以点到点链路串接方式互联。作为主机的两个端节点分别安装了 UdpEchoClient 和 UdpEchoSever。Nix 选路模块的配置较为简单,代码如下所列:

```
Ipv4NixVectorHelper nixRouting;
InternetStackHelper stack;
stack.SetRoutingHelper (nixRouting);
stack.Install (allNodes);
```

其中,参数 allNodes 为包含 4 节点的容器对象。Nix 路由表可通过 Ipv4RoutingHelper 的成员函数 PrintRoutingTableAllAt()输出到指定输出流,如下所示:

```
Ptr<OutputStreamWrapper>routingStream =\\
    Create<OutputStreamWrapper>("nix-simple.routes",\\
                                std::ios::out);
nixRouting.PrintRoutingTableAllAt (Seconds (8), routingStream);
```

其中,nix-simple.routes 为输出文件名,Nix 路由表内容如下所示:

```
Node: 0, Time: +8.0s, Local time: +8.0s, Nix Routing
NixCache:
Destination        NixVector
10.1.3.2           011
Ipv4RouteCache:
Destination        Gateway        Source          OutputDevice
10.1.3.2           10.1.1.2       10.1.1.1        1
...
Node: 3, Time: +8.0s, Local time: +8.0s, Nix Routing
...
Ipv4RouteCache:
Destination        Gateway        Source          OutputDevice
10.1.1.1           10.1.3.1       10.1.3.2        1
```

其中:在序号为 0 节点的 Nix 路由信息中,与目标地址 10.1.3.2 所对应的 Nix 矢量为 **011**,3 位比特分别对应于 0 号节点的 0 号接口、1 号节点的 1 号接口和 2 号节点的 1 号接口;在序号为 3 的 Nix 路由信息中,与目标地址 10.1.1.1 对应的 Nix 矢量为 **000**,3 位比特指明了 3 号、2 号和 1 号节点的转发接口。

# 习题与思考题

## 第1章 NS-3 仿真概要

1.1 用 Python 语言编写蒙特卡罗法计算圆周率的仿真程序,并与如下所列 BBP 计算式对比,仿真正确性和计算收敛性:
$$\pi = \sum_{i=0}^{\infty} \left[ \frac{1}{16^i} \left( \frac{4}{8i+1} - \frac{2}{8i+4} - \frac{1}{8i+5} - \frac{1}{8i+6} \right) \right]$$

1.2 在 Ubuntu 系统中使用 LXC 工具完成 NS-3 仿真器源码包的下载与安装。

1.3 执行 NS-3 教学范例的前 3 个仿真程序,比较 Python 脚本和 C++程序编写的异同点。

1.4 从教学范例总结 NS-3 仿真程序编写的主要步骤。

## 第2章 离散事件系统及仿真方法

2.1 参考教学范例 fourth. {py,cc}设计 $D/D/1$ 排队机的仿真程序。

2.2 NS-3 对象类 ExponentialRandonVarible 的公有成员函数 GetValue()得到一个负指数分布随机数,属性"Mean"表示统计平均。设计程序统计给定时长内事件数 $n$ 的比率 $P(n)$,并与泊松分布对比。

2.3 结合 2.1 和 2.2,设计 $M/D/1$ 排队机仿真程序。

2.4 NS-3 的 Packet 对象类的创建函数 Create < Packet >(int size)可以创建长度为 size 字节的分组。结合 2.2 和 2.3 设计分组长度满足负指数分布的 $M/M/1$ 排队机仿真程序,并与理论预期比较排队时延。

2.5 通过以下代码:

```
GlobalValue::Bind("SimulatorImplementationType",\
                StrinValue("ns3::RealTimeSimulator"));
```

启用实时调度器。试将 fourth. cc 修改为实时仿真,观察实际计算时长和结果的一致性。

2.6 NS-3 中派生于 Object 的 Node 对象类可以聚合 Internet 协议栈(比如 Ipv4L3-Protocol)、路由协议(比如 Ipv4GlobalRouting)、网络接口(比如 WiFiNetDevice)和移动性(比如 MobilityModel)等功能仿真对象。以 MobilityModel 为例,获取该对象的典型代码如

下所列：

```
Ptr<MobilityModel> m = n->GetObject<MobilityModel>();
```

其中，变量 $n$ 的类型为 Ptr<Node>。试以范例 first.cc 为基础，编写获取序号为 0 的节点的
Ipv4L3Protocol、Ipv4GlobalRouting、WiFiNetDevice 对象，并判定其有效性。

# 第 3 章　仿真跟踪与统计

3.1　吞吐量、宽带和投送率均以 bit/s 为单位，延时和抖动均以 s 为单位，试述这些性
能参数的差异性和适用的仿真跟踪对象。

3.2　使用开源协议分析工具 wireshark，观察教学范例 second.cc 仿真得到的分组捕
获文件 second-{0|1|2}-0.pcap，分析分组收发时序。

3.3　NS-3 对象类 AsciiTraceHelperForDevice 是 CsmaHelper、WiFiPhyHelper 和
PointToPointHelper 的基类，其公有成员函数 EnableAsciiAll( ) 将网络接口设备的收发分
组记录以文本方式记录到指定文件中。试为教学范例 first.cc 增加其点到点链路的分组跟
踪功能，并观察记录格式。

3.4　NS-3 对象类 InternetStackHelper 继承了父类 AsciiTraceHelperForIpv4 的公有
成员函数 EnableAsciiAll( )，功能是将 IPv4 对象的分组收发以文本方式记录到指定文件
中。试为教学范例 fifth.cc 增加所有节点分组跟踪功能，并观察记录格式。

3.5　以教学范例 first.cc 链路的分组收发跟踪记录为对象，使用操作系统 CLI 命令
sed 过滤得到分组事件类型、仿真时间和节点序号。

3.6　以教学范例 fifith.cc 节点的分组收发跟踪记录为对象，使用操作系统 CLI 命令
gawk 过滤得到接收节点的接收事件，回显仿真时间和累计分组数，依此编写 Gnuplot 绘图
脚本，得到统计曲线图。

# 第 4 章　TCP 传输仿真

4.1　IPv4 分组头 IPv4Header 定义在源码文件～/src/internet/ipv4-header.{h,cc}
中，TCP 段头 TcpHeader 定义在文件～/src/internet/tcp-header.{h,cc}中。参考 IP 显示
拥塞通告（ECN）和 TCP 的 ECE（ECN-Echo）编码，设计扩展方案，在 TCP 头 Reserved 字段
分配 1 个比特位表示端到端连接是否包含无线链路。

4.2　以范例 fifth.cc 为基础添加节点分组跟踪功能，从记录文件分析 TCP 连接建立
和拆除的分组收发时序。

4.3　NS-3 对象类 TcpSocketBase 的属性 TimeStamp 缺省为 BooleanValue（true），所
以 TCP 仿真中 TCP 段头均包含时戳选项。以范例 fifth.cc 为基础，添加节点分组跟踪功
能，观察 TimeStamp 设置为 BooleanValue（false）前后的记录差异。

4.4　以范例 fifth.cc 为基础，设计服务端（PacketSink）分组接收的跟踪响应函数，参考
～/src/internet/model/tcp-socket-base.cc 第 1 264 行和函数 ProcessOptionTimestamp( )

提取发送时戳,并与接收时的仿真时间相减得到分组传送延时。

4.5 在实际应用中,为避免长时间无数据交互时而产生 TCP 连接拆除,应用程序需要周期性发出心跳数据。以范例 fifth.cc 为基础,模拟心跳数据的定时发送。

# 第 5 章 拥塞控制仿真

5.1 以 NS-3 范例～/examples/tcp/tcp-variants-comparison.cc 为基础,将客户端发送序号的跟踪函数 NextTxTracer()的功能修改为文件记录,比较运行参数设置为"--error_p＝0.01"和"--error_p＝0.0"的仿真结果。

5.2 以 NS-3 范例～/examples/tcp/tcp-variants-comparison.cc 为基础,跟踪不同拥塞控制算法的拥塞窗口时变特性。

5.3 结合 NS-3 范例～/src/netanim/examples/dumbbell-animation.cc 设计哑铃形拓扑,并对比分析 TCP 拥塞算法的吞吐性能。

5.4 结合上例,设计 UDP 业务流对 TCP 传输性能的影响,分析不同 UDP 负荷强度下 TCP 可用带宽的减少趋势。

# 第 6 章 以太网仿真

6.1 设计点到点链路和 CSMA 互连 2 节点的 2 种拓扑,配置 UDP 业务分组传输仿真,提供命令行控制参数"--linkType＝0|1",对比观察 2 种网络的最大吞吐量。

6.2 以 6.1 为基础,配置 TCP 传输仿真,提供命令行控制参数"--transType＝0|1",观察拥塞窗口的时变性,分析以太网半双工特性对 TCP 吞吐量的影响。

6.3 设计 4 个网桥串接成的环形拓扑,配置 2 个终端节点及 V4Ping 应用,跟踪任一节点的 IP 分组收发,观察网络风暴现象,并分析技术原因。

6.4 分析 STP 仿真扩展的技术需求,设计功能模块结构、BPDU 分组头、冗余端口的阻断控制流程,验证网络风暴抑制作用。

6.5 以 CSMA 模块为基础,设计 CSMA/CD 信道的冲突检测和终端冲突退避的仿真扩展功能,实验观测网络吞吐性能。

6.6 参考范例～/src/tap-bridge/examples/tap-csma.cc,设计仿真局域网与物理网络之间虚实结合的实验环境,并与真实网络实验进行对比分析。

# 第 7 章 无线局域网仿真

7.1 以范例～/examples/wifi-adhoc.cc 为基础,用 ConstantVelocityMoblityModel 对象类替代其中一个节点的移动模型,观测节点间距对信号可达性的影响。

7.2 以范例～/examples/wifi-hidden-terminal.cc 为基础,设计站点暴露效应的仿真

程序,对比站点隐藏的吞吐性能。

7.3 以范例~/examples/wifi-pcf.cc 为基础,对比分析 DCF 和 PCF 的业务性能和系统吞吐量。

7.4 参考范例~/examples/wifi-tcp.cc 和 6.2 题,设计点到点链路、CSMA 和 WLAN 互联环境下 TCP 性能的实验,分析共享信道对拥塞窗口的影响。

7.5 设计多站点接入同一 AP 的仿真拓扑,随机配置 UDP 业务流,实验观测无线局域网的最大吞吐性能,检索二维马氏链理论的评估结果,进行一致性分析。

7.6 参考第 2 章的 MPI 并行计算方法,设计无线局域网的并行仿真技术方案。

# 第8章 无线互联的网络仿真

8.1 执行范例~/examples/wireless/wifi-simple-adhoc-grid.cc,启用 tracing＝true 运行参数,从路由记录文件 wifi-simple-adhoc-grid.routes 分析 0 号节点至 24 号节点的路径及建立时间。

8.2 以 8.1 题拓扑为基础,分别配置 AODV、DSDV、DSR 和 OLSR 的 MANET 路由协议,通过对比分析路径建立时间说明不同路由协议的性能。

8.3 以 8.2 题拓扑为基础,配置 V4Ping 应用探测节点间的可达性,为不支持 ICMP 和广播分组转发的路由协议设计功能扩展方案。

8.4 针对无线 Ad-hoc 组网,针对站点暴露效应对 TCP 传输的自干扰作用,设计仿真实验,对比观察不同类型拥塞控制算法的适应性。

8.5 参考 8.4.4 讨论的显示链路失效的通告机制,设计邻居失效消息与 TCP 联合的跨层控制方案,仿真分析 MANET 拓扑变动的拥塞窗口恢复性能。

8.6 参考范例~/src/lte/examples/lena-x2-handover-measures.cc,在 UE 终端和 RH 对端配置 UDP 业务流,仿真分析 QoS 性能。

8.7 设计 MANET 与 LTE 冗余互联网络,实验观察业务承载的可靠性。

# 第9章 系统级网络仿真

9.1 设计指数分布业务流聚合仿真,统计聚合流的统计特性,并与马氏过程可加性特征进行一致性分析。

9.2 设计随机拓扑和随机分布 TCP 流的聚合仿真,观察聚合流的突发性和自相似性,并与统计型 HTTP 业务流特性进行对比。

9.3 参考 7.2.4 节 LEO 星座位置仿真计算,考虑同轨道前后直连、相邻轨道近邻直连的拓扑,设计 LEO 互联网的路由仿真,分析端到端传输延时和抖动。

9.4 引入 OSPF-NS3 扩展模块,修改代码中的版本兼容性问题,与 RIPv4 路由进行对比性仿真。

# 参 考 文 献

［1］ 谢希仁. 计算机网络［M］. 5 版. 北京:电子工业出版社,2008.

［2］ 周炯槃,庞沁华,续大我,等. 通信原理［M］. 4 版. 北京:北京邮电大学出版社,2015.

［3］ 周炯槃. 通信网理论基础［M］. 北京:人民邮电出版社,2009.

［4］ 谭浩强. C 程序设计［M］. 4 版. 北京:清华大学出版社,2010.

［5］ RITCHIE D M, KERNIGHAN B W. The C Programming Language［M］. 北京:机械工业出版社,2013.

［6］ 李建东,盛敏. 通信网络基础［M］. 2 版. 北京:高等教育出版社,2011.

［7］ 唐宝民,王文鼐,李标庆. 电信网技术基础［M］. 北京:人民邮电出版社,2004.

［8］ 唐加山. 排队论及其应用［M］. 北京:科学出版社,2016.

［9］ GOLDSMAN D. A Brief History of Simulation［C］ // 2009 Winter Simulation Conference（WSC）,2009：310-313.

［10］ LAMPORT L. Time,Clocks and the Ordering of Events in a Distributed System ［J］. Communications of the ACM,1978,21(7):558-565.

［11］ FUJIMOTO R M. Parallel and Distributed Simulation Systems［M］. Hoboken: Wiley,2000.

［12］ NICHOLS K,JACOBSON V. Controlling Queue Delay:A modern AQM is just one piece of the solution to bufferbloat［J］. ACM Queue,2012,10(5)：20-34.

［13］ MEDINA A,LAKHINA A,MATTA I,et al. Brite:an approach to universal topology generation［C］ // Modeling,Analysis and Simulation of Computer and Telecommunication Systems,2001:346-353.

# 附录　NS-3 编译安装说明

开源网络仿真软件包 NS-3 的编译和安装主要参考开发团体的网站 https://www.nsnam.org 和 gitlab 镜像网站 https://gitlab.com/nsnam/ns-3-dev，以及部分中国境内的开源论坛。

**1. 安装环境准备**

NS-3 基于 GNU/Linux 平台开发，主要支持的计算机平台如附表 1 所示。

附表 1　NS-3 支持的系统

| 操作系统 | CPU 架构 | 编译器 |
|---|---|---|
| Linux | x86 和 x86_64 | GCC/G++ > 4.9 |
| MacOS | x86 | LLVM > 8.0.0 |
| FreeBSD | x86_64 | clang/LLVM > 3.9 |

相较于 MacOS、FreeBSD，Linux 操作系统的用户数更多，NS-3 在 Linux 上的讨论信息也更为丰富。以下主要讨论基于 Linux 的 NS-3 安装过程。目前 Linux 的发行版本十分丰富，包括 Ubuntu、CentOS、Rad Hat 等。NS-3 用户可依据需要任选。以下针对 Ubuntu18.04，说明 NS-3 的安装过程。

对于 Microsoft Windows 用户，可使用虚拟机技术安装 Linux。另外，在独立物理机上直接安装 Linux，或者通过云服务提供的虚拟机，都是可行的选择。

1）虚拟机安装 Linux

基于虚拟机的安装过程简单，且不影响宿主机的正常使用。但这种方式存在运行效率低的问题，尤其是资源配置较低时更为明显。

常用的虚拟机平台软件有 VMware Workstation Pro 和 VirtualBox，前者功能丰富，后者占用资源较少。安装过程可分为 2 步：

（1）在虚拟机平台软件中新建一台虚拟机，并设置虚拟机的物理参数；

（2）在虚拟机中安装 Ubuntu 操作系统。

使用的 Ubuntu 镜像为 64 bit 版本，虚拟机内存为物理内存的四分之一（此处为 2048 MB），虚拟磁盘容量为 30 GB，其他参数默认。根据需求，可选择虚拟机的网络连接方式，NAT、桥接均可。

虚拟机安装 Ubuntu 操作系统，需要事先下载好 Ubuntu 镜像文件，由虚拟机平台选择镜像文件，按指示完成后续操作。

2）物理机安装 Linux

物理机安装 Linux 的优点是系统运行速度快、稳定性高，但安装步骤较复杂，操作出错可能影响原有操作系统。安装过程可分为 3 步：

（1）下载 Ubuntu 镜像文件，插入存储空间足够的 U 盘，使用 UltralSO 等待软件制作 U 盘启动盘；

（2）U 盘启动前，需在系统 BIOS 中将 U 盘启动盘的优先级设置为最高；

（3）跟随 Ubuntu 的引导完成安装。

安装过程中，需要对磁盘进行合理分区。操作前需要特别注意，原系统数据需进行备份，以防止系统损坏导致数据丢失。

3）云服务器安装 Linux

常用的云计算提供商，诸如腾讯云、阿里云和华为云，大多代为安装了 Linux 操作系统，其硬件参数也可以动态改变，能够动态满足计算需求。不过服务器端缺少桌面环境，且需要具备使用云服务器的权限。

**2. NS-3 依赖包安装**

NS-3 使用 C/C++语言开发，同时提供 Python 访问接口。在安装 NS-3 之前需要安装好 GCC/G++编译器（版本大于等于 4.9）和 Python（版本大于等于 3.5）。此外，NS-3 还需要其他软件包的支持，包括版本控制软件 Mercurial、文档生成软件 Doxygen、程序调试器 gdb 和 valgrind 等。在不同的 Linux 发行版中其依赖包的名称也会有所不同。

为加快下载速度，可将系统的软件源切换到国内镜像站点，如阿里云、豆瓣等。以下列出依赖包的安装命令，将这些命令写入 shell 脚本，一步执行即可。

```
sudo apt-get install g++ python3 -y
sudo apt-get install g++ python3 -y
sudo apt-get install python3dev pkgconfig sqlite3 -y
sudo apt-get install python3-setuptools git -y
sudo apt-get install autoconf cvs bzr unrar -y
sudo apt-get install gdb valgrind -y
sudo apt-get install uncrustify -y
sudo apt-get install doxygen -y
sudo apt-get install graphviz imagemagick -y
sudo apt-get install texlive texlive-extra-utils  -y
sudo apt-get install texlive-latex-extra -y
sudo apt-get install texlive-font-utils -y
sudo apt-get install dvipng latexmk -y
sudo apt-get install python3-sphinxdia -y
sudo apt-get install gsl-bin libgsl-dev
sudo apt-get install libgsl23 libgslcblas0 -y
sudo apt-get install tcpdump -y
sudo apt-get install sqlite sqlite3 libsqlite3-dev -y
sudo apt-get install libxml2 libxml2-dev -y
sudo apt-get install cmake libc6-dev -y
sudo apt-get install libc6-dev-i386 -y
sudo apt-get install libclang-6.0-dev -y
```

```
sudo apt-get install llvm-6.0-dev automake pip -y
sudo python3 -m pip install --user cxxfilt -y
sudo apt-get install libgtk-3-dev -y
sudo apt-get install vtun lxc uml-utilities -y
sudo apt-get install libboost-signals-dev -y
sudo apt-get install libboost-filesystem-dev -y
sudo apt-get install qt5-default mercurial -y
```

其他发行版系统的安装命令与之类似,具体可以参考 https://www.nsnam.org/。

**3. 下载 NS-3 源码包**

有两种手动下载 NS-3 源码包的方法:其一是使用 Mercurial;其二是下载 tar 格式压缩包。

1) 使用 Mercurial 下载

首先使用 Git 下载 ns-3-allinone。在 CLI 或终端窗口输入以下命令:

```
cd
mkdri repos
cd repos
git clone https://gitlab.com/nsnam/ns-3-allinone.git
```

命令执行过程中,CLI 提示信息如下所列:

```
Cloning into 'ns-3-allinone'...
remote:Enumerating objects:232,done.
remote:Counting objects:100% (232/232),done.
remote:Compressing objects:100% (121/121),done.
remote:Total 232 (delta 135),reused 197 (delta 108)
Receiving objects:100% (232/232),99.76 KiB | 513.00 KiB/s,done.
Resolving deltas:100% (135/135),done.
```

然后,使用命令 cd 进入的 repos 下的 ns-3-allinone 文件目录,包含以下文件:

```
build.py *   constants.py  dist.py *   download.py *   README  util.py
```

完成下载后,使用这些脚本来构建 NS-3。在 ns-3-allinone(此处下载的版本为 3.30)目录下执行命令:

```
./download.py -n ns-3.30
```

执行以上命令下载完源码包后,ns-3-allinone 目录下的内容大致为:

```
bake netanim-3.108 ns-3.30  pybindgen- build.py
constants.py README util.py
```

其中,子目录 ns-3.30 的内容大致为:

```
bindings doc src utils waf-tools AUTHORS CHANGES.html
LICENSE  README RELESE_NOTES test.py utils.py waf waf.bat wscript wutils.py
```

2) 下载 Tarball 压缩包的方法

在 CLI 或终端窗口输入以下命令:

```
cd
mkdir tarballs
cdtarballs
wget -c  http://www.nsnam.org/release/ns-allinone-3.30.tar.bz2
```

待下载完成后,解压以下 tar 包,具体命令如下所列:

```
tar xjf  ns-allinone-3.30.tar.bz2
```

解压生成的文件目录 ns-allinone-3.30 中可见 NS-3 所有文件。

### 4. 编译安装 NS-3

初次编译 NS-3 应在 allinone 目录下进行。进入 ns-3-allinone(Mercurial 方式下载)或者 ns-allinone-3.30(Tarball 方式下载)文件目录,可见 build.py 文件。在 CLI 或终端窗口下,执行如下命令:

```
.\build.py
```

结果将显示大量的过程信息,若见到如下内容,表明编译脚本构建完成:

```
Build finished successfully(00:10:20)

Leaving directory'./ns-3.30'
```

接下来,进入 ns-3-3.30 文件目录,使用 waf 工具进行操作。执行命令:

```
./waf configure --enable-examples -enable-tests
```

2 个参数启用示例程序和测试程序的编译和安装。

### 5. 安装验证

NS-3 完成编译后,有 2 种方法测试程序是否正确安装。

1) 使用 test.py 测试

在 ns-3.30 文件目录下运行命令:

```
./test.py -c core
```

结果显示:

```
PASS:TsetSuite attributes

PASS:TsetSuite build-profile

PASS:TsetSuite callback

......

255 of 255 tests passed(255 passed,...,0 valgrind errors)
```

最后一行会显示测试的汇总结果。该方法较为全面,但会耗费大量的时间进行测试。更推荐采用方法 2)进行测试。

2) 示例运行测试

NS-3 自带大量的仿真示例,运行它们可以验证程序是否正确安装。在此选择运行最简单的示例,如下所列:

```
./waf -run  scratch-simulator
```

运行结果显示:

```
Scratch Simulator
```

表明 NS-3 已经成功安装。

### 6. 使用 docker 获取 NS-3

使用 docker 的前提是,已有先行用户将 NS-3 全部制作成一个容器镜像文件,后续用户可以避免安装操作系统等一系列烦琐的工作。目前,互联网的共享源已有 ns-3-3.28 的 docker 镜像。安装过程一共分为 3 步。

(1) 在操作系统上安装 docker。

(2) 使用以下命令进行下载。

```
docker pull\
    registry.cn-hangzhou.aliyuncs.com/geekcloud/ns3:latest
```

拉取操作需要大概 2 GB 的存储空间。

(3) 执行以下命令开启 NS-3 容器。

```
docker run -it\
registry.cn-hangzhou.aliyuncs.com/geekcloud/ns3:latest\
/bin/bash
```

此时 NS-3 已经在 source 目录的 ns-3.28 下。执行 first.py 测试用例,验证 NS-3 容器是否可以正常运行。

```
cd /source/ns-3.28
./waf --pyrun examples/tutorial/first.py
```

若 CLI 回显如下输出结果,则说明 NS-3 可用。

```
At time 2s client sent 1024 bytes to 10.1.1.2 port 9
At time 2.00369s server... from 10.1.1.1 port 49153
At time 2.00369s server...  to 10.1.1.1 port 49153
At time 2.00737s client...  from 10.1.1.2 port 9
```